Heidelberger Taschenbücher Band 134

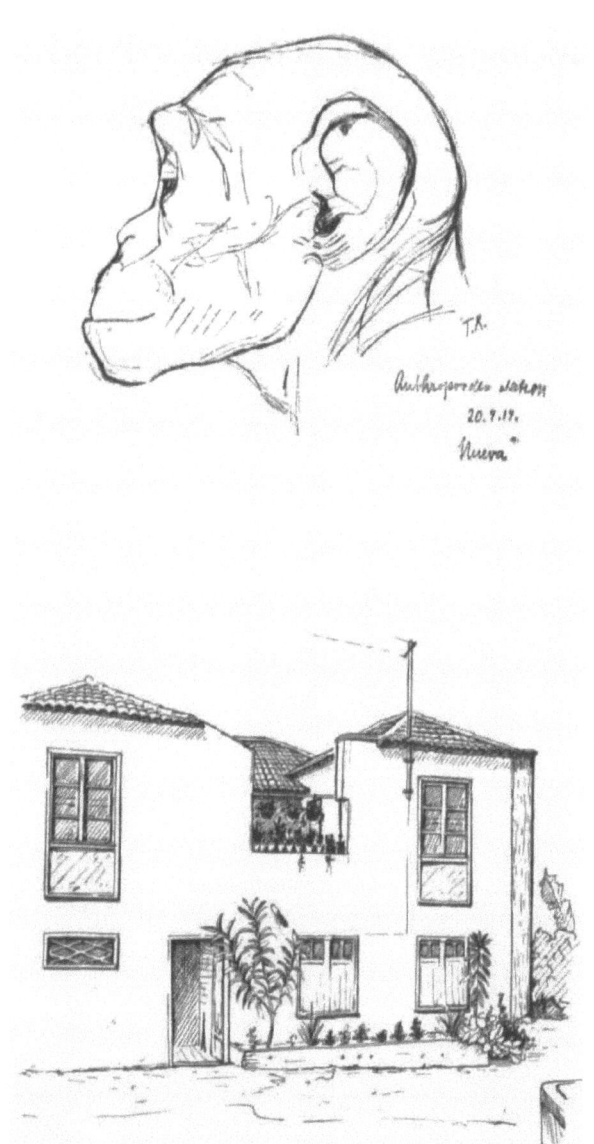

Tafel I. oben: Nueva 5 Tage vor dem Tode, unten: Wohnsitz Köhlers auf Teneriffa

Wolfgang Köhler

Intelligenzprüfungen an Menschenaffen

Mit einem Anhang
zur Psychologie des Schimpansen

Dritte, unveränderte Auflage

Mit 7 Tafeln, 19 Skizzen und 4 Abbildungen

Springer-Verlag
Berlin · Heidelberg · New York 1973

Dritte, unveränderte Auflage der zweiten, durchgesehenen Auflage der „Intelligenzprüfungen an Anthropoiden I" aus den Abhandlungen der Preuss. Akademie der Wissenschaften, Jahrgang 1917, physikal.-mathemat. Klasse, Nr. 1, 1921

ISBN-13:978-3-540-06409-1   e-ISBN-13:978-3-642-65693-4
DOI: 10.1007/978-3-642-65693-4

Die Wiedergabe von Gebrauchsnamen, Warenbezeichnungen usw. in diesem Werk berechtigt auch ohne besondere Kennzeichnung nicht zu der Annahme, daß solche Namen im Sinn der Warenzeichen- und Markenschutzgesetzgebung als frei zu betrachten wären und daher von jedermann benutzt werden dürften.

Das Werk ist urheberrechtlich geschützt. Die dadurch begründeten Rechte, insbesondere die der Übersetzung, des Nachdruckes, der Entnahme von Abbildungen, der Funksendung, der Wiedergabe auf photomechanischem oder ähnlichem Wege und der Speicherung in Datenverarbeitungsanlagen bleiben, auch bei nur auszugsweiser Verwertung, vorbehalten. Bei Vervielfältigungen für gewerbliche Zwecke ist gemäß § 54 UrhG eine Vergütung an den Verlag zu zahlen, deren Höhe mit dem Verlag zu vereinbaren ist. © by Springer-Verlag Berlin Heidelberg 1921, 1963, 1973. Library of Congress Catalog Card Number 73-10667.

Vorwort zur dritten Auflage

Im Jahre 1914, vor nunmehr sechzig Jahren, wurden die meisten der von WOLFGANG KÖHLER beschriebenen Versuche in der Anthropoidenstation der Preußischen Akademie der Wissenschaften auf Teneriffa vorgenommen. Seither gibt es wohl kein Lehrbuch der Psychologie, in dem die „Intelligenzprüfungen an Menschenaffen" nicht behandelt werden. Mit ihnen trat eine Wende in der Psychologie des Denkens und Lernens ein, die eine Entwicklung einleitete, in der die Unzulänglichkeit der Assoziationspsychologie erkannt und der Struktur einer aktuell wahrgenommenen oder vorgestellten Situation größte Bedeutung für intelligentes Verhalten zugemessen wurde. Dieses Problem hat nichts an Aktualität verloren. Die Forderung, die KÖHLER am Schlusse seines Buches erhebt, daß man nämlich nach Art seiner Untersuchungen auch die Intelligenzleistungen des menschlichen Kindes verschiedener Altersstufen prüfen solle, wird heute in wachsendem Umfang erfüllt. Auch darin weist dieses „klassische" Buch unmittelbar in die Gegenwart.

KÖHLERS Experimente sind aber nicht nur wegen ihrer richtunggebenden Wirkung klassisch zu nennen, sondern auch wegen ihrer genialen Einfachheit. Mit elementaren Aufgaben wird begonnen, in denen das Verhalten der Tiere eindeutig ist, und fortschreitend werden einfache Fragen gestellt, die durch den Versuch klar beantwortet werden. Auf diese Weise entsteht ein Kanon für das Experimentieren, der für die Verhaltensforschung vorbildlich ist.

In einem Anhang, der 1921 zuerst publiziert wurde, erweist sich KÖHLERS Meisterschaft in der beschreibenden Beobachtung. Sein Beitrag zur Psychologie des Schimpansen ist angesichts der umfangreichen neuen Literatur über unsere nächsten Verwandten eine Quelle der Überraschungen und zeigt, daß KÖHLER Dinge zu sehen imstande war, die auch andere hätten sehen können, aber doch nicht sahen.

1937 verließ WOLFGANG KÖHLER seinen Berliner Lehrstuhl und wirkte bis zu seinem Tode im Jahre 1967 in den Vereinigten Staaten. Möge der Nachdruck dieses Buches seinen Weg in eine Generation von Forschern finden, die, wie sein Autor, vorurteilsfrei zu sehen und zu urteilen bereit ist.

München, im Februar 1973   DETLEV PLOOG

Vorwort zur zweiten Auflage

Der größere Teil dieses Buches ist ein Neudruck der „Intelligenzprüfungen an Menschenaffen" (1921), einer Schrift, die ihrerseits in allem Wesentlichen mit den „Intelligenzprüfungen an Anthropoiden" (W. Köhler, Abhandlungen der Preußischen Akademie der Wissenschaften, 1917, Physikal.-Mathem. Klasse, Nr. 1) identisch war. Nun wird aber das Verhalten von Tieren in Intelligenzprüfungen sehr viel verständlicher, wenn man über ihre psychologische Beschaffenheit im ganzen, also auch außerhalb besonderer Prüfungssituationen, unterrichtet ist. Deshalb ist jetzt dem älteren Text ein Neudruck der Abhandlung „Zur Psychologie des Schimpansen" (W. Köhler, Psychologische Forschung 1, 1921) angefügt, deren Inhalt die untersuchten Menschenaffen in diesem Sinn vollständiger charakterisiert.

Dartmouth College, Hanover, N.H., U.S.A.   Wolfgang Köhler
    im August 1962

Inhaltsverzeichnis

Einleitung 1
1. Umwege 8
2. Werkzeuggebrauch 17
3. Werkzeuggebrauch. Fortsetzung: Umgang mit Dingen . . 48
4. Werkzeugherstellung 71
5. Werkzeugherstellung. Fortsetzung: Bauen 96
6. Umwege über selbständige Zwischenziele 124
7. „Zufall" und „Nachahmung" 133
8. Umgang mit Formen 163
Schluß 191

Anhang

Zur Psychologie des Schimpansen 195
   Bemerkungen zu dem „Nachweis einfacher Strukturfunktionen
   beim Schimpansen und beim Haushuhn" 233

(Der Anhang ist ein unveränderter Nachdruck aus Psychologische Forschung, Band 1, Seite 2–46, 1921)

EINLEITUNG

1. Zweierlei Interessen führen zu Intelligenzprüfungen an Menschenaffen. Wir wissen, daß es sich um Wesen handelt, welche dem Menschen in mancher Hinsicht näher stehen als sogar den übrigen Affenarten; insbesondere hat sich gezeigt, daß die Chemie ihres Körpers — soweit sie sich in den Eigenschaften des Blutes dokumentiert — und der Aufbau ihres höchstens Organs, des Großhirns, der Chemie des Menschenkörpers und dem menschlichen Gehirnaufbau verwandter sind als der chemischen Natur niederer Affen und deren Gehirnentwicklung. Dieselben Wesen zeigen der Beobachtung eine solche Fülle menschlicher Züge im sozusagen alltäglichen Verhalten, daß die Frage sich von selbst ergibt, ob diese Tiere auch in irgendeinem Grade verständig und einsichtig zu handeln vermögen, wenn die Umstände intelligentes Verhalten erfordern. Diese Frage drückt das erste, man kann sagen naive Interesse an etwaigen Intelligenzleistungen der Tiere aus; der Verwandtschaftsgrad von Anthropoide und Mensch soll auf einem Gebiete festgestellt werden, das uns besonders wichtig erscheint, auf dem wir aber den Anthropoiden noch wenig kennen.

Das zweite Ziel ist theoretischer Art. Angenommen, der Anthropoide zeige unter Umständen intelligentes Verhalten von der Art des am Menschen bekannten, so ist doch von vornherein kein Zweifel, daß er in dieser Hinsicht weit hinter dem Menschen zurückbleibt, in relativ einfachen Lagen also Schwierigkeiten findet und Fehler begeht; gerade dadurch aber kann er unter einfachsten Verhältnissen die Natur von Intelligenzleistungen deutlich hervortreten lassen, während wenigstens der erwachsene Mensch, als Objekt der Selbstbeobachtung, einfache und deshalb an sich zur Untersuchung geeignete Leistungen kaum je neu vollzieht, und als Subjekt komplizierere nur schwer hinreichend zu beobachten vermag. So kann man hoffen, in den etwaigen Intelligenzleistungen von Anthropoiden Vorgänge wieder plastisch zu sehen, die für uns zu geläufig geworden sind, als daß wir noch unmittelbar ihre ursprüngliche Form erkennen könnten, die aber wegen ihrer Einfachheit als der natürliche Ausgangspunkt theoretischen Verstehens erscheinen.

Da in den folgenden Untersuchungen zunächst aller Nachdruck auf der ersten Frage liegt, so kann das Bedenken geäußert werden, die erste Frage setze im Grunde eine bestimmte Lösung der Aufgaben voraus, von denen die zweite handelt: Ob einsichtiges Verhalten unter Anthropoiden vorkomme, könne nur gefragt werden, nachdem sich theoretisch die Notwendigkeit herausgestellt habe, zu unterscheiden zwischen Intelligenzleistungen und Leistungen anderer Art; da insbesondere die Assoziationspyschologie den Anspruch erhebe, alle hier in Betracht kommenden Leistungen, bis zu den höchsten und selbst beim Menschen, in der Hauptsache aus einem einzigen Prinzip ableiten zu können, so sei durch die Fragestellung 1 schon eine theoretische Stellung eingenommen, und zwar gegen die Assoziationspsychologie.

Das ist ein Mißverständnis. Es gibt wohl keinen Assoziationspsychologen, der nicht selbst der unbefangenen Beobachtung nach zwischen noch uneinsichtigem Verhalten auf der einen, intelligentem auf der anderen Seite als einem gewissen Gegensatz unterscheide. Was ist denn Assoziationspsychologie anders als die Theorie, daß auf die Erscheinungen vom allgemein bekannten, einfachen Assoziationscharakter auch Vorgänge zurückzuführen sind, welche bei naiver Beobachtung zunächst nicht den Eindruck machen, als seien sie mit jenen Erscheinungen gleichartig, vor allem die sogenannten Intelligenzleistungen? Kurz, solche Unterschiede sind gerade der Ausgangspunkt einer strengen Assoziationspsychologie, eben sie sollen ja theoretisch ausgeglichen werden, sind also dem Assoziationspsychologen sehr wohl bekannt, und so finden wir z. B. bei einem radikalen Vertreter der Richtung (Thorndike) als Resultat von Versuchen an Hunden und Katzen den Satz: Nichts an ihrem Verhalten erschien jemals einsichtig. Wer seine Ergebnisse so formuliert, dem muß anderes Verhalten schon als einsichtig erschienen sein, der kennt jenen Gegensatz in der Beobachtung, etwa vom Menschen her, wennschon er ihn in der Theorie nachher zurücktreten läßt.

Soll demnach untersucht werden, ob die Anthropoiden intelligentes Verhalten zeigen, so kann diese Fragestellung von theoretischen Annahmen, zumal solchen für oder gegen die Assoziationstheorie, zunächst ganz unabhängig gehalten werden. Richtig ist, daß damit die Frage in einer gewissen Unschärfe gestellt wird: Nicht, ob die Anthropoiden bestimmt Definiertes aufweisen, soll untersucht werden, sondern ob ihr Verhalten bis zu einem recht ungefähr aus der Erfahrung bekannten Typus aufsteigt, der uns als „einsichtig" im Gegensatz zu sonstigem Verhalten, besonders von Tieren, vorschwebt. Wir verfahren aber hiermit nur der Natur der Sache gemäß, denn klare Definitionen gehören nicht an den Beginn von Erfahrungswissenschaften; erst in deren Fortschreiten kann der Erfolg durch Aufstellung von Definitionen gekennzeichnet werden.

Im übrigen ist der Typus menschlichen und (vielleicht) tierischen Verhaltens, auf den sich die erste Frage richtet, auch ohne Theorie nicht so ganz unbestimmt. Die Erfahrung zeigt, daß wir von einsichtigem Verhalten dann noch nicht zu sprechen geneigt sind, wenn Mensch oder Tier ein Ziel auf direktem, ihrer Organisation nach gar nicht fraglichem Wege erreichen; wohl aber pflegt der Eindruck von Einsicht zu entstehen, wenn die Umstände einen solchen, uns selbstverständlich erscheinenden Weg versperren, dagegen indirekte Verfahren möglich lassen, und nun Mensch oder Tier diesen der Situation entsprechenden „Umweg" einschlagen. In stillschweigender Übereinstimmung hiermit haben deshalb fast alle diejenigen, welche bisher die Frage nach intelligentem Verhalten bei Tieren zu beantworten suchten, diese in ebensolchen Situationen zum Gegenstand ihrer Beobachtungen gemacht. Da unterhalb der Entwicklungsstufe der Anthropoiden das Ergebnis im allgemeinen negativ war, so ist gerade aus solchen Versuchen die gegenwärtig sehr verbreitete Anschauung erwachsen, daß einsichtiges Verhalten bei Tieren kaum vorkomme; entsprechende Versuche an Anthropoiden selbst sind nur in geringer Zahl gemacht worden und haben eine rechte Entscheidung noch nicht gebracht. — Alle im folgenden zunächst mitgeteilten Versuche sind von der gleichen Art: Der Versuchsleiter stellt eine Situation her, in welcher der direkte Weg zum Ziel nicht gangbar ist, die aber einen indirekten Weg offenläßt. Das Tier kommt in diese Situation, die (der Möglichkeit nach) völlig überschaubar ist, und kann nun zeigen, bis zu welchem Verhaltenstypus seine Anlagen reichen, insbesondere ob es die Aufgabe auf dem möglichen Umweg löst.

2. Die Versuche sind bis auf wenige Vergleichsfälle, in denen Menschen, ein Hund und Hühner beobachtet wurden, vorerst nur an Schimpansen angestellt. Sieben der Tiere bildeten den alten Stamm der Anthropoidenstation, welche die Preußische Akademie der Wissenschaften von 1912 bis 1920 auf Teneriffa unterhielt. Von diesen sieben bekam das älteste, ein erwachsenes Weibchen, den Namen Tschego, weil wir es um mehrerer Eigentümlichkeiten willen, vielleicht zu Unrecht, für ein Exemplar der Tschego-Abart hielten. (Wir sind weit davon entfernt, eine klare Systematik der verschiedenen Schimpansen-Varietäten zu besitzen). Das älteste der kleineren Tiere, Namens Grande, weicht ebenfalls in mehrfacher Hinsicht stark von seinen Kameraden ab. Da die Abweichung den allgemeinen Charakter mehr als das hier geprüfte Verhalten in Intelligenzversuchen betrifft, so ist eine nähere Kennzeichnung des Unterschiedes an dieser Stelle nicht erforderlich. Die übrigen fünf,

zwei Männchen (Sultan und Konsul), drei Weibchen (Tercera, Rana, Chica) entsprechen dem gewöhnlichen Schimpansentypus.

Zu den erwähnten sieben Tieren kamen etwas später noch zwei andere, die beide zu wertvollen Beobachtungen Anlaß gaben, aber leider beide bald eingingen. Ich beschreibe kurz ihre Wesensart, um einen Eindruck davon zu geben, wie vollständig verschiedene „Persönlichkeiten" unter Schimpansen vorkommen.

Nueva, eine Äffin, ungefähr in derselben Altersstufe wie die andern kleinen Tiere (4 bis 7 Jahre zur Zeit der meisten Versuche), unterschied sich körperlich von diesen durch ihr merkwürdig breites, unschönes Gesicht und eine (offenbar pathologische) Dürftigkeit der Körperbehaarung über schlechter Haut. Ihre Häßlichkeit wurde jedoch reichlich ausgeglichen durch ein Wesen so freundlicher Milde, naiven Zutrauens und stiller Klarheit, wie wir es sonst an Schimpansen nicht gesehen haben. Wenigstens die ganz kindliche Anhänglichkeit fanden wir einigermaßen ähnlich bei anderen Tieren, wenn sie krank waren, und vielleicht geht manches von den Vorzügen Nuevas überhaupt darauf zurück, daß sie von vornherein unter dem Einfluß einer langsam verlaufenden Erkrankung stand; der Schimpanse kann im allgemeinen eine kleine Dämpfung vertragen. Besonders wohltätig wirkte die feine Art des Tieres, mit den einfachsten Mitteln stundenlang zufrieden zu spielen; denn leider neigen die andern mit der Zeit ein wenig zur Faulheit, wenn ihnen kein besonderer Anlaß zur Tätigkeit geboten wird und sie nicht gerade einander prügeln oder gegenseitige Körperpflege treiben. Die Wirkung fortwährenden Beisammenseins vieler kräftiger Kinder liegt auch hier nicht in der Richtung einer besonnenen, wenn auch spielenden Beschäftigungsweise; Nueva war seit vielen Monaten allein gehalten worden. — Übrigens darf man nicht etwa vermuten, die erfreulichen Eigenschaften dieses Tieres seien wohl auf frühere erzieherische Einwirkung zurückzuführen. Leider scheint es nicht möglich, aus einem von Natur fahrigen und wüsten Schimpansen durch Erziehung ein liebenswürdiges Wesen zu machen; vor allem aber war Nueva durchaus nicht erzogen im Sinn der Kinderstube; sie zeigte im Gegenteil, daß sie gar nicht gewohnt war, korrigiert zu werden. Regelmäßig fraß sie ihren Kot und war erst erstaunt, dann aufs höchste empört, als wir gegen diese Gewohnheit vorgingen. Am zweiten Tage ihres Stationsaufenthaltes bedrohte sie der Wärter bei gleichem Anlaß mit einem Stöckchen, aber sie verstand gar nicht, sondern wollte mit dem Stock spielen. Nahm man ihr Futter fort, das sie mit der größten Unbefangenheit irgendwo ergriffen hatte und das ihr nicht zukam, so biß sie in ihrem Zorn momentan und noch ohne jede Hemmung gegenüber dem Menschen — kurz, das Tier zeigte sich vollkommen naiv und war unzweifelhaft weniger „erzogen" als die Tiere der Station.

Das Männchen Koko, auf nur etwa drei Jahre eingeschätzt, war ein Schimpanse, wie man ihn nicht selten sieht: über dem stets prallen Bauch ein hübsches Gesicht mit ordentlichem Scheitel, mit spitzem Kinn und vordringenden Augen, das fortwährend unzufrieden zu fordern schien und dadurch dem kleinen Burschen etwas von selbstverständlicher Frechheit verlieh. In der Tat verlief ein großer Teil seines Daseins in einer Art chronischer Empörung; entweder weil es nicht genug zu essen gab, oder weil es Kinder wagten, in seine Nähe zu kommen, oder weil jemand, der eben bei ihm gewesen war, sich erlaubte, wieder fortzugehen, oder endlich weil er heute nicht mehr wußte, wie er sich gestern im gleichen Versuch geholfen hatte; er klagte nicht, er war entrüstet. Gewöhnlich äußerte sich diese Stimmung in heftigem Trommeln beider Fäuste auf dem Boden sowie in aufgeregtem Hopsen auf der Stelle, in Fällen starker Wut in schnell vorübergehenden Glottiskrämpfen, die wir auch bei den meisten andern Schimpansen in Wutanfällen, selten in äußerster Freude beobachtet haben; vor solchen Anfällen und in geringerer Erregung stieß er fortwährend ein kurzes ŏ aus, und zwar in dem unordentlichen, aber charakteristischen Rhythmus, den langsam feuernde Schützenlinien zu erzeugen pflegen. In dem unwirschen Fordern und der hellen Empörung, wenn seine Ansprüche nicht sofort befriedigt wurden, ähnelte Koko einem andern Egoisten par excellence, nämlich Sultan. Zum Glück — und vielleicht ist das kein Zufall — war Koko zugleich auch so begabt wie Sultan.

Das sind nur zwei Schimpansen: Für den, der Nueva und Koko lebend gesehen hat, ist kein Zweifel, daß die beiden in ihrer Art annähernd ebenso stark voneinander abwichen wie zwei menschliche Kinder grundverschiedenen Charakters, und als allgemeine Maxime kann man aufstellen, daß niemals Beobachtungen an nur einem Schimpansen als maßgebend für die Tierform überhaupt angesehen werden dürfen. Die weiterhin mitgeteilten Versuche zeigen, daß auf intellektuellem Gebiet die Verschiedenheit der einzelnen Individuen nicht minder groß ist.

Fast alle Beobachtungen stammen aus dem ersten Halbjahr 1914.[1]) Sie wurden später häufig nachgeprüft, aber nur einige ergänzende Versuche und Wiederholungen (aus dem Frühjahr 1916) sind in den

---

[1]) Sie sind also gewonnen, bevor wir die Schimpansen zu optischen Untersuchungen heranzogen. (Vgl. diese in den Abh. d. Kgl. Preuß. Akad. d. Wiss., Jahrg. 1915, phys.-math. Kl. Nr. 3.)

Bericht aufgenommen, da im allgemeinen das früher beobachtete Verhalten wiederkehrte, jedenfalls aber nichts Wesentliches an den älteren Ergebnissen zu korrigieren war.

3. Versuche der oben angegebenen Art können je nach der Situation, um die es sich bei ihnen handelt, recht verschiedene Anforderungen an die zu prüfenden Tiere stellen. Um ganz ungefähr die Schwierigkeitszone zu finden, innerhalb deren die Prüfung von Schimpansen überhaupt sinnvoll ist, stellten Hr. E. Teuber und ich ihnen eine Aufgabe, die uns schwierig, deren Lösung durch Schimpansen uns jedoch nicht unmöglich schien. Wie sich Sultan bei diesem Versuch benahm, sei zur vorläufigen Orientierung auch hier vorausgeschickt.

Am Henkel eines offenen Körbchens, das Früchte enthält, ist eine lange, dünne Schnur festgeknüpft; oben ins Drahtgitterdach des Spielplatzes der Tiere wird ein Eisenring gehängt, durch diesen die Schnur hindurchgezogen, bis der Korb etwa 2 m über dem Boden schwebt, und das freie Ende der Schnur in Form einer recht weit offenen Schlinge über den kurzen Aststumpf eines Baumes gelegt, etwa 3 m entfernt vom Körbchen und ungefähr in gleicher Höhe; die Schnur verläuft in spitzem Winkel mit dem Scheitel im

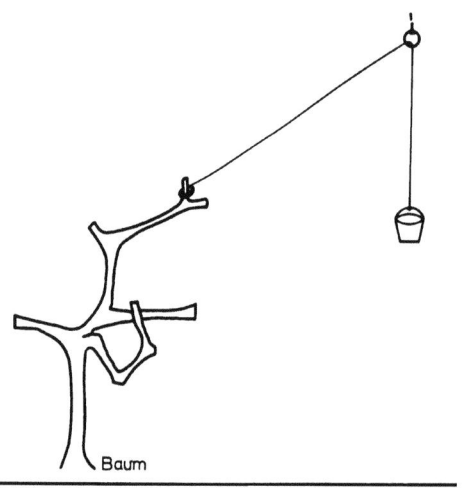

Skizze 1

Eisenring (vgl. Skizze 1). — Sultan, der die Vorbereitung nicht gesehen hat, wohl aber das Körbchen vom Füttern her gut kennt, wird auf den Platz gelassen, während der Beobachter außerhalb am Gitter Stellung nimmt. Das Tier betrachtet zunächst den hängenden Korb, beginnt aber bald lebhafte Unruhe (wegen des ungewohnten Alleinseins) zu zeigen, donnert nach Schimpansenart mit den Füßen gegen eine Holzwand und sucht an den Fenstern des Affenhauses und wo es sonst Ausblicke gibt, mit den andern Tieren, am Gitter mit dem Beobachter in Verbindung zu kommen; jene sind unsichtbar, dieser verhält sich gleichgültig. Nach einer Weile geht Sultan plötzlich auf den Baum zu, steigt schnell hinauf bis zur Schlinge, bleibt einen

Augenblick ruhig, zieht dann, auf den Korb blickend, an der Schnur, bis der Korb oben am Ring (Dach) anstößt, läßt wieder los, zieht ein zweites Mal kräftiger, so daß der Korb oben kippt und eine Banane herausfällt. Er kommt herab, nimmt die Frucht, steigt wieder hinauf, zieht jetzt so gewaltsam, daß die Schnur reißt und der ganze Korb herabfällt, klettert hinunter, nimmt Korb und Früchte und geht damit ab, um zu fressen.

Drei Tage später wird der gleiche Versuch wiederholt, nur wird die Schlinge durch einen Eisenring am Ende des Seiles ersetzt und dieser Ring statt über den Aststumpf über einen Nagel gelegt, der in ein Turngerüst der Tiere eingeschlagen ist. Sultan zeigt sich jetzt frei von jeder Besorgnis, sieht einen Augenblick zum Korb hinauf, geht dann geradeswegs auf das Turngerüst zu, erklettert es, zieht einmal am Seil und läßt es wieder zurückgleiten, reißt nochmals und mit aller Kraft, so daß der Strick reißt, klettert hinab und holt sich die Früchte.

Als Lösung der Aufgabe konnte im besten Falle erwartet werden, daß das Tier Schlinge (oder Eisenring) von Aststumpf (oder Nagel) abstreifen und den Korb dann einfach herabfallen lassen würde usw. An dem wirklichen Verhalten sieht gut aus, wie der Situationswert der Seilverbindung mit einer gewissen Selbstverständlichkeit ausgenutzt wird, aber der weitere Verlauf des Versuches ist nicht gerade klar, und die beste Lösung wird nicht einmal angedeutet. Woran das liegt, kann man nicht erkennen: Hat Sultan die lockere Befestigung Schlinge-Aststumpf oder Ring-Nagel vielleicht nicht gesehen? Hätte er sie zu lösen gewußt, wenn er auf sie aufmerksam geworden wäre? Würde er überhaupt erwarten, daß der Korb zur Erde fällt, wenn diese Befestigung gelöst wird? Oder liegt die Schwierigkeit darin, daß der Korb eben zur Erde und nicht in Sultans Hände direkt fallen würde? Denn wir können ja auch nicht erkennen, ob Sultan wirklich am Seil zog, um es zum Reißen und den Korb auf die Erde zu bringen. So haben wir also einen Versuch gemacht, der für den Anfang zu komplexe Bedingungen enthält, als daß man ihm viel entnehmen könnte, und sehen uns deshalb veranlaßt, die folgenden Untersuchungen mit ganz elementaren Aufgaben zu beginnen, in denen das Verhalten der Tiere womöglich eindeutig werden muß.

1. UMWEGE

An einer Stelle des Gesichtsfeldes wahrgenommenes Futter (allgemeiner ein Ziel) wird, solange Komplikationen ausgeschlossen bleiben, in der geraden Verbindungslinie zum Ziel von allen den höheren Tieren erreicht, die sich überhaupt optisch zu orientieren vermögen; man darf sogar annehmen, daß dies Verhalten für ihre Organisation ganz ohne Erfahrung festliegt, sobald nur Nerven und Muskeln die nötige Reife für die Ausführung erlangt haben.

Soll also das Versuchsprinzip, das in der Einleitung angegeben wurde, in einer ganz besonders einfachen Form angewendet werden, so kann man die Worte „gerader Weg" und „Umweg" wörtlich nehmen und eine Aufgabe stellen, die nur an Stelle des biologisch festen geraden Weges eine kompliziertere Geometrie der Hinbewegung zum Ziel erfordert: Der gerade Weg wird abgeschnitten in einer Weise, daß das Hindernis deutlich übersehbar ist, dagegen bleibt das Ziel auf übrigens freiem Grund, jedoch nur in gekrümmter Bahn erreichbar; wie das Ziel und das Hindernis ist auch der Gesamtraum möglicher Umwege zunächst als optisch aktuell wahrnehmbar vorausgesetzt; gibt man dem Hindernis verschiedene Form, so wird hieraus im allgemeinen eine Variation der möglichen Umwege, vielleicht zugleich eine Abstufung der Schwierigkeiten folgen, welche eine solche Situation für den Prüfling enthält.

Dieser einfache Versuch, der bei etwas näherer Betrachtung als der schlechthin einfachste und unter gewissen Bedingungen als ein Fundamentalversuch für theoretische Fragestellungen erscheinen kann, wird in der angegebenen Form bei Schimpansen von 4 bis 7 Jahren Alter nichts ergeben können, was man nicht fortwährend bei ihnen sehen könnte. Sie umgehen wohl sofort ein jedes Hindernis, das zwischen ihnen und einem Ziel liegt, vorausgesetzt, daß sie in das Raumgebiet, in welchem mögliche Umwegkurven liegen, genügenden Einblick haben. Dabei kann der Weg auf ebener Erde oder über Bäume und Gerüste oder auch unter einem Dach entlang führen, wenn dieses ihnen nur Greifmöglichkeit bietet, und so bestand bei später zu beschreibenden Prüfungen, in denen das Ziel vom Drahtdach ihres Spielplatzes herabhing, der erste Lösungsversuch oft genug darin, daß sie an der nächsten bequemen Stelle zum Dach und an diesem entlang bis zum herabhängenden Seil kletterten. Es bedurfte strenger Verbote, bis dieser und andere Umwege aus dem Programm verschwanden, auf die bisweilen nur Turner wie die Schimpansen, und auch unter ihnen nur die wahren Akrobaten (Chica) kommen konnten; denn man darf nicht etwa meinen, daß wenigstens in Körpergewandtheit die Schimpansen einander ungefähr glichen. — Mit derselben Sicherheit sieht man natürlich die Tiere ihren Körper drehen, beugen und wenden, je nachdem die Form eines engen Zuganges es erfordert; aber niemand erwartet auch vom Schimpansen, daß er z. B. ratlos vor dem horizontal erstreckten Spalt einer Wand stehenbleiben wird, jenseits deren sein Ziel liegt, und so macht es gar keinen Eindruck auf uns, wenn er sich selbst möglichst in eine Horizontale verwandelt und so hin-

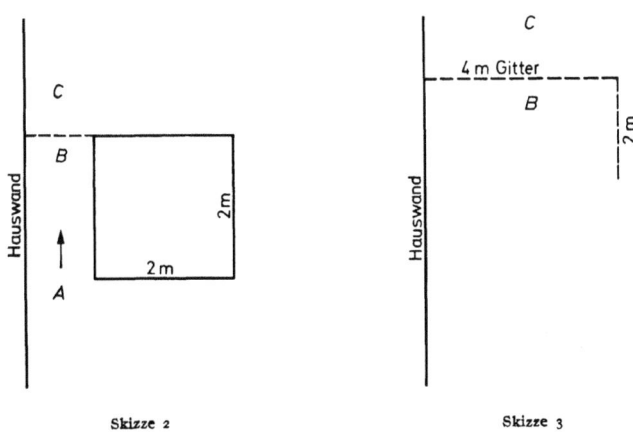

Skizze 2   Skizze 3

durchschlüpft. Erst wenn man mit weniger hochstehenden Tieren Umwegversuche anstellt und wenn man selbst bei den Schimpansen durch anscheinend geringe Modifikation der Fragestellung Unsicherheit, ja Ratlosigkeit hervorrufen kann, erst dann wird man gewahr, daß das Umwegemachen durchaus nicht allgemein als selbstverständliches Verhalten gelten darf.[1]) Da es aber in der bisher besprochenen Form beim Schimpansen durchaus nicht den Eindruck besonderer Einsicht erweckt, sondern als selbstverständlich wenigstens erscheint, so unterbleibt hier der untheoretischen Fragestellung gemäß eine weitere Erörterung.

Indessen ist bei den einfachsten Umwegversuchen die Beobachtung so besonders leicht, daß sich die Mitteilung solcher Prüfungen

---

[1]) Vgl. den letzten Abschnitt dieser Schrift S. 164 ff.

empfiehlt, die mit anderen Wesen vorgenommen wurden; bei dem exemplarisch einfachen Fall wird man sofort auf ein Moment aufmerksam, welches in allen schwierigen Versuchen am Schimpansen wiederkehrt und dort die angemessene Beachtung leichter finden kann, wenn man es von den folgenden Beispielen her kennt.

In der Nähe einer Hauswand wird ein quadratisch umzäuntes Gebiet improvisiert derart, daß die eine Seite, 1 m vom Hause entfernt, ihm parallel steht und mit ihm einen Gang von 2 m Länge macht; dessen eines Ende wird durch ein Gitter verschlossen und nun eine ausgewachsene kanarische Hündin aus der Richtung A (vgl. Skizze 2) in die Sackgasse bis B gebracht, wo sie, den Kopf nach dem abschließenden Gitter gerichtet, mit einigem Futter beschäftigt bleibt. Als dieses fast ganz verschwunden ist, wird neues an der Stelle C, jenseits des Gitters niedergelegt; die Hündin sieht es, scheint einen Augenblick stutzig, dreht sich dann im Nu um 180° und läuft auch schon in glatter Kurve, ohne jede Unterbrechung, aus der Sackgasse, um den Zaun herum bis zum neuen Futter.

Derselbe Hund verhielt sich ein andermal zunächst ähnlich: Über einen Zaun aus Drahtgeflecht (und von der Form Skizze 3), an dem das Tier bei B steht, wird ein Stück Futter weit hinausgeworfen; die Hündin läuft sofort in großem Bogen hinaus. Sehr beachtenswerter Weise scheint sie ratlos, als gleich danach bei einer Wiederholung das Futter nicht weit hinausgeworfen, sondern nur eben über das Gitter hinaus fallen gelassen wird, so daß es, nur durch die Drähte von ihr getrennt, unmittelbar vor ihr liegt: als ob die Nahkonzentration auf das Ziel (wohl unter starker Beteiligung des Geruches) die weitausgreifende Kurve um den Zaun nicht aufkommen ließe, stößt sie immer wieder mit der Schnauze gegen das Gitter und rührt sich nicht vom Fleck.

Ein kleines Mädchen von einem Jahr und drei Monaten, das seit wenigen Wochen allein geht, wird in eine ad hoc hergestellte Sackgasse (2 m Länge, $1^1/_2$ m Breite) hineingesetzt, jenseits der Absperrung vor seinen Augen ein schönes Ziel niedergelegt; es drängt erst gerade auf das Ziel zu, also gegen die Absperrung, sieht sich dann langsam um, läßt die Augen an der Sackgasse entlang laufen, lacht plötzlich vergnügt und trottet auch schon in einem Zuge die Kurve bis zum Ziel.

Macht man ähnliche Versuche mit Hühnern, so zeigt sich sofort, daß das Umwegemachen nicht selbstverständlich, sondern eine kleine Leistung ist; Hühner sind schon in Situationen, die viel geringere Umwege verlangen als die bisher erwähnten, ganz hilflos, rennen, wenn sie das Ziel durch ein Gitter hindurch vor sich sehen, immer wieder gegen das Hindernis an, indem sie dabei unruhig hin und her fahren, und machen selbst dann ihre Sache nicht besser, wenn ihnen das Hindernis (als ihr Gitter) und der Hauptteil des Umweges (als um ihren Türflügel und durch die ihm entsprechende Öffnung) wohlbekannt ist. Verschiedene Hühner verhalten sich nicht ganz gleich, und macht man den Umweg geringer, während sie alle gegen das Hindernis drängen, so ist sehr gut zu beobachten, wie erst eins, dann noch eins usw. mit Anrennen gegen das Hindernis aufhört und plötzlich in schnellem Lauf die Umwegkurve zurücklegt; einige besonders unbegabte Exemplare pflegen aber noch lange Zeit gegen das Gitter zu rennen, auch bei den leichtesten Aufgaben. Der Unter-

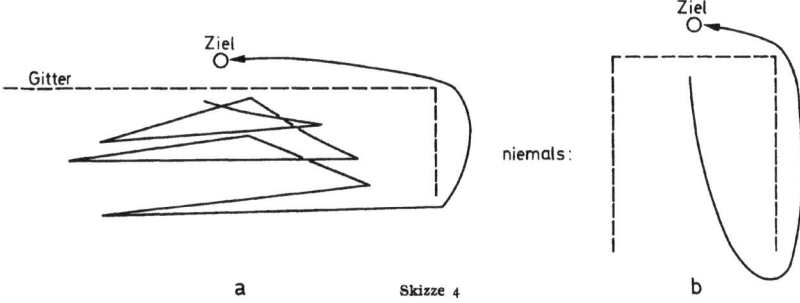

Skizze 4

schied ist ebenfalls sehr deutlich, wenn man beachtet, wieweit bei größeren Umwegen der Zufall die einzelnen Tiere begünstigen muß, damit die Lösung auftritt. Im Hin- und Herpendeln gegenüber dem Ziel kommen sie für Augenblicke auch in Stellungen, von denen aus der Umweg geringer ist; aber eine und dieselbe Erleichterung, die der Zufall mit sich bringt, wirkt recht verschieden auf verschiedene Tiere: das eine stürmt plötzlich in geschlossener Kurve hinaus, das andere pendelt ratlos wieder in die „falsche" Richtung. Alle Hühner, die ich so beobachtete, brachten nur sehr „flache" Umwege zustande (vgl. die Skizze 4a im Gegensatz zu b), anscheinend durfte der mögliche Umweg überhaupt nicht mit der Richtung beginnen, die zunächst gerade vom Ziel fortführt (vgl. dagegen oben das Verhalten von Kind und Hund).

Hieraus folgt, daß für die Vorgänge, die der kleinen Leistung zugrunde liegen, Variation der geometrischen Umstände von der größten Bedeutung ist[1]). Deren Einfluß wird auch bei den Anthropoiden und bei viel schwereren Aufgaben mehrfach stark auffallen.

---

[1]) Die Art der Abhängigkeit muß sich genauer feststellen lassen. Geschieht es, so sind damit jeder Theorie des Versuchs bestimmte Bedingungen gestellt.

Da der Zufall die Tiere in günstigere Stellungen bringen kann, so wird es auch gelegentlich vorkommen, daß eine Reihe reiner Zufälle sie vom Ausgangspunkt ganz bis zum Ziel oder wenigstens bis zu Stellungen bringt, von wo aus ein gerader Weg ans Ziel führt. Entsprechendes gilt für alle Intelligenzprüfungen — wenigstens im Prinzip; denn je komplexer die erforderliche Leistung ist, desto unwahrscheinlicher wird es, daß der Zufall sie ganz imitiert, — und deshalb ist allgemein zu der Frage, ob ein Tier im Versuch den jeweiligen „Umweg" (im weiteren Sinn des Wortes) findet, eine einschränkende Bedingung zu fügen, die Zufallserfolge ausschließt. Da nun — wenn wir die beschriebenen Umwegversuche im engeren Sinn als Beispiel nehmen — im Fall des Erfolgs stets ungefähr der gleiche Weg vom Tier zurückgelegt wird, ob durch eine Reihe von Zufällen oder in echter Lösung der Aufgabe, so erhebt sich der Einwand, zwischen beiden Möglichkeiten sei nicht zu unterscheiden. Es ist für alles Folgende und für die Psychologie der höheren Tiere überhaupt von entscheidender Bedeutung, daß man sich durch ein scheinbar so triftiges, aber in Wahrheit irrtümliches Bedenken nicht verwirren läßt. **Für die Beobachtung, die hier allein zu entscheiden hat, besteht im allgemeinen ein ganz grober Formunterschied zwischen echten Leistungen und Imitationen des Zufalls**, und niemand, der erst eine Anzahl ähnlicher Versuche an Tieren (oder Kindern) gemacht hat, wird diesen Unterschied übersehen können: die echte Leistung verläuft räumlich wie zeitlich vollkommen in sich geschlossen, als ein einziger Vorgang, in unserm Beispiel als ein stetiger Lauf ohne das mindeste Absetzen, bis zum Ziel; der Zufallserfolg entsteht aus einem Agglomerat von Einzelbewegungen, die auftreten, ablaufen, neu einsetzen, dabei nach Richtung und Geschwindigkeit voneinander unabhängig bleiben und nur im ganzen, geometrisch addiert, beim Ausgangspunkt anfangen und beim Ziel enden. Die Hühnerversuche bieten den Kontrast in besonders auffallender Form dann dar, wenn ein und dasselbe Tier zunächst unter dem Drang nach dem Ziel unsicher herumfährt (in Pendelbewegungen, die auf der Skizze 4a bei weitem nicht ungeordnet genug angedeutet sind) — wenn eines dieser Bahnstücke an eine günstige Stelle führt und nun plötzlich das Tier in einer einzigen geschlossenen Bewegung die Kurve entlangfährt: hier wird ein erstes Stück des möglichen Umweges im ungeordneten Pendeln, alles übrige „echt" zurückgelegt; das eine Verhalten folgt unmittelbar auf das andere, und zwar so abrupt, daß kein Mensch den anschaulichen Unterschied in der Bewegungsart verkennen könnte.

Ist der Versuch noch nicht oft gemacht, so kommt hinzu, daß der Moment, in dem eine echte Lösung einsetzt, im Verhalten des Tieres (oder auch des Kindes) durch eine Art Ruck scharf markiert zu sein pflegt: der Hund stutzt, wirft sich dann plötzlich um 180° herum usw., das Kind schaut um sich, plötzlich leuchtet sein Gesicht auf usw. Die charakteristische Stetigkeit des echten Lösungsverlaufes wird also in solchen Fällen durch eine Unstetigkeit, ein neues Einsetzen zu Beginn, noch auffälliger gemacht.

Ausdrücklich warne ich vor der Mißdeutung, als sei hier einer irgend übernatürlichen Erkenntnisart das Wort geredet: jedermann kann so beobachten, wenn schon diese Beobachtung wie alle andern übbar ist. Der Art nach Ähnliches kommt auch außerhalb der Tierpsychologie oft genug in Betracht. So treiben vagabundierende Erdströme und andere schnell wechselnde zufällige Einflüsse den Faden eines schlecht aufgestellten elektrischen Meßapparates in ganz unregelmäßiger Weise auf der Skala hin und her; wandert aber der Faden stetig auf eine Einstellung zu, so wird kein Physiker den anschaulichen Unterschied und seine Bedeutung verkennen. Bei Beobachtung der Brownschen Molekularbewegung wird im allgemeinen ein Versuchsfehler, der in die normalerweise ungeordnete Bewegung eine Bewegung fester Form hineinbringt, sofort anschaulich auffallen usw. Später wird von diesem nicht nur methodisch wichtigen Punkt noch mehr die Rede sein.

Umwegversuche der angeführten Art dürfen nicht verwechselt werden mit zwei anderen Versuchsarten: 1. ,,Frösche ohne Großhirn und Zwischenhirn weichen noch Hindernissen aus" (Nagel, Physiol. d. Menschen IV, I, S. 4; A. Tschermak). Die Tiere biegen also automatisch aus einer Bewegungsrichtung aus, die sie in Kollision mit einem Hindernis bringen würde. Folgt daraus, daß die gleichen Frösche automatisch einen Umweg um ein Hindernis herum zu einem Ziel hin machen würden? Offenbar nicht. Das Wesentliche unseres Versuches kommt in dem Froschexperiment gar nicht vor. — 2. Die amerikanische Tierpsychologie läßt vielfach Tiere (oder Menschen) den Ausweg aus Labyrinthen suchen, welche von keinem Punkt des Innern aus überschaubar sind; das erste Herausfinden ist deshalb notwendig vom Zufall abhängig, und so kommt es den betreffenden Forschern auch nur darauf in erster Linie an, wie unter solchen Umständen gemachte Erfahrungen bei immer weiteren Versuchen vom Prüfling ausgenutzt werden. Bei Intelligenzprüfungen von der Art unserer Umwegversuche kommt alles darauf an, daß die Situation dem Prüfling offen gegeben ist.

Für die Schimpansen erschwerte ich den Umwegversuch auf folgende Weise: Das Ziel hängt in einem Korb vom Drahtdach und kann von der Erde aus nicht erreicht werden; der Korb enthält auch mehrere schwere Steine, so daß eine Pendelschwingung von Faden und Korb auf einen kräftigen Anstoß hin längere Zeit bestehen bleibt; die Ebene dieser Schwingung wird so gerichtet, daß der Korb bei maximalem Ausschlag nach der einen Seite einem

Gerüst nahekommt; der Umweg ist also nur für kurze Zeitmomente leicht erkennbar (und brauchbar). — (19. 1. 1914.) Sobald das Pendel schwingt, werden Chica, Grande, Tercera herbeigelassen[1]). Grande springt vom Boden aus nach dem Korb, ohne ihn zu erreichen; Chica, die inzwischen die Lage ruhig überschaut hat, läuft mit einemmal auf das Gerüst zu, klettert hinauf, erwartet mit ausgestreckten Armen den Korb und fängt ihn auf. Der Versuch hat etwa eine Minute gedauert[2]). Wiederholungen mit anderen Tieren (Rana, Koko) verliefen ebenfalls so einfach und schnell, daß die Lösung auch dieser Aufgabe wohl jedem Schimpansen zuzutrauen ist; Grande, die die Lösung von Chica gesehen hatte, kam dieser bei sofortiger Wiederholung des Versuches zuvor; nach allem Späteren ist kein Zweifel, daß das gute Beispiel nicht unbedingt erforderlich gewesen wäre, und daß sie, immer langsamer als die anderen, nach einer Weile von selbst den Umweg gesehen hätte.

Sultan, der nicht bei diesen Versuchen zugegen gewesen war, wurde (20. 1.) mit dem gleichen Pendel geprüft, dieses aber, bevor er es sah, in Kreisschwingung versetzt, die den Korb mit der etwa konstanten großen Geschwindigkeit an einem nahestehenden Balken vorüberführte; der Schwingungsform und der gleichmäßigen Geschwindigkeit wegen ist dieser Versuch wohl etwas schwerer. Sultan schaut einen Augenblick hinauf und verfolgt den Korb mit den Augen; als er ihn am Balken vorüberschießen sieht, ist er sofort oben und erwartet ihn hier.

In solchen Versuchen macht es gar nichts aus, ob der zugängliche Punkt, dem das Pendel vorübergehend nahekommt, in aufeinanderfolgenden Versuchen derselbe bleibt oder nicht, und ob es sich um

---

[1]) In den ersten Tagen waren diese Tiere viel zu ängstlich, als daß eines zu Versuchen hätte isoliert werden können; dieser Umstand hat die allergrößten Schwierigkeiten mit sich gebracht, und etwa Chica ganz allein zu prüfen, war noch nach einem halben Jahr nicht möglich; als Gesellschaft gab ich in solchen Fällen meist Tercera oder Konsul, die aus Trägheit oder Schüchternheit an sich recht unbrauchbar waren, verlor aber auch sonst gelegentlich eine Versuchsperson für bestimmte Aufgaben auf demselben Wege.

[2]) Ich gebe in dieser Schrift keine oder doch nur da ungefähre Zeitangaben, wo diese einen sachlichen Wert haben. Im allgemeinen hängt die Dauer eines Versuches von so viel zufälligen und wechselnden Umständen ab (z. B. vergeblichen Lösungsversuchen, mangelndem Interesse, Trauer über Isolierung oder Mißerfolg usw.), daß Zeitmessungen allein den Anschein quantitativer Methodik erzeugen würden. Wie es zeitlich in einem Versuch zugeht, ist aus der Beschreibung wohl immer so weit zu sehen, als es für unsere Zwecke in Betracht kommt. Ob ein Intervall der Gleichgültigkeit oder des Jammerns, wie es häufig vorkam, drei Minuten, d. h. vielleicht zehnmal so lange wie der eigentliche Lösungsverlauf, oder eine halbe Stunde, vielleicht tausendmal so lange wie dieser dauert, ist ja wohl vollkommen einerlei. In den meisten Fällen würde eben die Lösung selbst einen beliebigen Bruchteil der gemessenen „Versuchszeit" ausmachen.

eine Hauswand, einen Baum, ein Gerüst oder anderes mehr handelt. Führt man Variationen dieser Art ein, so besteigt ein und dasselbe Tier nicht etwa den Punkt, wo es vorher Erfolg hatte, sondern es klettert mit Sicherheit an die Stelle, die in der jeweiligen Situation die richtige ist. Bei so einfachen Versuchen habe ich nie einen Verstoß gegen diese Regel gesehen, wohl aber bei Aufgaben, die sehr viel vom Schimpansen verlangen; da kommen Fehler in der Richtung törichten Repetierens vor.

Als beträchtlich schwerer erscheint der Umwegversuch, wenn ein Teil der Situation, womöglich der größere, vom Ausgangspunkt aus nicht sichtbar, sondern nur „aus Erfahrung" bekannt ist.

Ein Raum des Tierhauses hat ein sehr hochgelegenes, durch Holzläden zu verschließendes Fenster, das auf den Spielplatz hinausgeht. Aus dem Raum kommt man auf den Spielplatz durch die Tür des

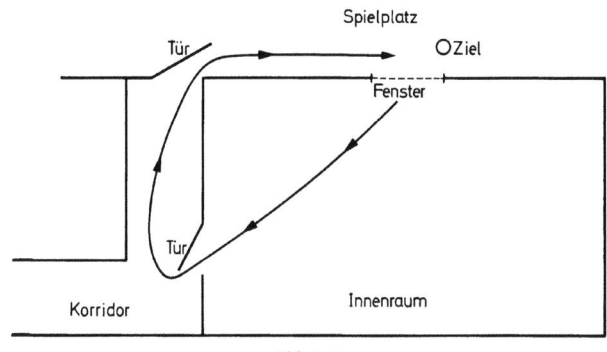

Skizze 5

Raumes, die in den Korridor führt, ein kurzes Stück dieses Korridors und eine Tür vom Korridor auf den Spielplatz (vgl. die Skizze 5). Alle erwähnten Teile sind den Schimpansen gut bekannt, befindet sich aber einer in jenem Raum, so sieht er nur dessen Inneres. (6. 3.) Ich nehme Sultan aus einem andern Raum des Tierhauses, wo er mit den übrigen gespielt hat, über den Korridor mit mir in jenes Zimmer, lehne hinter uns die Tür an, gehe mit ihm ans Fenster, öffne den Holzladen ein wenig, werfe eine Banane hinaus, so daß Sultan sie durchs Fenster verschwinden, aber wegen der Höhe des Fensters nicht fallen sieht und schließe den Laden schnell wieder (Sultan kann nur ein wenig von dem Drahtdach draußen gesehen haben); als ich mich umdrehe, ist Sultan schon unterwegs, stößt die Tür auf, verschwindet im Korridor, wird an der zweiten Tür und gleich darauf vor dem Fenster hörbar; draußen finde ich ihn eifrig unter dem Fenster suchend: die Banane ist zufällig in den dunklen

Spalt zwischen zwei Kisten gefallen. — Unsichtbarkeit des Zielortes und des größeren Teiles vom möglichen Umweg behindern also die Lösung nicht wesentlich; sind die betreffenden Raumteile nur sonst bekannt, so bildet sich durch sie hindurch die Umwegkurve mit Leichtigkeit.

Bei einem ganz ähnlichen Versuch mit der schon erwähnten Hündin zeigte sich dann, daß diese dasselbe leistete. Durch die Tür T tritt man von dem Vorplatz, der frei und glatt um das Haus läuft, in ein Zimmer mit dem Fenster F nach dem Vorplatz V zu (vgl. Skizze 6); die Hündin, die Zimmer und Vorplatz von Besuchen her kennt — sie gehört nicht zum Hause —, wird zur Tür T hinein ins Zimmer gebracht und mit Futter ans offene Fenster gelockt; sie kann von hier aus nur entferntere Baumkronen, nicht den Vorplatz selbst sehen. Das Futter wird hinausgeworfen und sofort danach das Fenster geschlossen. Die Hündin springt einmal gegen die Fensterscheibe, steht dann einen Augenblick, den Kopf nach dem Fenster hinaufgerichtet, sieht kurz nach dem Beobachter; plötzlich fährt ihr Schwanz ein paarmal hin und her, sie springt mit einem Satz 180° herum und jagt in einem Zuge aus der Tür und außen herum bis unter das Fenster, wo sie das Futter sogleich findet[1]).

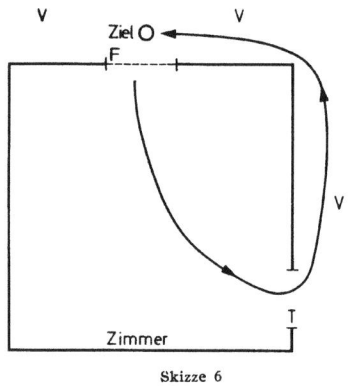

Skizze 6

Thorndike hat Katzen und Hunde in großer Zahl geprüft, um zu sehen, was an den vielen Wundergeschichten ist, die über diese Hausgenossen erzählt werden. Das Resultat fiel sehr ungünstig für die Tiere aus, und Thorndike kam zu dem Schluß, daß sie, weit entfernt „zu denken", nicht einmal Vorstellungen mit Wahrnehmungen assoziieren wie ein Mensch, sondern im wesentlichen auf die Erfahrungsverknüpfung von bloßen „Impulsen" mit Wahrnehmungen beschränkt bleiben. Diese Untersuchung hat zu ihrer Zeit in der negativen Richtung das Nötigste geleistet, ist aber, wie sich immer mehr (auch in Amerika) herausstellt, in derselben Richtung etwas zu weit gegangen. Die Prüfungen waren jenen Tieranekdoten gemäß und so schwer, daß das Resultat wohl kläglich ausfallen mußte; unter dem Eindruck des Versagens der Tiere in diesen Prüfungen hat Thorndike dann allgemeine negative Sätze über ihre Leistungsfähigkeit aufgestellt, die aus den speziellen, eben zu schweren Versuchen nicht folgen. So töricht der Hund neben dem Schimpansen z. B. erscheint,

---

[1]) Etwas andere Umwegversuche stellten an: Thorndike (vgl. das unten zitierte Werk) und Hobhouse (Mind in Evolution. London 1901, S. 223f.). — Ich bemerke noch, daß die Hündin nicht von der Seite des Fensters her zur Tür hereingebracht wurde; rückwärts hat sie also Geruchsspur höchstens bis zur Tür; doch dürfte nach der Beobachtung der Geruch überhaupt keine Rolle gespielt haben.

so dürfte doch in so einfachen Fällen wie dem eben beschriebenen eine nähere Untersuchung sehr angebracht sein.

Um des Prinzips der Untersuchungsart willen muß ich noch eine weitere Ausstellung an den Experimenten von Thorndike machen. Sie waren als Intelligenzprüfungen von der Art der unsern (Frage: Einsicht oder nicht?) gedacht, mußten also den gleichen allgemeinen Bedingungen genügen, um ihren Zweck zu erfüllen, vor allem in Situationen angestellt werden, welche für das Tier der Möglichkeit nach überschaubar sind; denn wenn wesentliche Teile der Situation der Sache nach vom Prüfling gar nicht eingesehen werden können, wie soll er dann einsichtig mit der Aufgabe fertig werden? Mit einiger Verwunderung sieht man deshalb die Katzen und Hunde mehrfach in Käfige gesetzt, in welche nur das Ende irgendeines Mechanismus mündet, durch deren Gitter man noch Seilstücke oder andere Teile des Mechanismus von innen sehen kann, während die ganze Situation, in der sich das Tier zurechtfinden soll, von innen unmöglich klar überschaut werden kann. Aufgabe: Durch Ziehen oder Drücken an dem zugänglichen Teil des Mechanismus soll sich das Tier selbst befreien; denn — davon geht die Tür des Käfigs auf. Thorndike teilt weiter Versuche mit, in denen Tiere aus einem Käfig dann befreit wurden, wenn sie sich selbst kratzten oder wenn sie sich selbst leckten usw. Er stellt diese Experimente jenen andern (wo ein Mechanismus zu betätigen ist) gegenüber, da hier kein Zusammenhang, keine Übereinstimmung zwischen Handlung und Erfolg bestehe wie in jenen; in Wirklichkeit aber nähert sich manche jener Anordnungen leider den Bedingungen in solchen Versuchen ohne sachlichen Zusammenhang. — Immerhin enthalten die Mechanismussituationen sämtlich Bestandteile, die überhaupt mit irgendeinem Grad von Einsicht behandelt werden können, und man ist deshalb gespannt zu erfahren, ob sich die Tiere in diesem Fall (teilweise der Möglichkeit nach einsichtig zu behandelnde Situation) irgend anders verhalten als in jenem (absichtlich ganz sinnlos gewählte Versuchsumstände); denn hier handelt es sich ja offenbar um eine Art von Experimentum crucis. Das Ergebnis ist, daß das richtige Verhalten in beiden Fällen in mehr oder weniger ausgedehntem ,,Lernen" sich ausbildet — wie zu erwarten, da die ,,Sinnversuche" viel zu schwer sind und in Teilbedingungen ebenfalls mehrfach nicht eingesehen werden können. Aber wenn die Tiere die Aufgabe beherrschen, dann zeigt sich schon ein Unterschied: ,,In allen diesen Fällen" — der ganz sinnlosen Art — ,,zeigt sich eine bemerkenswerte Tendenz ... den Akt zu reduzieren, bis er eine bloße Spur von Lecken oder Kratzen wird" und vor allem weiter: ,,Wenn man bisweilen die Katze nicht herausläßt nach dieser schwachen Reaktion, so wiederholt sie nicht etwa die Bewegung sofort, wie sie das tun würde, wenn sie z. B. einen Drücker herabdrückte, ohne daß die Tür davon aufginge[1])." Thorndike erklärt nur, den Grund für beide Erscheinungen nicht angeben zu können. Da es sich um eines der interessantesten von seinen Ergebnissen handelt, wennschon nicht um eines, das nach seiner Theorie zu erwarten wäre, so wird man diesen schnellen Verzicht bedauern müssen.

2. WERKZEUGGEBRAUCH

Die Situation wird weiter erschwert: Es gibt keinen Raum möglicher Umwege mehr, ebenso ungangbar wie die gerade Verbindungslinie zum Ziel sind alle sonst geometrisch denkbaren Kurven; und auch kein Anpassen der eigenen Körperform an Raumformen der Umgebung bringt das Tier mit dem Ziel zusammen. Soll diese Verbindung doch irgendwie hergestellt werden, so kann das nur durch

---

[1]) Animal Intelligence. New York 1911, S. 48.

die Einschaltung eines materiellen Zwischengliedes geschehen. So vorsichtig muß man sich, wie wir sehen werden, der Sache nach ausdrücken; erst wenn dies indirekte Verfahren mit Hilfe dritter Körper gewisse Formen annimmt, darf man im gewöhnlichen Sinn sagen: mittels eines Werkzeuges wird das Zielobjekt in Besitz genommen; es gibt eine Art, die Distanz zum Ziel durch dritte Körper in gewisser Weise zu überwinden, welcher dieser Satz nicht gerecht wird[1]).

Enthält das Feld dritte Körper, die sich zur Bewältigung der kritischen Distanz Tier—Ziel eignen, so fragt sich, inwieweit ein Schimpanse fähig ist, unter dem Drang nach dem Ziel von einer solchen Möglichkeit Gebrauch zu machen.

I.

Die Aufgabe ist am leichtesten, wenn die Distanz sachlich im Grunde schon überwunden, der dritte Körper schon „eingeschaltet" ist; steht dieser mit dem Ziel in Verbindung, so kann man entweder den Wert dieser Verbindung ausnützen oder man sieht den dritten Körper als gleichgültig wie jeden andern an (außer dem Ziel selbst) und bleibt so hilflos.

Schon in der Einleitung zeigte sich, daß Sultan eine solche Lage beherrscht, obschon die Verbindung nicht von der einfachsten Form ist und erst zur Geltung kommt, wenn er zunächst einen Umweg (auf den Baum) macht. Stellt man den Versuch einfach so an, daß an das Ziel ein Faden od. dgl. geknüpft ist, der bis in die Reichweite des Tieres läuft, dann wird man den Schimpansen diese Aufgabe wohl stets sofort lösen sehen.

Nueva wurde am sechsten Tage ihres Stationsaufenthaltes (14. 3.) geprüft: Etwas über 1 m von dem Gitter ihres Käfigs entfernt lag das Ziel, ein weicher Strohhalm war darangebunden und reichte mit dem freien Ende über den sonst leeren Grund bis an das Gitter; kaum hatte Nueva das Ziel gesehen, so griff sie nach dem Halm und zog vorsichtig das Ziel damit heran.

Koko, seit 5 Tagen Mitglied der Station (13. 7.): Das Tier war mit seiner Halskette an einem Baum festgelegt und beherrschte so

---

[1]) Es kommt hinzu, daß man auf dem ganzen Problemgebiet gut tut, bisweilen Schlagworte wie „Werkzeuggebrauch", ebenso „Nachahmung" u. dgl. durch andere Worte zu ersetzen, die möglichst genau dem Verhalten des Tieres entsprechen. Jene abgenutzten Worte haben den Nachteil, unter dem Anschein der Bekanntheit die wichtigsten Fragen zu verstecken; auf gute Fragen kommt man vielleicht eher, wenn man sich auch bei der Wahl der Ausdrücke nach Möglichkeit vom Verhalten des Tieres leiten läßt; manchmal ist das allerdings recht schwer, weil gut passende Worte einfach nicht vorhanden sind.

nur einen beschränkten Kreis; jenseits von dessen Peripherie wurde das Ziel niedergelegt, während der Faden, der daran befestigt war, bis in den Kreis hineinreichte; Koko hatte die Vorbereitung nicht gesehen. Auf das Ziel aufmerksam gemacht, sah er nur eben einmal hin und wandte sich dann wieder ab; nochmals auf das Futter hingewiesen, griff er schnell nach dem Faden und zog es heran, warf es aber nach kurzer Prüfung wieder fort: es war nicht die richtige Art Ziel.

Derselbe Versuch hatte schon vorher (Februar 14) bei Tschego und Konsul das gleiche positive Ergebnis gehabt, und das, obwohl die Seilverbindung für sie an 3 m lang gewählt wurde; die übrigen Tiere bekamen alle einmal in schwierigeren Versuchen mit der Seilverbindung zu tun, und nie hat eines gezögert, sie auszunutzen. Immer geschah das Heranziehen „im Hinblick auf das Ziel", auch im wörtlichen Sinn: ein Blick auf das Ziel, und das Tier beginnt, immer auf das Ziel, nicht auf das Seil gerichtet, zu ziehen. So kann keine Rede davon sein, daß zunächst nur das Seil aus irgendeinem Grunde herangezogen werden sollte.

<small>Variation: Das Ziel liegt in einem Korb; an dessen Henkel ist das Seil gebunden und dieses ist bis an das Gitterfenster eines Raumes hinaufgeführt, in dem sich ein Schimpanse aufhält: Der Korb wird stets am Seil hinaufgehoben.</small>

Ein Hund könnte sich in demselben Versuch mit Vorderfuß oder Zähnen sehr wohl helfen; aber das Tier, von dem oben die Rede war, brachte diese einfache Leistung nicht zustande und beachtete den Faden überhaupt nicht, der bis unter seine Schnauze lief, während es zugleich das lebhafteste Interesse am Ziel bezeugte. Hunde und wohl z. B. auch Pferde könnten — wenn nicht besonders glückliche Zufälle in ihren Bewegungen oder irgendwelche Unterweisung ihnen helfen — wahrscheinlich in einer solchen Lage einfach verhungern, wo für Mensch und Schimpanse kaum ein Problem besteht.

Die Leistung des Schimpansen verdient jedoch, näher betrachtet zu werden. Zu diesem Zweck wird die Situation ein wenig verwirrt (11. 6. 14): Das Ziel liegt, an einen Faden gebunden, jenseits eines Gitters am Boden; aber außer dem „richtigen" Faden laufen, ihn und einander kreuzend, noch drei weitere aus der ungefähren Gegend des Zieles in verschiedenen Richtungen auf das Gitter zu (vgl. Skizze 7a). Mit einigermaßen aufmerksamem Blick sieht der (erwachsene) Mensch sofort, welches der richtige Faden ist. — Sultan wird ans Gitter gebracht, sieht nur flüchtig hinaus und reißt in schneller Folge an zwei falschen und dann an dem richtigen Faden (die Reihenfolge wie die in der Skizze beigefügten Zahlen).

Das Feld wird wieder beträchtlich klarer, wenn nur zwei Fäden, der richtige und ein falscher, nach dem Ziel hin laufen und sich

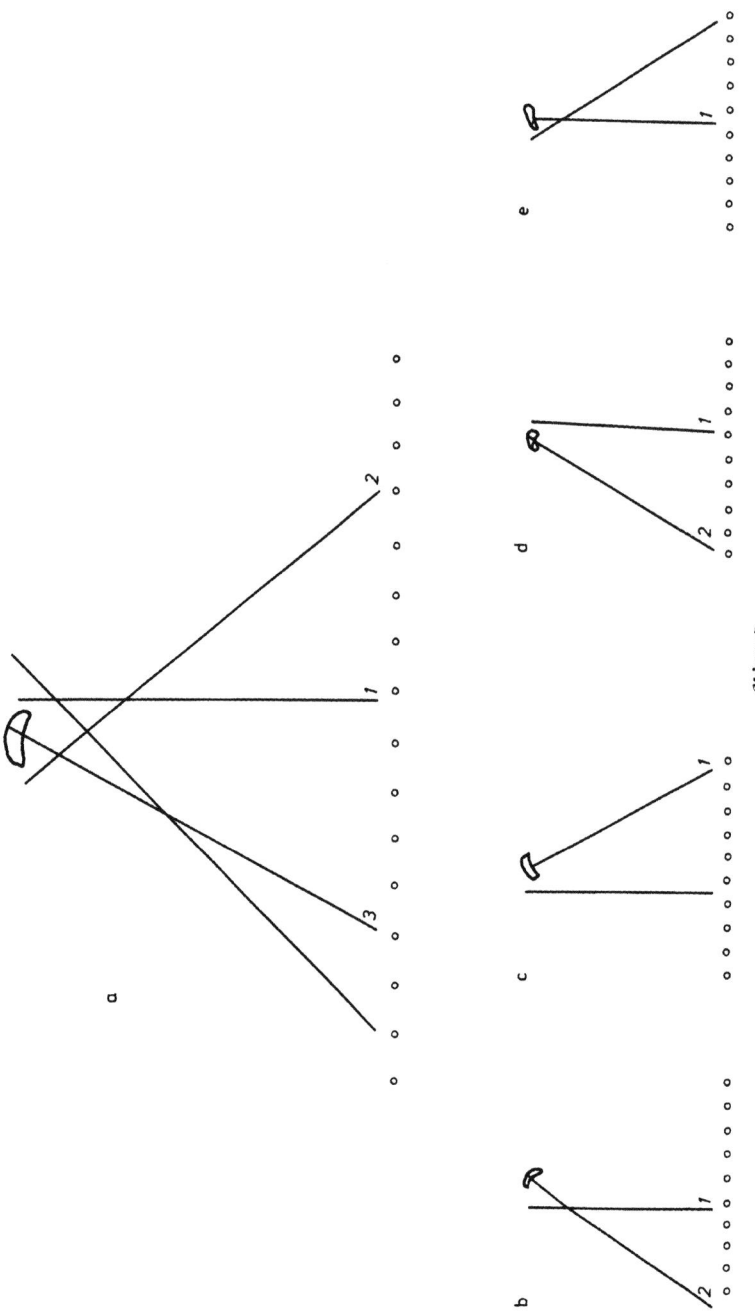

Skizze 7

dabei womöglich nicht einmal kreuzen. Das Ergebnis in vier solcher Fälle *b* bis *e* (14. 6.) ist nach der Skizze leicht verständlich. Dabei beträgt die Entfernung Tier—Ziel etwa 1 m, die falschen Fäden nähern sich auf etwa 5 cm dem Ziel. Ob Sultan bei hinreichender Ruhe imstande wäre, aus der Betrachtung des Feldes klar zu entnehmen, welcher Faden der richtige ist, läßt sich in diesen Versuchen nicht erkennen; denn tatsächlich nimmt er sich nicht Zeit für eine solche Bemühung, sondern zieht einfach drauf los und ergreift jedenfalls nur zweimal sofort den richtigen Faden. Die Fehler, die er macht, sind wohl kaum zufällig: in fünf Versuchen zieht er viermal an dem Faden zuerst, der vom Gitter in kürzester Bahn auf das Ziel zuläuft.

Vielleicht besteht noch eine Tendenz, rechtsliegende Fäden zu bevorzugen; das wäre rein motorisch zu erklären: denn Sultan setzt sich stets dem Ziel gerade gegenüber ans Gitter und greift wie bei allen Anlässen, die auch nur ein Minimum von Geschicklichkeit erfordern, mit der rechten Hand.

Läuft schließlich nur ein Faden in die Nähe des Zieles, ohne mit diesem verbunden zu sein, so kommt alles auf die nähere Bestimmung der „Nähe" an. Sultan in einem solchen Versuch (Entfernung des Zieles vom Gitter 3 m, Abstand des Seilendes vom Ziel etwa 15 cm) zog nach einem Blick in die Zielgegend zunächst nicht, einige Sekunden später doch noch, aber vollkommen auf das Seil gerichtet, ohne das Ziel im mindesten zu beachten, und begann mit dem halb hineingezogenen Seil zu spielen, immer unbekümmert um das Ziel draußen; eine Probe zeigte, daß er bei bestem Appetit war. — Bei 1 m Zielentfernung und nur etwa 2 cm Abstand Seilende—Ziel zog er dagegen, deutlich im Hinblick auf das Ziel, wenn schon in zaudernder Art. — Eine größere Anzahl solcher Beobachtungen macht den Schimpansen natürlich argwöhnisch; im ganzen konnte ich feststellen: Bei sehr kleinem Abstand Seilende—Ziel (viel kommt auf die Klarheit des Grundes an) wird der Schimpanse nach flüchtigem Hinblicken meist am Seile ziehen; immer wird er es tun, wenn Seil und Ziel einander optisch berühren; ob die „Befestigungsart" in unserm praktischen Sinn der Verknüpfung für den Schimpansen in solchen Versuchen irgend mehr gegeben ist als durch optischen Kontakt höheren oder niederen Grades, erscheint als fraglich. Bei sehr großem Abstand von Faden und Ziel wird der Schimpanse gewöhnlich nicht ziehen, er müßte sonst für das Seil als solches interessiert sein oder es haben wollen, um es dann in anderer Weise als Werkzeug zu gebrauchen; bei mittleren Abständen von einigen Zentimetern aufwärts, wenn das Seil noch in eine Art „Hof" des Zieles hineinreicht, in welchem es (auch dem Menschen) sogleich als „in die Gegend des Zieles laufend" auffällt, wird alles von der Aufmerksamkeit des Tieres und seinem Hunger abhängen; in äußerstem Hunger wird der Schimpanse das Seil noch ziehen, und zwar „im Hinblick auf das Ziel", selbst wenn er sieht und sehen muß, daß kein Kontakt besteht; er tut damit ganz Ähnliches wie nach einer geläufigen Wendung der Mensch, wenn er in Gefahr des Ertrinkens nach einem Strohhalm greift; die Bewegungen des Tieres in solchen Fällen, die uns noch öfters begegnen werden, sind matt und geben ein Bild völliger Mutlosigkeit[1]).

II.

Das Ziel ist in keiner Weise mit dem Raume des Tieres verbunden; die Situation enthält als einziges Hilfsmittel einen Stab, mit dem das Ziel herangezogen werden könnte.

Von den sieben Schimpansen, die der Station seit Anfang angehörten, fand ich Sultan schon recht geübt in solcher Verwendung von Stöcken, und an Rana war wohl die gleiche Leistung schon beobachtet worden; wie sie bei mehreren andern zuerst auftrat, wird in dem nächsten Teil dieser Prüfungen berichtet. In den Zusammenhang der hier zunächst behandelten Versuchsart gehören drei Fälle, die von Tschego, Nueva und Koko.

Das große Weibchen, über dessen Kameruner Vorleben natürlich nichts bekannt ist, war bis zur Zeit des Versuches (26. 2. 14) fast stets von den andern isoliert gehalten worden (seit $1^1/_2$ Jahren), und zwar in Räumen, die ihm selten Gelegenheit boten, mit beweglichen Gegenständen außer Stroh und Decke umzugehen; dagegen konnte es dem Treiben der kleinen Tiere nach Belieben zuschauen. — Tschego wird aus ihrem Zimmer in den vergitterten Raum gelassen, der ihr tagsüber als Aufenthaltsort dient; draußen außer Reichweite ihrer sehr langen Arme liegt das Ziel, drinnen in der Nähe des Gitters und etwas seitlich mehrere Stöcke. Sie versucht zunächst vergeblich, mit der Hand die Früchte zu erreichen, legt sich dann weiter rückwärts nieder, macht nach einer Weile einen neuen Versuch, gibt es wieder auf usw., während mehr als einer halben Stunde; schließlich bleibt sie dauernd liegen, ohne sich weiter um das Ziel zu kümmern; die Stöcke, die unmittelbar neben ihr doch auffallen könnten, sind wie nicht für sie vorhanden. Jetzt aber beginnen die jüngeren Tiere,

---

[1]) Seilversuche hat Hobhouse (Mind in Evolution, London 1901, S. 155ff.) an mehreren Tierformen angestellt, und auch sonst sind sie wohl gemacht worden. Auf das Werk des genannten Autors sei hier ganz allgemein verwiesen; noch einige der im folgenden beschriebenen Versuche finden sich auch bei ihm.

die draußen umherlaufen, sich für das Ziel zu interessieren und nähern sich vorsichtig immer mehr; mit einem Male springt Tschego auf, ergreift einen der Stöcke und kratzt, nicht ungeschickt, das Ziel (Bananen) damit heran, bis sie in Reichweite der Hand kommen. Dabei setzt sie sofort den Stock richtig hinter dem Ziel auf; sie braucht zuerst den linken, dann auch den rechten Arm und wechselt häufig zwischen beiden; der Stock wird nicht immer gehalten, wie ein Mensch es tun würde, sondern mehrfach so, wie sie auch ihr Futter zu halten liebt, nämlich zwischen dritten und vierten Finger geklemmt, während der Daumen seitlich dagegendrückt.

Nueva wurde 3 Tage nach ihrer Ankunft geprüft (11. 3. 14). Sie war noch nicht mit den anderen Tieren zusammengekommen, sondern saß isoliert in einem Käfig. Ein Stöckchen wird ihr in den Käfig gegeben, sie kratzt mit ihm ein wenig auf dem Boden, schiebt so Bananenschalen auf einen Haufen und läßt dann den Stock achtlos fallen, vielleicht $^3/_4$ m vom Gitter entfernt. 10 Minuten später werden Früchte draußen außer Reichweite auf den Boden gelegt; das Tier greift vergeblich danach und beginnt alsbald zu klagen in der charakteristischen Art des Schimpansen: Es schiebt beide Lippen, besonders aber die untere, um einige Zentimeter vor, stößt, während es mit bittenden Augen den Beobachter ansieht und die Hand nach ihm ausstreckt, weinerliche Töne[1]) aus und wirft sich schließlich verzweifelt auf den Rücken, ein sehr ausdrucksvolles Verhalten, das man in Fällen großen Kummers auch sonst sieht. So vergeht zwischen Bitten und Klagen eine Weile, bis — etwa 7 Minuten nach dem Niederlegen des Zieles — das Tier bei einem Blick in Richtung des Stockes verstummt, diesen ergreift, hinausführt und etwas ungeschickt, aber doch erfolgreich, mit ihm das Ziel heranzieht. Dabei wird der Stock, der hier wie später meist in der linken Hand liegt, sofort hinter dem Ziel zur Erde gesetzt. — Bei Wiederholung des Versuches nach 1 Stunde vergeht viel kürzere Zeit, bis das Tier zum Stocke greift, auch braucht es ihn jetzt schon geschickter; beim dritten Mal wird der Stock sofort benutzt und so von nun an immer; die Geschicklichkeit erreicht dabei ihr Maximum schon nach wenigen Wiederholungen.

Koko wird am zweiten Tage nach seiner Ankunft (10. 7. 14) wie gewöhnlich mit Halsband und Kette im Umkreis eines Baumes festgehalten. Ein leichtes Stöckchen, das heimlich in den Kreis hineingeschoben ist, beachtet er erst gar nicht, etwas später knabbert er einen Augenblick daran; 1 Stunde danach wird das Ziel außerhalb des Kreises und außer Reichweite niedergelegt. Nach einigen

---
[1]) Der Schimpanse weint bekanntlich niemals Tränen.

vergeblichen Versuchen, es doch mit der Hand zu fassen, nimmt Koko plötzlich den Stock, der etwa 1 m rückwärts liegt, sieht nach dem Ziele hin — und läßt ihn wieder fallen; er greift mit dem Fuße, der wegen des Halsbandes weiter reicht als die Hand, angestrengt in Richtung des Zieles und gibt auch das wieder auf; plötzlich nimmt er wieder den Stock her und zieht diesmal, freilich recht ungeschickt, das Ziel damit heran. — Bei Wiederholung des Versuchs fällt die Ungeschicklichkeit des Tieres womöglich noch stärker auf; nicht selten stößt es von der falschen Seite an das Ziel (Banane), so daß dieses einmal weit fortgeschoben wird; in diesem Falle und so öfter nimmt Koko den Stock mit dem Fuße und arbeitet auf diese Weise weiter; als er immer noch nicht ankommt, holt er mit einem Male einen grünen Stengel, mit dem er vor dem Versuche gespielt hat, erreicht aber damit erst recht nichts, weil der Stengel noch kürzer ist als der Stock. — Koko führt von vornherein den Stock mit der rechten Hand, und nur für Momente, wenn sein schwacher Arm sichtlich ermüdet ist, muß die linke Hand aushelfen; aber dann schwankt der Stab ganz unsicher auch ohne Ermüdung und wird gleich wieder in die Rechte genommen.

Ganz allgemein gilt, daß ein Schimpanse, der einmal in solcher Situation den Stock zu verwenden begonnen hat, nicht ratlos wird, wenn gerade kein Stock vorhanden ist oder ein vorhandener der Aufmerksamkeit entgeht.

Nueva wird (13. 3.) 2 Tage später vor dem Versuche der Stock entzogen, mit dem sie inzwischen gern gespielt hatte. Als das Ziel draußen eben niedergelegt ist, versucht sie schon, es mit Lappen, die in ihrem Käfig liegen, mit Strohhalmen und schließlich mit einer blechernen Wasserschale, die vor dem Gitter steht, heranzuziehen oder (mit dem Lappen) heranzuschlagen, bisweilen mit Erfolg.

Am Tage nach Tschegos erstem Versuche liegen die Stöcke etwa $1^1/_2$ m vom Gitter entfernt weiter im Innern des Käfigs. Als das Tier in den Raum gelassen wird, reckt es zunächst wieder vergeblich den Arm durch das Gitter hinaus; wie aber die kleinen Tiere sich dem Ziele nähern, ergreift Tschego schnell einige Strohhalme und angelt ohne Erfolg damit; erst nach geraumer Zeit, als die Kleinen bedrohlich nahe kommen, werden ganz plötzlich die Stöcke in die Situation einbezogen und mit einem von ihnen das Ziel herangeholt.

Für den nächsten Versuch (am gleichen Tag um mehrere Stunden später) werden die Stöcke noch weiter vom Gitter (und damit von dem draußenliegenden Ziel) fort und an die entgegengesetzte Käfigwand (Abstand vom Gitter 4 m) gelegt. Sie werden nicht benutzt.

Nach vergeblichen Versuchen, mit dem Arm anzukommen, springt Tschego auf, geht schnell in ihren Schlafraum, der mit dem Versuchskäfig durch eine kleine offenstehende Tür verbunden ist, und kehrt sofort mit ihrer Decke wieder; sie zwängt das Tuch durchs Gitter, schlägt mit ihm auf die Früchte und peitscht sie so heran; als eine Banane dabei auf den Zipfel des Tuches gerät, ändert sich das Verfahren sofort, und mit großer Vorsicht wird die Decke mit der Frucht darauf herangezogen. Indessen ist die Deckenverwendung mühselig genug; ein neues Ziel will sich gar nicht so erreichen lassen. Tschego sieht sich ratlos um, blickt dabei auch mehrfach in die Richtung der Stöcke, zeigt aber nicht das geringste Interesse an ihnen; jetzt wird ein anderer Stock schräg dem Ziel gegenüber durch die Gitterstäbe hineingeschoben; Tschego gebraucht ihn sofort.

Koko, der außer dem Stock schon den Krautstengel hatte verwenden wollen, ließ 3 Tage später (13. 7.) in der gleichen Situation den Stock, der etwas abseits vom Ziel und sehr an der Peripherie des erwähnten Kreises lag, zunächst unbeachtet; erst nach einiger Zeit holte er mit einem Fuße den Stock und dann mit diesem, immer noch ungeschickt, das Ziel heran. Bei Wiederholung des Versuchs brachte er seine Decke mit, schleppte sie dicht vor das Ziel, legte sie aber nach kurzem Zaudern nieder und griff wieder zum Stock. Einen Tag später, als kein Stock in der Nähe ist, wiederholt sich der Vorgang mit der Decke ganz genau, dann sucht er mit einem Steine das Ziel heranzuziehen. Noch einige Tage weiter benutzt er ein großes festes Stück Pappe, einen Rosenzweig, die Krempe eines alten Strohhutes, ein Stück Draht. Alles, was beweglich und womöglich langgestreckt aussieht, wird in der Situation zum „Stock" in der rein funktionellen Bedeutung von „Greifwerkzeug", ja man kann sagen, daß der mobile Teil des Feldes eine Tendenz zeigt, in Kokos Händen nach der kritischen Stelle zu wandern.

<small>Nebenbei eine Selbstbeobachtung: Noch ehe das Tier auf Verwendung von Stöcken oder ähnlichem verfallen ist, wird dergleichen natürlich vom Zuschauer erwartet; sieht man nun den Affen eifrig, aber ohne Erfolg bemüht, die Distanz zum Ziel zu überwinden, so geht infolge der Spannung ein Wechsel im Gesichtsfeld vor sich; längliche und bewegliche Gegenstände sieht man nicht mehr indifferent und streng statisch an ihrem Orte, sondern wie mit einem „Vektor", wie unter einem Druck nach der kritischen Stelle hin.</small>

Wie zu erwarten, sind Variationen des Zieles oder seiner Lage im allgemeinen ohne Einfluß, nachdem einmal der Stockgebrauch aufgekommen ist. An einem heißen Tage sucht Koko sogar einen Eimer voll Wasser, der in der Nähe seines Kreises stehen geblieben ist, mit einem Stock in jeder Hand heranzuziehen — natürlich ohne Erfolg. Als das Ziel außer Reichhöhe an einer glatten Hauswand angebracht wird, nimmt er einen grünen Stengel, dann einen Stein, einen Stock, einen Strohhalm, sein Trinkgeschirr und endlich einen gestohlenen Schuh und langt damit hinauf; ist gar nichts anderes vorhanden, so nimmt er auch eine Schleife des Seiles, an dem er angebunden ist, und schlägt mit ihr nach dem Ziele.

Wenn Tiere, bei denen praktisches Verhalten gegenüber einer bestimmten Situation entstanden ist, in einer nur ähnlichen Lage das gleiche Verfahren vorbringen, so wird, häufig wohl mit Recht, die Annahme gemacht, daß in der unklaren Wahrnehmung des Tieres die neue Situation von der alten überhaupt nicht verschieden und also das gleiche Verhalten in beiden ohne weiteres verständlich sei. Es wäre ganz verfehlt, wollte man eine solche Erklärung heranziehen, wenn der Schimpanse den Stock durch andere Dinge ersetzt: die Optik des Schimpansen ist, wie man in Versuchen und sonst leicht feststellen kann, viel zu hoch entwickelt, als daß er eine Handvoll Strohhalme, eine Hutkrempe, einen Stein, einen Schuh usw. mit dem zuerst verwandten Stock einfach optisch „verwechseln" könnte. Sagt man dagegen, der Stock im Gesichtsfeld habe einen bestimmten **Funktionswert** für gewisse Situationen gewonnen, und nun dringe von selbst diese Wirkung in alle andern Gegenstände ein, die mit dem Stock (objektiv) gewisse allgemeinste Eigenschaften der Form und der Konsistenz gemein haben, sie mögen sonst aussehen wie sie wollen, so trifft man damit recht genau die einzige Anschauung, die sich mit dem beobachteten Verhalten der Tiere deckt. Hutkrempe und Schuh sind für den Schimpansen gewiß nicht immer optisch Stöcke (und etwa deshalb auch im Versuch zu verwechseln), sondern **nur in gewissen Situationen** treten sie „**als Stöcke**" im **funktionellen Sinn** auf, nachdem ein nach Form- und Konsistenztypus einigermaßen verwandtes Ding, z. B. ein Stab, die Stockfunktion einmal angenommen hat. Wie der Bericht über Kokos Verhalten zeigt, bleibt bei dem Kleinen kaum eben eine Einschränkung hinsichtlich des Typus, und jedes „bewegliche Ding" wird fast in geeigneter Situation ein „Stock".

Ein anderes Moment scheint viel wesentlicher als äußere Unterschiede wie die zwischen Stock, Hutkrempe, Schuh; das ist bei Tschego wie Koko — Nueva wurde aus äußeren Gründen in dieser Hinsicht nicht geprüft — die **Lage der als Werkzeug in Betracht kommenden Gegenstände zu Tier und Ziel**. Bei beiden Tieren verlieren selbst Stäbe, die sie bereits mehrfach verwendet haben, ihren funktionellen oder Werkzeug-Charakter allein dadurch, daß man sie von der kritischen Stelle entfernt. Genauer: Sorgt man dafür, daß beim Blick in die kritische Region und bei beschränkten Blickwendungen um diese Zone herum der Stab nicht sichtbar wird, und umgekehrt ein Blick in Richtung des Stabes die ganze Zielregion aus dem Gesichtsfeld verschwinden macht, so wird dadurch im allgemeinen die Verwendung des Werkzeugs verhindert oder wenigstens ganz auffallend verzögert, auch wenn es sonst schon wiederholt benutzt wurde. Ich habe Tschego (vgl. oben) schließlich mit allen Mitteln auf die Stäbe im Hintergrunde ihres Käfigs hingewiesen, und sie blickte auch genau nach ihnen hin; aber dabei konnte sie die Zielregion hinter sich nicht sehen, und so blieben die Stöcke gleichgültig. Selbst als wir eines Morgens es dahin brachten, daß sie einen der Stöcke ergriff und benutzte, wußte sie sich am Nachmittag, als die Stöcke genau an der gleichen Stelle lagen, wieder nicht zu helfen, obwohl sie beim Herumgehen geradezu auf die Stöcke trat und wiederholt genau in ihre Richtung blickte. **Zu derselben Zeit werden Stäbe und verschiedene Ersatzmittel, die sie in der Nähe der Zielregion sieht, ohne das mindeste Zögern benutzt**, und das Tier frißt, was es erreichen kann, mit dem größten Appetit[1]).

Mit Koko haben wir mehrfach einen ähnlichen Versuch mit gleichem Ergebnis gemacht: Er strengt sich vergeblich an, das Ziel zu ergreifen; ein Stock wird leise hinter seinem Rücken niedergelegt, aber das Tier kann, wenn es sich umdreht, direkt auf den Stock blicken, kann über den Stock hinlaufen — es sieht ihn nicht als Werkzeug; nähert man heimlich den Stock, so bleiben schließlich, wenn schon eine geringe Blickwendung oder Kopfdrehung von der Zielgegend zum Stock führt, die Augen des Tieres plötzlich an diesem hängen, und er wird wieder verwendet[2]). Es kommt dabei nicht allein auf den Abstand des Stockes vom Ziel an; sitzt Koko mitten in seinem Kreis — das Ziel wird außerhalb niedergelegt, und zwischen Tier und Ziel liegt nahe der Kreismitte ein Stab —, so nimmt das Tier

---

[1]) Die Decke (vgl. oben) liegt im Schlafraum ebensoweit entfernt wie die Stöcke hinter dem Tier, und sie wird doch geholt; aber die offene Tür befindet sich dicht am Gitter seitlich im Vordergrund, so daß Tschego bei einer relativ geringen Blickwendung, die noch das Gitter (Zielregion) im Gesichtsfeld läßt, schon durch die Tür hindurch die Decke sieht; wendet sie dagegen das Gesicht den Stöcken zu, so verschwindet die Zielregion ganz. Übrigens ist die Decke durch täglichen Umgang des Tieres mit ihr sozusagen außer Konkurrenz mit anderen Gegenständen.

[2]) Das Tier darf den Stock nicht während der Verschiebung, d. h. in Bewegung, sehen; damit würde eine ganz neue Bedingung eingeführt. Koko entfernte ich ganz oder hielt ihm die Augen zu während der Veränderung; im ersteren Fall wurde er genau so wieder vor das Ziel gesetzt, wie er vorher davor gehockt hatte. Mit so jungen Tieren kann man einfach umgehen, Koko war an dergleichen durchaus gewöhnt.

diesen im allgemeinen zum Ziel mit und natürlicherweise: denn dem Blick nach dem Ziel kann der Stock in diesem Fall kaum entgehen, und es besteht große Wahrscheinlichkeit, daß sie „zusammengesehen" werden, wie das der Sache förderlich zu sein scheint. Natürlich handelt es sich hier nicht um ein absolutes Gesetz; es kommt auch einmal vor, daß bei einem Blick, den das Tier rückwärts wirft, ein brauchbarer Gegenstand, der weit fort nach hinten liegt, auffällt und herangeholt wird. Dergleichen ist ja bei der Fülle mitwirkender Bedingungen von vornherein zu erwarten; als die Regel aber und als solche recht auffällig fand ich das beschriebene Verhalten.

Wenn danach auch das „Werkzeugwerden" eines Stabes in einem gewissen Sinn Funktion der geometrischen Konstellation ist, so gilt das doch nur für den Anfang; später, nachdem das Tier oft in solchen Situationen gewesen ist, wird es nicht leicht gelingen, durch optische Trennung von Ziel und Stab die Lösung zu verhindern. Daß aber eine Abhängigkeit wie die beschriebene zu Anfang besteht, das „fühlt" man selbst schon, wenn man die Vorbereitung zum Versuche macht: Fragt man sich, wohin der Stock gelegt werden soll, so ist man sofort, ohne recht den Grund angeben zu können, ganz überzeugt, daß die Lösung besonders leicht entstehen wird, wenn der Stock ganz in der Nähe des Zieles liegt und mit diesem optisch leicht „zusammengenommen" werden kann. So geläufig uns das Verfahren geworden ist, so scheinen wir doch noch dunkel zu spüren, welche Bedingungen dabei von Einfluß sind.

III.

Ist das Ziel h o c h angebracht an einer Stelle, zu der keine Umwege führen, so kann die Distanz auch überwunden werden durch Erhöhen des Bodens, Einschalten einer Kiste oder anderer Stufen, auf die dann das Tier hinaufsteigt. Stöcke sind vorher zu entfernen, wenn ihre Verwendung schon bekannt ist; eine Möglichkeit, mit alten Lösungen auszukommen, wird meistens das Auftreten von neuen verhindern.

(24. I. 14.) Die sechs jungen Tiere des Stationsstammes werden in einem Raum mit glatten Wänden eingesperrt, dessen Decke (etwa 2 m hoch) sie nicht erreichen können; eine Holzkiste ($50 \times 40 \times 30$ cm), einerseits offen, steht etwa in der Mitte des Raumes, flachgestellt, die eine offene Seite vertikal gerichtet; das Ziel wird in einer Ecke (auf dem Boden gemessen $2^1/_2$ m von der Kiste entfernt) ans Dach genagelt. Alle Tiere bemühen sich vergeblich, das Ziel im Sprung

vom Boden aus zu erreichen; Sultan gibt das jedoch bald auf, geht unruhig im Raum umher, bleibt plötzlich vor der Kiste stehen, ergreift sie, kantet sie hastig in gerader Linie auf das Ziel zu, steigt aber schon hinauf, als sie noch etwa $1/_2$ m (horizontal) entfernt ist, und reißt, sofort mit aller Kraft springend, das Ziel herunter. Seit Anheften des Zieles sind etwa 5 Minuten vergangen; der Vorgang vom Stehenbleiben vor der Kiste bis zum ersten Biß in die Frucht hat nur wenige Sekunden gedauert, er ist, von jener Unstetigkeit (Stutzen) an, ein einziger glatter Verlauf. Vor jenem Augenblick hat sich keins der Tiere um die Kiste gekümmert, sie waren alle zu sehr mit dem Ziel beschäftigt; keines von ihnen hat auch den mindesten Anteil am Kistentransport — außer Sultan, der ihn eben in wenigen Augenblicken allein besorgt. Der Beobachter sah in diesem Versuch von außen durchs Gitter zu[1]).

An der Leistung des Tieres finden sich ungeschickte Züge: Es hätte die Kiste bis ganz unter das Ziel schieben können; beim letzten Kippen vor dem Sprung gerät die offene Seite der Kiste nach oben, Sultan korrigiert das nicht, sondern tritt auf die Brettkanten und springt so natürlich unbequemer; er hat die Kiste nicht „hochkant" (längste Seite vertikal) gestellt, wodurch ebenfalls unnütze Anstrengung vermieden worden wäre. Freilich ging das Ganze für solche Feinheiten etwas zu schnell vor sich.

Am folgenden Tage wird der Versuch wiederholt, die Kiste ist jedoch so weit vom Ziel entfernt aufgestellt, wie der Raum es erlaubt (5 m). Sultan ergreift sie trotzdem, sobald er die Situation vor sich hat, zieht sie bis nahezu ganz unter das Ziel und springt. Diesmal ist eine geschlossene Wand oben.

Wie bei den übrigen fünf Tieren dieser Gruppe und bei Tschego die Kistenverwertung aufkam, wird in anderem Zusammenhang berichtet; Nueva ging ein, ehe der Versuch mit ihr gemacht werden konnte. Koko wurde geprüft und verhielt sich recht merkwürdig dabei:

Am dritten Tage seines Stationslebens (11. 7.) erhält er eine kleine Holzkiste zum Spielen (Größe 40 × 30 × 30 cm); er stößt sie ein wenig hin und her, einen Augenblick sitzt er darauf; als man ihn allein läßt, wird er sehr böse und stößt dabei die Kiste heftig zur Seite. Nach einer Stunde wird das Tier an einen andern Platz gebracht, und zwar in die folgende Situation: Seine Leine wird an einer

---

[1]) Bis auf einige genau zu beschreibende Fälle ist der Beobachter für die Tiere nur dasjenige Wesen, welches die bequemsten Methoden (Umwege im gewöhnlichen Wortsinn) fortwährend verbietet. Er kann deshalb zugegen sein: die Schimpansen kümmern sich in der Regel nicht viel um ihn. Daß er sich vollkommen neutral verhält, soweit Hilfen nicht auch hier erwähnt werden, versteht sich von selbst.

Hauswand befestigt; seitwärts, etwa 1 m hoch, hängt das Ziel an der Wand; 3 bis 4 m vom Ziel und 2 m senkrecht von der Wand entfernt ist, während das Tier an den neuen Platz gebracht wurde, auch die Kiste niedergesetzt worden; die Länge des Seiles erlaubt dem Tier, sich bequem im ganzen Raum um Ziel und Kiste zu bewegen. Der Beobachter zieht sich besonders weit zurück (nach der Seite der Kiste, über 6 m von ihr fort) und nähert sich nur einmal, um das Ziel zu verschönern. Koko kümmert sich um ihn während des ganzen Versuches nicht. Er springt zuerst mehrmals unter dem Ziel in die Höhe, versucht dann mit einer Schlinge seines Seiles, die er in die Hand nimmt, das Ziel zu erreichen, kommt nicht an und dreht sich nach einer Reihe solcher Bemühungen, die alle nichts mit der Kiste zu tun haben, von der Wand fort; so scheint er bisweilen die Sache aufzugeben, kommt aber schließlich doch immer wieder. Nach einiger Zeit — er ist gerade wieder von der Wand fort — tritt er an die Kiste heran, **blickt zum Ziel hinüber** und gibt der Kiste einen kurzen Stoß, ohne sie dabei vom Fleck zu bewegen; seine Bewegungen sind viel langsamer geworden als vorher; er läßt die Kiste stehen, macht ein paar Schritte von ihr fort, kehrt aber sogleich wieder und stößt sie nochmals an, **wieder nach einem Blick zum Ziel**, aber wieder ganz schwach, und nicht, als ob er die Kiste eben wirklich transportieren wollte; abermals geht er fort, kommt sogleich wieder und gibt ihr den dritten Stoß in derselben Art, um danach von neuem langsam umherzugehen; die Kiste ist jetzt im ganzen um etwa 10 cm verschoben, und zwar auf das Ziel zu. Dieses wird um ein Stück Apfelsine — darüber geht nichts — verbessert, und wenige Augenblicke danach steht Koko wieder an der Kiste, packt sie plötzlich, zerrt sie in einem Zuge und in gerader Linie bis fast genau unter das Ziel (mindestens 3 m weit), steigt sofort hinauf und reißt das Ziel von der Wand. Seit Beginn des Versuches ist eine knappe Viertelstunde vergangen. — Daß der Beobachter auch in dem Augenblick die Kiste und das Tier völlig sich selbst überläßt, wo er die Zielverschönerung vornimmt, versteht sich von selbst. Die Vermehrung oder Verbesserung des Zieles während des Versuchs ist ein Mittel, das man immer wieder mit Erfolg anwendet, wenn ein Tier sichtlich der Lösung ganz nahe ist, aber die Gefahr besteht, daß bei längerer Versuchsdauer Ermüdung alles verdirbt. Man darf übrigens nicht meinen, bevor die Apfelsine hinzukommt, sei das Tier nur zu träge, um die Lösung zu vollziehen; Koko zeigt vielmehr schon vorher lebhaftes Interesse am Ziel, dagegen im Anfang gar keines für die Kiste, und wie er diese nachher mehrmals anstößt, sieht er nicht träge aus, eher unsicher; es gibt nur ein (vulgäres) Wort, das wirklich gut zu seinem Verhalten in dieser Periode paßt: „Bei ihm dämmerts".

Daß das Tier nicht etwa aus bloßer Trägheit zunächst unterlassen hat, ein Verfahren, das ihm an sich geläufig wäre, gleich anzuwenden, geht übrigens auch aus dem folgenden mit aller Bestimmtheit hervor:

Der Versuch wird nur wenige Minuten später wiederholt; dabei ist das neue Ziel an der gleichen Hauswand angebracht, aber auf der andern Seite von dem Punkt, wo Kokos Seil an der Mauer endet, und über 3 m von dem alten Zielpunkt entfernt; die Kiste bleibt genau an der Stelle stehen, d. h. eben unter dem alten Zielpunkt, wohin Koko sie im ersten Versuch geschleppt hat. — Er springt vergeblich unter dem neuen Ziel genau wie vorher unter dem ersten, anscheinend aber ist das Interesse nicht mehr ganz so groß; die Kiste wird zunächst nicht beachtet. Nach einer Weile geht er ganz plötzlich auf sie zu, ergreift sie, zerrt sie den größeren Teil des Weges auf das neue Ziel zu, $^1/_4$ m davor aber hält er bei einem Blick in der Zielrichtung inne und bleibt einige Sekunden wie ratlos stehen. Von hier an beginnt eine wahre Leidensgeschichte Kokos — und der Kiste. Er regt sich wieder, aber nur, um den größten Ärger zu bekunden, indem er mit wütenden Gebärden die Kiste hin und her stößt; dem Ziel nähert er sie dabei nicht, und nach einiger Zeit des Wartens wird der Versuch abgebrochen, damit die Kiste nicht doch im Herumpoltern unversehens unter das Ziel gerät und eine Zufallslösung eintritt.

Tags darauf bleibt in ähnlicher Situation die Kiste fast unbeachtet, obwohl sich Koko sehr um das Ziel bemüht und die verschiedensten andern Mittel ausprobiert, darunter den schon erwähnten Schuh als Stock. Gelegentlich faßt er die Kiste an, aber es wird nicht klar, ob das mit dem Ziel zu tun hat. — Zwei Tage später wird die Umgebung gewechselt, das Ziel an einer andern Wand angebracht, die Kiste 4 m davon aufgestellt; das Tier benutzt alles mögliche als Stockersatz, kommt aber nicht an; nach einem solchen vergeblichen Versuch fällt sein Blick, als er sich umdreht, auf die Kiste, er sieht sie fest an, so daß der Zuschauer meint, das Tier werde sie sogleich heranholen, aber Koko blickt wieder fort und produziert einen neuen Lösungsversuch, der später beschrieben wird. Als er auch damit kein Glück hat, setzt er sich erschöpft auf die Kiste und beginnt nach einer Weile, auf ihr spielend herumzuhopsen. — Daß die Lösung ganz verlorengegangen ist, zeigt sich beim nächsten Versuch, wieder zwei Tage später (16. 7.), noch deutlicher: Etwa 5 m vom Ziel entfernt stehen zwei Kisten; Koko sieht bisweilen in verdächtiger Weise nach ihnen hin, holt sie aber nicht heran, sondern hält sich an andere Methoden. Schließlich stellen wir eine der Kisten, während dem Tier die Augen zugehalten werden, so nahe an die Wand, daß es, wie es dann sofort durch die Tat beweist, auf der Kiste stehend die Wand dicht unter dem Ziel mit der Hand berühren kann; die Kiste braucht also nur ein wenig nähergeschoben zu werden, so ist das Ziel erreicht. Koko reckt sich, auf ihr stehend, so sehr er kann, aber die kleine Verschiebung nimmt er nicht vor. — Am andern Morgen darf er eine Weile mit der Kiste spielen; dabei kommt vor: Kiste umwerfen, auf der Kiste hopsen, in der einerseits offenen Kiste sitzen. — Fünf Tage später (21. 7.) beim nächsten Versuch verwendet das Tier als Stockersatz, was es nur auftreiben kann, die Kiste wird dazwischen häufig in auffallender Weise fixiert; schließlich geht Koko auf sie los und beginnt sie in der gröbsten Art zu mißhandeln; außer sich vor Zorn schleudert er sie hin und her und bearbeitet sie auch noch mit den Füßen; solche Ausschreitungen, an den Versuchstagen vorher seltener und als Ausdruck allgemeiner Mißstimmung gedeutet, konzentrieren sich jetzt ganz und gar auf die Kiste: immer wieder bleibt Kokos Blick, wenn er sich vom Ziel abwendet, an der Kiste haften, er starrt sie an und gleich darauf fällt er auch schon wütend über sie her.

Nach einer Pause von neun Tagen (30. 7.) wird der Versuch wiederaufgenommen; Koko durfte in der Zwischenzeit die Kiste nicht sehen. — Das Ziel hängt wie früher an der Wand, die Kiste steht 2 m entfernt dem Ziel schräg gegenüber. Das Tier reckt sich eine Weile vergeblich, kommt aber nicht an; es dreht sich um, seine Augen fallen auf die Kiste, fixieren sie einen Moment; es geht auf die Kiste zu, faßt sie an, einen Augenblick sieht es genau so aus, als würde es sie sofort wieder prügeln; statt dessen schleppt es sie eilig unter das Ziel, besteigt sie und reißt das Ziel herab. — Der Ort dieses Versuches ist verschieden von dem des ersten Gelingens; zwischen diesem und der neuen Lösung sind 19 Tage verstrichen, in deren erster Hälfte von der Lösung nicht mehr nachzuweisen war, als etwa ein Äquivalent des Satzes: „Mit der Kiste ist es etwas."

Die Lösung ging danach nicht wieder verloren; zwar kam es in zwei Wiederholungen des Versuchs gleich nach dem geschilderten Verlauf beidemal zunächst noch zu vergeblichem Recken und Springen unter dem Ziel; aber dann wurde doch bald die Kiste geholt. Das zweitemal hatte Koko sie in der Eile nicht genügend nah gestellt und kam deshalb nicht an, als er oben stand; sofort stieg er herab und rückte die Kiste ganz heran. Ein Einfluß der Entfernung Ziel—Kiste ließ sich nicht nachweisen, die Kiste wurde über 6 m wie über 2 m transportiert. — Am folgenden Tage veranlaßten einige weitere

Wiederholungen Koko dazu, sich der Kiste zuzuwenden und sie zu ergreifen, sobald jemand mit Futter sichtbar wurde; nicht selten trieb er auch noch schnell einen Stock auf und nahm diesen mit; entweder warf er ihn dann beim Besteigen der Kiste fort oder er streifte das Ziel obenstehend mit ihm vom Nagel. Solche Methodenhäufung kommt, bisweilen in der Form guter und allein zum Ziel führender Lösungen, auch bei andern Schimpansen vielfach vor.

Es schien mir angebracht, diesen Versuchsbericht sehr ausführlich vorzulegen, weil das Verhalten des Tieres, vielleicht infolge seiner Jugend, so merkwürdige Züge aufweist und theoretisch so viel interessanter ist als glatte Verläufe. An die Erklärung der Leistungen ist überhaupt nur zu denken, wenn man sie recht im einzelnen kennengelernt hat. Auch für das Verständnis nur des Schimpansen ist es wohl ebenso wichtig, wie es zugeht, wenn er auf dergleichen kommt, als daß er überhaupt „eine Kiste als Werkzeug benutzt".

Variationen des Versuches. Am Tage, nachdem Sultan die Kiste zum zweitenmal verwendet hat, wird das Ziel an dem weit höheren Dach eines anderen Raumes angebracht; zwei Kisten stehen etwa 5 m entfernt nahe beieinander auf dem Boden. Sultan, diesmal allein, kümmert sich zunächst nicht um die Kisten, sondern versucht mit einer kurzen, später einer längeren Stange das Ziel herunterzuschlagen; da die schweren Stöcke unsicher in seiner Hand schwanken, wird er bald ungeduldig und wütend, trampelt gegen die Wände und schleudert die Stöcke fort. Danach setzt er sich ermüdet auf einen Tisch, der in der Nähe der Kisten steht, und beginnt, als er sich erholt hat, ruhig um sich zu blicken, indem er langsam seinen Kopf kratzt; sein Blick fällt auf die Kisten und ruht einen Moment auf ihnen, schon klettert er auch vom Tisch herab, ergreift die nähere, zerrt sie unter das Ziel, besteigt sie aber erst, nachdem er seinen Stock aufgenommen hat und schlägt nun mühelos das Ziel herab. Die Kiste wird nicht steilgestellt; infolgedessen ist für den schlechten Springer Sultan der Stock durchaus notwendig.

Noch einen Tag später sind die Stöcke entfernt, Ziel und Kisten haben den gleichen Platz; auch ein leichter Tisch, der im vorigen Versuch nicht beachtet wurde, steht an gleicher Stelle, etwa 3 m vom Ziel entfernt. Es kommt zu vielen vergeblichen Bemühungen: Sultan zieht eine Kiste unter das Ziel, steigt aber nach einem Blick, der deutlich die Distanz mißt[1]), nicht hinauf — er würde auch nicht ankommen —, sondern schiebt die Kiste unsicher unter dem Ziel hin und her; dabei gerät sie mit einer Ecke auf einen dicken

---

[1]) Das ist kein „Anthropomorphismus": Jeden Tag kann man sehen, daß ein Schimpanse, der in großer Höhe zum Sprung über weite Distanz ansetzt, vorher genau so wie hier mit dem Blick hinüber und herüber fährt; als Baumtier, das mitunter gewaltig springt, m u ß er ja so schätzen können; es wäre also ganz unangebrachte Ängstlichkeit, wollte man jene Wendung beanstanden.

Balken, der etwas seitlich liegt; Sultan schickt sofort einen prüfenden Blick empor: die Distanz ist auch so zu groß, und die Kiste wird im Ärger mißhandelt. — Bald danach wird er auf die andere Kiste aufmerksam, holt sie heran, hantiert aber, anstatt sie einfach daraufzusetzen, wie man als selbstverständlich erwartet, in einer seltsam wirren, für den Zuschauer zunächst ganz verblüffenden Art mit ihr herum, neben der ersten, in der Luft schräg über ihr u. dgl. Aus dieser Verwirrung ergibt sich bald der obligate Wutanfall: er packt die Kiste, die sich nicht hat unterbringen lassen, und rennt, sie immer hinter sich herziehend, im ganzen Raum auf und ab, wobei er die Kiste überall mit möglichster Wucht anprallen läßt. Als er sich ausgetobt hat, produziert er nach einem ruhigen Blick auf die Situation eine wesentliche Verbesserung der Lösung, indem er mit einer kräftigen und sicheren Bewegung die erste Kiste, die noch unter dem Ziel steht, aufhebt und steil hinstellt; leider zeigt ihm ein weiterer Blick, daß er auch so noch nicht ankommen kann, und er steigt nicht hinauf. Dafür wendet er sich jetzt dem Balken zu, an den vorher die Kiste geraten war, und stemmt ihn mit äußerster Anstrengung auf dem Ende, welches dem Ziel nahekommt, in die Höhe, kann ihn aber mit seinen Kräften nicht soweit aufrichten, daß er das Ziel träfe. Auf diese Weise abermals enttäuscht, sieht er sich noch einmal um und wird endlich auf den Tisch[1]) aufmerksam; er packt ihn an einem Bein, zerrt ihn so auf das Ziel zu, wirft ihn aber auf halbem Wege durch zu hastiges Ziehen um. Wäre er glücklich mit dem Tisch angekommen, so hätte er das Ziel erreicht. — Da der Tisch den Kisten nur darin ähnlich sieht, daß er aus ungestrichenem Holz besteht, so handelt es sich entweder um eine ganz neue Lösung oder um einen Fall von Kistenersatz, auf den die Bemerkungen über Stockersatz (vgl. oben) ohne weiteres zu übertragen sind; daß Sultan Kiste und Tisch für gewöhnlich optisch „verwechselte", ist vollkommen unmöglich.

Unmittelbar nach dem eben beschriebenen wurde der folgende Versuch vorgenommen: Der Tisch ist fortgeschafft und an einer andern Stelle des Raumes, aber wieder etwa 3 m vom Ziel, eine kleine Leiter (1,30 m Länge, 5 Sprossen) niedergelegt[2]); Sultan ergreift sie nach wenigen Sekunden, zieht sie unter das Ziel und bemüht sich sehr, sie aufzurichten; infolge eines ganz wunderlichen Vorgehens hierbei, von dem später die Rede ist, gelingt es ihm erst nach geraumer Zeit, auf der Leiter stehend das Ziel abzureißen.

---

[1]) Es ist das nicht der Tisch, auf dem er tags zuvor ausgeruht hat (vgl. oben) und der wohl zu schwer und fest in der Ecke steht, als daß er Werkzeug werden könnte.

[2]) Das Ziel am Dach ist einer Wand nahe.

Nachdem die anderen Tiere sich das Verfahren mit der Kiste ebenfalls zu eigen gemacht hatten, unterschied sich ihr Gebaren dabei von dem Sultans überhaupt nicht; deshalb ist es erlaubt, für alles, was sich weiter aus dieser ursprünglichen Leistung entwickelte, Beobachtungen auch an ihnen heranzuziehen: stark beeinflußt bei der ersten Anwendung des Verfahrens, variierten sie es nachher ganz selbständig, und auch das genau wie Sultan.

Sie alle haben wir Kiste, Leiter, Tisch allmählich durch die verschiedensten Gegenstände ersetzen sehen: Steine, Einsatzgitter von Käfigfenstern, Blechtrommeln, Holzblöcke, Drahtrollen wurden als Schemel oder Leitern — beides geht in der Praxis des Schimpansen fortwährend ineinander über — herangeschleppt und mit Erfolg verwendet. Aber die merkwürdigste Variation blieb die folgende, die Sultan unmittelbar nach dem ersten Versuch mit der Leiter einführte, als unter einem neuen Ziel das Aufstellen dieses Werkzeugs durchaus nicht gelingen wollte: Um den recht erschöpften Affen noch einmal zur Arbeit anzuregen, tritt der Beobachter aus dem Hintergrund hervor und nähert sich, indem er auf das Ziel hinweist, diesem vielleicht bis auf Armeslänge, als plötzlich Sultan aufspringt, ihn bei der Hand faßt und mit aller Kraft auf das Ziel hin zu zerren sucht. Da der Eindruck entsteht, als wollte Sultan sich das Ziel geben lassen, wird er abgeschüttelt, und wie er mit der größten Hartnäckigkeit immer wieder Hand und Fuß ergreift und zieht, schließlich sehr schroff abgewiesen. Die Folge sind Wutausbrüche mit Stimmritzenkrampf und Erektion. Als bald darauf der Wärter schräg unter dem Ziel vorbeigeht, kommt Sultan schnell auf ihn zu, ergreift seine Hand, zieht energisch in Richtung des Zieles, an dem der Mann schon vorüber ist, und macht zugleich unverkennbare Anstalten, ihm auf den Rücken zu klettern. Der Wärter entzieht sich ihm und tritt zurück, soweit es der Raum gestattet, aber Sultan läßt nicht von ihm ab und zerrt ihn, der auf Geheiß nur noch scheinbar widerstrebt, wieder rückwärts bis unter das Ziel; ihm auf die Schulter steigen und das Ziel herabreißen ist danach das Werk eines Augenblickes. — Auf diese bequeme Lösung war das Tier von nun an ganz versessen, und bis es auf sie (im Interesse der Versuche) verzichten lernte, kamen heftige Szenen genug vor, in denen Sultan mitunter dem Ersticken nahe schien.

Die weitere Modifikation, daß ein Tier das andere als Schemel benutzt, brachte der kleine Konsul — sonst kaum zur Beteiligung an einem Versuch zu bewegen — eines Tages spontan auf, als er (das gleiche gilt dann auch für die andern) noch nie gesehen hatte, wie Sultan uns als Leiter verwendete. Allerdings waren die Umstände besonders günstig: Konsul hat die Gewohnheit, hinter einem andern Tier herzugehen, indem er beide Hände auf des Vordermannes Schultern legt und nun die Beine im Gleichschritt mit dem andern Tier vorwärtssetzt; dieses hat im allgemeinen hiergegen nichts einzuwenden; vielmehr kommt es oft genug vor, daß eines der andern Konsuls Hände auf die eigenen Schultern legt, damit er es so begleite[1]). Während eines Versuchs mit dem Ziel am Dach geht er wieder, diesmal auf Grandes Schultern gestützt, derart im Versuchsraum spazieren; als sie sich nun bei der gemeinsamen Wanderung einmal dem Ziel stark nähern, sucht Konsul in aller Eile auf Grandes Rücken zu steigen; er kommt auch hinauf, aber inzwischen ist Grande, die offensichtlich nicht ahnt, was er vorhat, schon am Ziel vorübergegangen. Ganz derselbe Vorgang wiederholt sich bei erneuter Annäherung des wandernden Paares an das Ziel, und die Wirkung ist, daß gleich darauf Sultan Beobachter und Wärter nacheinander, von uns abgewiesen, erst Tercera, dann Rana unter das Ziel zu zerren versucht, welche jedoch beide mit allen Zeichen der Bestürzung vor ihm Reißaus nehmen; sie verstehen sichtlich nicht, weshalb er fortwährend mit ausgestreckter Hand hinter ihnen herläuft und fürchten Böses. Am Ende gelingt es ihm doch, Rana unter dem Ziel festzuhalten und auf ihren Rücken zu steigen; da sie sich aber voller Angst platt auf den Boden drückt, so muß er mehrfach springen, bis er endlich das Ziel greift, und jedesmal fällt er mit aller Wucht auf ihren Rücken herab. — Ähnliche Vorgänge ergeben sich von nun an häufiger, und gleich am folgenden Tage will in derselben Situation Konsul auf Grande, Sultan nacheinander auf Rana, Grande und Tercera, endlich Rana anscheinend auf alle zugleich hinaufsteigen; denn unter dem Ziel steht schließlich ein Knäuel von Schimpansen, die einander anpacken und schon ein Bein zum Aufsteigen anheben, von denen aber keiner Schemel sein möchte. — Später im Verlauf desselben Versuches bringe ich das Ziel im Beisein der Tiere an; im Zurücktreten werde ich von hinten gepackt und festgehalten: das ist Grande, die nun schnell an mir in die Höhe klettert und so das Ziel erreicht. Ich bringe ein neues Ziel an und trete so schnell wie möglich zurück, aber Grande kommt aufrecht, mit ausgestreckter

---

[1]) Tschego hatte Monate hindurch eine starke Neigung zu dem Tierchen; kam sie aus ihrem Raum zu den andern heraus, so war dann die Regel, daß Konsul entweder in der geschilderten Weise auf sie gestützt umherzog oder (später), daß er dem großen Tier auf den Rücken sprang und rittlings sitzend sich von ihm wie von einem Pferde tragen ließ. Ich weiß nicht, ob die Affenmütter vielleicht kleine Kinder häufig so tragen; dann wäre das „Hintereinandergehen" wohl eine Art Überbleibsel hiervon. (Der Schimpansens ä u g l i n g wird, wie wir jetzt wissen, vor dem Unterleib getragen. Vgl. von Allesch, Ber. d. Preuß. Ak. d. Wiss. 1921.) Außer Konsul habe ich nur Chica (selten) so „hinterhergehen" sehen.

Hand, vorgestreckten Lippen und klagenden Lauten hinter mir her, zerrt mich unter das Ziel usw. Sie kannte damals schon die Verwendung von Kisten, und verstand vielleicht deshalb den ähnlichen Funktionswert von Menschen besonders leicht. Ganz wie sie und Sultan haben später Chica und Rana mich, den Wärter oder wen sie sonst erwischen konnten, als Werkzeug benutzt.

Die Kistenverwendung wird ohne weiteres auf etwas abweichende Situationen übertragen. Sultan verfolgt ein anderes Tier, das am Drahtdach entlangflüchtet; als schlechter Turner klettert er nicht hinterdrein, sondern holt eine Kiste, stellt sie unter das verfolgte Tier und springt von ihr aus; die Kiste ist zu niedrig, also bemüht er sich, Grande heranzuziehen usw. Neuerdings, da alle Tiere längst mit Kisten u. dgl. umzugehen wissen, haben sie sich leider angewöhnt, solches Material an Stellen zu bringen, wo das Dachgitter tief herunterhängt und bei geringer Bodenerhöhung erreichbar wird[1]).

Das Aufeinanderklettern trat als Intermezzo auf bei einem Versuch, in welchem die Hauptsache, das Werkzeug, nicht optisch aktuell gegeben war, sondern nur durch irgendeine Form von Gedächtniswirkung in die Situation einbezogen werden konnte (15. 2.). Der Raum, in dem das Ziel am Dach hängt, ist durch eine Tür mit dem Korridor verbunden; dieser biegt, nachdem er etwa 8 m gerade verlaufen ist, rechtwinklig um; jenseits der Biegung liegt, vom Raum des Zieles aus also nicht sichtbar, die Leiter. Während die Tiere vor dem Versuch im Korridor spielen, können sie, da jene Tür noch geschlossen ist, nun allein die Leiter, aber nicht den Ort des Zieles sehen. Daß wenigstens Sultan sie in der Vorperiode wirklich bemerkt, erweist er dadurch, daß er mit Ausdauer an einem Holmenende herumbeißt. Nachdem die Tür geöffnet ist, übt das Ziel eine solche Anziehungskraft aus, daß keines der Tiere auf dem Korridor bleibt oder dorthin zurückkehrt; ein Lösungsversuch folgt auf den andern, darunter die schon beschriebenen, aber selbst Sultan erinnert sich der Leiter nicht. Er wird schließlich an der Hand genommen, hinaus bis an der Leiter vorbei und wieder zurückgeführt, dabei aber nicht besonders auf diese hingewiesen: Keine Wirkung, Sultan bemüht sich wie vorher, andere Tiere unter das Ziel zu zerren. Gleich darauf entsteht unter diesen eine erbitterte Prügelei, so daß der Beobachter zum Eingreifen gezwungen ist; als er die Ruhe wiederhergestellt hat, zeigt sich, daß Sultan fehlt, zugleich aber wird auf dem Korridor ein Scharren hörbar, und der Vermißte kehrt, die Leiter hinter sich her schleppend, gerade wieder zurück. — Da in diesem Fall die

---

[1]) Da der Draht schwach war, so konnte man zu der Zeit, als das Obige geschrieben wurde, die Schimpansen oft im Zustande vollkommener Freiheit beobachten.

Beobachtung gestört, mir insbesondere der wichtigste Augenblick ganz entgangen war, so stellte ich am folgenden Tag eine Kiste an den Platz, den die Leiter gehabt hatte, sorgte wieder dafür, daß Sultan sie vor dem Versuch gesehen haben mußte, und brachte auch das Ziel genau an wie tags zuvor. Ein Lösungsversuch nach dem andern erfolgt, Sultan zieht z. B. eine Eisenstange vor Tschegos Zimmer[1]) aus ihrer Befestigung, lehnt sie als Leiter unter dem Ziel an die Wand und klettert daran in die Höhe, — aber alle bleiben in der Nähe des Zieles, und Sultan scheint sich der Kiste nicht zu erinnern. Nach langem Warten nehme ich Sultan an der Hand, führe ihn zur Kiste, an dieser vorbei (ohne Hinweis) und wieder zurück, aber die einzige Wirkung ist zunächst, daß er auf dem Rückweg meine Hand fester umklammert und mich unter das Ziel zu ziehen sucht. Abgewiesen, gibt er sich die größte Mühe, doch noch irgend etwas in der unmittelbaren Umgebung als Werkzeug nutzbar zu machen, und verfällt dabei auf einen langen Riegel, der außen an der halb offenstehenden Tür des Raumes festsitzt; er hängt sich von außen an die Tür und zerrt aus Leibeskräften an dem Eisen. Diesmal gelingt die Beobachtung: **Sultan stellt ganz abrupt und ohne äußeren Anlaß das Herumarbeiten an dem Riegel ein, hängt einen Augenblick unbeweglich**, springt dann auf den Boden, galoppiert den Korridor entlang und um die Ecke, und kommt auch schon mit der Kiste zurück. — In dem Augenblick, wo der scharfe Richtungswechsel in seinem Verhalten auftritt, ist durch die Tür das Ziel für ihn verdeckt, was ihn ja auch nicht hindert, den Riegel als Werkzeug losbrechen zu wollen, die Kiste aber steht sogar weit fort hinter der Korridorecke und hinter seinem Rücken. Immerhin ist deutlich, wie sehr die Lösung aufgehalten wird, wenn das Werkzeug nur durch Erinnerungswirkung in die Situation eingehen kann: Sultan hat schon am Tag vorher den gleichen Versuch gemacht; trotzdem wird er nun sogar **während des Versuchs** und wohl bei kräftiger Einstellung **auf das Ziel an dem Werkzeug vorbeigeführt, ohne daß sofort die Lösung eintritt**; aber freilich kommt das Tier bei dieser Wanderung (von übrigens wenigen Sekunden) ganz aus der „Zielregion" heraus. Im Anfang des Korridors ist ihm sogar der Türriegel als Werkzeug erschienen, obwohl er auch hier das Ziel nicht unmittelbar sehen kann, aber der Türbereich steht auch noch in unmittelbarem Kontakt mit dem Versuchsraum. Die Schwierigkeit ist deshalb wohl von derselben Art, nur viel größer, als die, welche Tschego und Koko aus gewissen Lagen ihrer Stöcke erwuchs: das

---

[1]) Es ist das erste Zimmer am Korridor, also gleich vor der offenstehenden Tür gelegen.

beste Werkzeug verliert leicht seinen Situationswert, wenn es nicht simultan oder quasisimultan[1]) mit der Zielregion gesehen werden kann.

Im folgenden Versuch ist Aufgabe und Lösung nur äußerlich verschieden, im Prinzip eng verwandt mit den vorausgehenden Fällen. Die Verwendung von Kisten ist inzwischen allen geläufig geworden.

T_1 bis T_4 sind vier unter sich gleiche und gleichmäßig verteilte Türen des Affenhauses H, die sich nach dem Spielplatz S hin öffnen; Z ist das Ziel, welches vom Dachgitter herab, aber so hoch hängt, daß es vom Boden aus nicht zu erreichen ist; der Punkt, von dem es herabhängt, wird so gewählt, daß genau gegenüber in einer Entfernung von etwas über Türflügelbreite die Angeln der Tür T_2 sich befinden; seine Höhe über dem Erdboden kommt etwa der des oberen Türrandes gleich. Am Draht des Daches entlangzuklettern ist den Tieren inzwischen einigermaßen abgewöhnt; wenigstens während der Versuche wagen sie es nicht mehr.

(12. 4.) Die Türen 1, 3 und 4 sind geschlossen, 2 wird in den Rahmen soweit gedrückt, daß das Schloß gerade noch nicht ein-

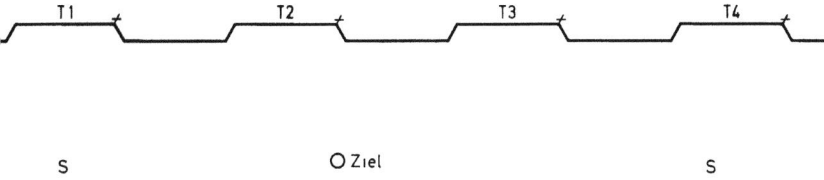

Skizze 8

schnappt, aber schon sehr genaues Hinsehen dazu gehört, einen Unterschied zwischen dieser und den andern Türen wahrzunehmen; dann wird Sultan auf den Platz gebracht. — Nachdem er das Ziel erblickt hat, hebt er ein zufällig daliegendes kleines Stäbchen auf, wirft es jedoch weg, ohne es vorher anzuwenden (es ist viel zu kurz). Gleich danach fällt sein Blick auf die Tür 2, die er nun eine Spanne von mehreren Sekunden hindurch fixiert, ohne sich von der Stelle zu bewegen; schließlich geht er auf sie zu, öffnet sie, immer noch auf dem Boden stehend, und steigt dann hinauf; da er die Tür nicht vollständig bis zum rechten Winkel aufgedreht hat, erreicht er das Ziel noch nicht, steigt also wieder herab, dreht, auf der Erde stehend, vollends auf, und würde das Ziel nun erreichen, wenn nicht sein Gewicht beim Hinaufklettern den Türflügel ein Stück zurückdrehte; also unterbricht er den Aufstieg, stellt sich noch einmal auf den Boden, dreht die Tür von neuem ganz auf und erreicht danach

---
[1]) Diesen Ausdruck brauche ich wohl nicht besonders zu erläutern.

ohne weitere Störung das Ziel. — Die Korrektur im Anfang und das Kompensieren der Störung geschehen mit einer Klarheit, die auch der Mensch nicht übertreffen könnte, — wie sich später zeigen wird, sehr im Gegensatz zu dem Verhalten in gewissen andern Situationen.

Da in diesem Fall die Lösung so schnell gelungen ist, wird derselbe Versuch mit Rana, unzweifelhaft dem wenigstbegabten Stationstier, wiederholt (14. 4.). Sie kommt heran, sieht einen Augenblick zum Ziel hinauf und bleibt gleich darauf mit den weiterwandernden Augen an der Tür haften; dann klettert sie am Balkenwerk von Haus und Tür in die Höhe und stemmt oben den Türflügel von der Wand ab, bis sie das Ziel fassen kann; dabei setzt sie sich auf den breiten Rand des Flügels und drückt die Tür, selbst

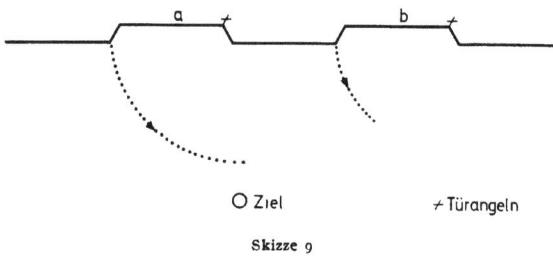

Skizze 9

gewissermaßen mitfahrend, ab, sobald der Türflügel aus dem Rahmen heraus ist.

Die Tür, welche beide richtig verwenden, ist die des Zimmers, in dem Sultan die Nächte zubringt; Rana schläft in dem Raum hinter Tür 1. Beide haben oft genug auf den oberen Türrändern gesessen; Sultan pflegte eine Zeitlang beim Essen auf T_2 zu hocken, die dann völlig aufgedreht und außen an der Wand festgehakt war. Beide haben auch unzweifelhaft schon Gelegenheit gehabt, oben sitzend, die Tür selbst zu drehen; neu ist dagegen die Situation, daß ein Ziel der Türangel gegenüber vom Dach herabhängt. Jene Erfahrungen dürften den Versuch sehr erleichtert haben.

(6. 5.) Alle vier Türen sind in gleicher Weise in ihre Rahmen gedrückt, ohne daß das Schloß einspringt; das Ziel hängt vor T_3 anstatt vor T_2. Rana, die wie im vorigen Versuch allein geprüft wird, ergreift einen Stock, klettert mit diesem etwa dem Ziel gegenüber an der Hauswand in die Höhe, gibt aber, nachdem sie den Stock einmal angehoben hat, diese Methode auf, drückt T_3 aus dem Rahmen und erreicht so das Ziel.

Bei ähnlichen Variationen kommt es übrigens gelegentlich doch vor, daß ein Tier nicht die am besten dienliche Tür öffnet, sondern die nächst benachbarte, nämlich (vgl. Skizze 9) die Tür *b* anstatt der Tür *a*. Deren Bewegung enthält anfangs ebenfalls eine Komponente in Richtung des Zieles, und wirklich wird sie auch nur bis zu dem Punkte geöffnet, von dem an weitere Drehung ihre Außenkante wieder vom Ziel entfernt. Vielleicht wirkt es auf den Schimpansen verführerisch, daß eine so geringe Drehung von *b* diese Tür genau auf das Ziel hinrichtet. Wir werden später (im zweiten Teil dieser Prüfungen) sehen, daß die Drehung der Türfläche und der dabei bestrichene Raum für die Tiere nicht ganz so faßlich sind wie Bewegungen einfacherer Form und der ihnen entsprechende Raum.

Recht klar war Tschegos Verhalten in der gleichen Situation. Das große Tier ist im allgemeinen zu faul und körperlich zu schwerfällig, als daß es allen den Versuchen unterworfen werden könnte, die die Kleinen machen, darf deshalb bei vielen Prüfungen als untauglich ruhig dabei sein und pflegt sich nicht um die Vorgänge zu kümmern; so sieht es die Methode der Türverwendung öfters und hat auch, anscheinend gleichgültig, bei dem eben beschriebenen Versuch Ranas in der Nähe gehockt. Ein neues Ziel wird angebracht, alle Türen sind in ihre Rahmen gelehnt — nicht geschlossen. Nach einer Weile, in der es sich nicht um das Ziel zu kümmern scheint, erhebt sich das Tier langsam, geht auf die richtige Tür zu, öffnet sie bis zum rechten Winkel, so daß sie genau auf das Ziel zugekehrt ist, und steigt mit Anstrengung auf der äußeren Seite empor — es ist das erstemal, daß Tschego auf eine Tür klettert, und sie ist wahrhaftig keine Turnerin. Unter dem stattlichen Gewicht dreht sich die Tür wieder am Rahmen zu; Tschego unterbricht sofort den Aufstieg, öffnet vom Boden aus abermals bis zum rechten Winkel und klettert von neuem außen in die Höhe; die Tür dreht sich. Wieder kommt Tschego herab, öffnet sorgfältig und steigt diesmal mit großer Mühe am Rande des Türflügels empor; trotzdem erhält die Tür noch einen schwachen Impuls auf den Rahmen zu und fängt an, sich vom Ziel fortzubewegen. Nachdem das Tier abermals die Drehung kompensiert hat, steigt es jetzt, und zwar mit einer ungewohnten Eile, auf der Innenseite des Türflügels hinauf, die Tür bleibt offen und das Ziel wird erreicht. — Es ist nur wahrscheinlich, daß das Verhalten der Kleinen in der gleichen Situation Tschego beeinflußt hat; dagegen ist die Überwindung der Schwierigkeiten ganz ihre Leistung; denn die Tür hat sich zuvor nur in einem Versuch, dem ersten Sultans, wieder zugedreht, und damals kam eine Änderung der Aufstiegseite nicht vor.

IV.

Ein etwa 2½ m hohes Turngestell trägt am überstehenden Ende seines Querbalkens ein kräftiges Seil, an dem die Tiere viel herumturnen; 2 m von dem Seil entfernt (und zwar senkrecht zur Ebene des Gestells gemessen) und etwa 2 m über dem Boden hängt vom Dach herab das Ziel.

(27. 2.) Sultan versucht die schwere Leiter, mit deren Hilfe das Ziel aufgehängt wurde und die noch in der Nähe liegt, zu heben oder doch heranzuziehen, bald danach ebenso und auch vergeblich ein schweres Brett; nachdem er sich noch einmal der Leiter

zugewandt hat, klettert er auf das Turngestell, erblickt von oben einen zerbrochenen Besen, kommt herab, holt den Besen hinauf und macht Anstalten, mit ihm nach dem Ziel zu schlagen; da er nicht ankommt, geht er mit dem Besen herunter, stellt das klägliche Werkzeug unter dem Ziel auf den Boden — er will es, wie im folgenden Kapitel beschrieben wird, als „Springstock" benutzen —, steht aber sogleich von dem aussichtslosen Beginnen ab. Noch einmal zerrt er an dem schweren Brett und an der Leiter; dann bemüht er sich, den Beobachter als Leiterersatz zu gewinnen und geht, als er abgewiesen wird, wieder an das Turngestell. Er faßt hier das Seil, schwingt sich auf das Ziel zu, benimmt sich aber dabei so unkräftig, als wäre dies Beginnen aussichtslos von vornherein, klettert alsbald auf den Querbalken und bleibt dort, den Blick auf das Ziel gerichtet, mit einer Haltung und Miene sitzen, die beim Menschen niemand anders denn als „nachdenklich" bezeichnen würde. Da sein Benehmen mit dem Seil den Verdacht erweckt, er getraue sich nur nicht, so kühn auszuschwingen, wie die Ziellage es verlangt — Sultan turnt nicht nur mäßig, er war als Kind auch, milde gesprochen, reichlich vorsichtig —, so wird jetzt das Ziel ein wenig tiefer und näher gehängt. Wenige Sekunden später ergreift Sultan das Seil, nimmt Schwung am Gestell und fährt diesmal mit genügender Entschiedenheit hinaus, so daß er das Ziel herunterreißen kann. — Weder im ersten Teil des Versuches noch beim Umhängen des Zieles oder nachher ist er natürlich im mindesten auf das Seil hingewiesen worden[1]).

Sultan wird entfernt, das neue Ziel in die Lage gebracht, in der das alte zuletzt aufgehängt war, und Chica auf den Platz gelassen (in Begleitung Terceras). Nachdem die beiden ihre Angst, allein zu sein, überwunden haben, beginnen sie sich für das Ziel zu interessieren; nach einem Blick zu ihm hinauf, steigt Chica am Turngestell empor und zieht dabei das Seil mit sich; oben angekommen, schwingt sie es mehrmals nach dem Ziel zu, als wollte sie dieses herunterschlagen, die Entfernung ist aber hierfür zu groß. Sie gibt ihre Bemühung auch bald auf, klettert mit dem Seilende in der Hand ein Stück herunter, nimmt einen gewaltigen Schwung, fliegt hinaus und reißt das Ziel ab.

(7. 3.) Grande und Rana, in dieselbe Situation gebracht, gehen beide gleichzeitig auf das Turngestell zu, ergreifen beide sofort und gleichzeitig das Seil und suchen sich beide gleichzeitig zum Ziel hinzuschwingen; das mißlingt aus physikalischen Gründen, und Rana tritt vor der allgemein gefürchteten Grande zurück. Aber Grande,

---
[1]) Ich kann das weiterhin nicht fortwährend wiederholen: j e d e r Hinweis, j e d e Hilfe, die in den Versuchen gegeben wurden, sind im Bericht erwähnt.

die noch schlechter turnt als Sultan, bringt es auch ohne störendes Nebengewicht nicht über einen matten Schwung hinaus; Rana nähert sich also wieder und macht, durch Grandes Gegenwart immer noch behindert, zunächst erfolglose Versuche, sich des Seiles sachgemäß zu bedienen. Als sich aber Grande entfernt, löst Rana die Aufgabe in imposanter Schwingung sofort. Sie turnt weit besser als Grande, die ebenso wie Tschego den festen Boden nur ungern und selten verläßt.

V.

In gewisser Hinsicht eine Umkehrung des Werkzeuggebrauchs stellt der Fall dar, daß ein beweglicher Gegenstand den Weg zum Ziel versperrt und die Lösung in seiner Ausschaltung besteht, da wieder ein Umweg im gewöhnlichen Wortsinn nicht möglich ist. Gegenüber den im vorigen beschriebenen Fällen von Werkzeugverwendung erscheint dieses Wegräumen eines Hindernisses dem erwachsenen Menschen als eine ungemein einfache Leistung, und man ist geneigt, schon vor dem Versuch zu sagen: die Aufgabe werden die Schimpansen sofort lösen. Ich habe selbst mit Erstaunen gesehen, daß das nicht recht zutrifft.

Als Hindernis wurde in allen Fällen eine Kiste benutzt, und zwar der einigermaßen schwere Reisekäfig Konsuls, den Tieren wohlbekannt und von Sultan, Grande und Rana sogar schon als Werkzeug benutzt.

(19. 2.) In einem vergitterten Raum steht unmittelbar an die Gitterstäbe herangerückt die Kiste mit der kleinsten Wand nach unten, so daß die Tiere sie sehr wohl umwerfen könnten; außerhalb und genau der Kistenmitte gegenüber liegt das Ziel am Boden; mit einem Stab ist es sofort zu erreichen, wenn die Kiste beiseitegeschafft oder auch nur umgestoßen wird. — Sultan benimmt sich recht unklar; er setzt sich auf die Kiste und versucht vergeblich, von hier aus mit einem Stock das Ziel zu erreichen, bisweilen rüttelt er ein wenig an der Kiste. Schließlich fällt ihm auch noch der Stock hinaus, und es ist kein anderer im Raum; da packt er wirklich die Kiste an einer Seite und schiebt sie hier ein Stück vom Gitter ab, so daß nun das Ziel ohne Mühe zu erreichen wäre; aber ohne sich weiter um dieses zu kümmern, geht das Tier beiseite. — Der Versuch wird abgebrochen, da Sultans Verhalten von Anfang an den Eindruck von Unlust und von Gleichgültigkeit gegen das Ziel macht. — Etwas später, nachdem die Kiste wieder ans Gitter gerückt ist, werden die Kleinen sämtlich in den Raum gebracht. Nur Rana rüttelt ein wenig an dem Käfig, zieht ihn aber nicht fort, bald danach greift Sultan,

offenbar angeregt durch die Konkurrenz, kräftig zu, rückt das Hindernis fort, tritt ans Gitter und holt das Ziel mit dem Stabe heran. Er hat zuvor wohl nur kein Interesse an der Lösung gehabt, d. h. vor allem keinen Hunger. Dagegen ist es nicht wahrscheinlich, daß die übrigen alle in gleicher Weise zu entschuldigen sind.

(20. 2.) Die gleiche Anordnung, nur liegt das Ziel draußen dicht am Gitter, so daß die Verwendung des Stockes nicht erforderlich ist. Die kleinen Tiere außer Sultan werden in den Raum gelassen; sie alle versuchen, von oben auf der Kiste und von beiden Seiten, das Ziel zu ergreifen und zeigen deutlich, daß sie sehr an ihm interessiert sind; als sie durchaus nicht ankommen, ergibt sich allmählich ein verdrossenes Herumturnen und Herumsitzen, vor allem auf der Kiste. Da selbst Rana keine Miene macht, diese fortzuschieben, ist ihr Rütteln tags zuvor vielleicht nicht als Andeutung der Lösung aufzufassen, sondern als das „Ersteinmalanfassen" (oft auch, besonders bei Rana, „Beriechen"), das gegenüber neuen Gegenständen oder Gegenständen in neuer Lage sehr üblich ist. Wenn die Tiere aus dem Verhalten Sultans am Tage vorher nicht mehr gelernt haben, so entspricht das nur der immer wiederkehrenden Beobachtung, daß das Übernehmen der Lösungen von andern dem Schimpansen recht schwer fällt (davon wird im zweiten Teil dieser Prüfungen die Rede sein). — Schließlich, als der Versuch nach langem Warten schon aufgegeben werden soll, kommt Chica plötzlich auf die Lösung: Sie stemmt sich mit dem Rücken gegen das Gitter neben der Kiste, mit allen Vieren seitlich an diese, schiebt sie schräg zurück und ergreift das Ziel. Die große Anstrengung ist erforderlich, weil Tercera auf der Kiste sitzt und während des Vorgangs mit unbeweglichem Gesicht hier sitzenbleibt, entweder zu töricht, um zu verstehen, was Chica vorhat, oder aber der durchtriebenste Schlingel von allen, wahrscheinlich beides in einer seltsamen Mischung, sicher aber das, was wir bei gewissen Menschen „denkfaul" nennen. Tercera sitzt in solchen Situationen immer auf der Kiste. — Wenn Chica die Aufgabe gelöst hat unter Nachwirkung des von Sultan Gesehenen, dann ahmt sie den Kern seiner Leistung nach; denn ihre Bewegungen beim Abrücken der Kiste sind von denen Sultans so ziemlich in allem verschieden, außer eben dem „Fortbewegen aus der Hindernisstellung".

(22. 2.) Grande, Tercera, Rana, Konsul vor der gleichen Anordnung: Keine Spur von der Lösung wird beobachtet; alle greifen vergeblich nach dem Ziel, alle sitzen abwechselnd auf der Kiste herum. So unglaublich es andern Leistungen der Tiere gegenüber scheint, sie kommen trotz der nun mehrfachen Vorbilder auf die einfache Lösung nicht. — Schließlich wird Chica hinzugelassen, sie sieht das

Ziel, packt sofort die Kiste und wirft sie, diesmal über die untere Kante kippend, nach dem Innern des Raumes zu um; während des Kippens faßt Rana einen Augenblick mit zu; Chica ergreift das Ziel[1]).

Im nächsten Versuch ist wieder außer Sultan auch Chica nicht zugegen; der Käfig ist zufällig in eine etwas unsichere Stellung geraten und wackelt leicht; Rana kippt die Kiste alsbald nach innen um, wie es zuvor Chica (z. T. mit Rana zusammen) getan hat und erreicht das Ziel. Sehr wahrscheinlich handelt es sich um ein Übernehmen der Lösung; es ist kein Zufall, wenn Rana im vorhergehenden Versuch gerade dann auch die Kiste umwerfen möchte, als Chica dabei ist, es zu tun. Vielleicht wirkt erleichternd, daß die Kiste bei Berührung wackelt.

(Am 16. 3. wurde beobachtet, daß Tercera in ähnlicher Situation eine Kiste aus dem Wege schob.)

(23. 2.) Die gleiche Anordnung wird für Tschego hergestellt; nur muß beim Niederlegen des Zieles auf die sehr langen Arme dieses Tieres Rücksicht genommen werden. Tschego macht ihren ersten Versuch überhaupt. — Lange Zeit erfolgt gar nichts als vergebliches Recken der Arme von dem hindernden Käfig aus, auf den sie sich gesetzt hat. Schließlich wird ein zweites Ziel etwas seitlich gegenüber der Kiste draußen niedergelegt, wo Tschego gerade ankommen kann, aber die Kiste schon stark als Hindernis empfinden muß; sie nimmt dieses Ziel auf, zeigt aber keinerlei Wirkung der Hilfe und bleibt neben der Kiste am Gitter sitzen; für eine Zeitlang geschieht wieder gar nichts. Inzwischen machen sich allmählich einzelne der kleinen Tiere draußen heran — ihre Gegenwart in Tschegos Versuchen wurde als experimentelles Hilfsmittel benutzt — und versuchen wiederholt, sich das Ziel anzueignen. Jedesmal werden sie mit drohenden Bewegungen, Auf- und Niederwerfen des Kopfes, Hinausfuchteln mit den langen Händen und Trampeln der Füße verscheucht; Tschego sieht also das Ziel als ihre Sache an, wenn schon sie es nicht zu erreichen vermag (sie würde die kleinen Tiere ohne besonderen Anlaß nicht bedrohen, ist gut Freund mit ihnen). Endlich haben sich die Kleinen doch alle dicht um das Ziel versammelt, aber als die Gefahr sehr groß geworden ist, packt Tschego mit einem Male die Kiste, die in ihren Armen wie ein Spielzeug ist, dreht sie mit einem Ruck zurück, tritt ans Gitter und ergreift das Ziel. — In diesem Fall ist eine Zeitangabe von Interesse: gegen

---

[1]) Ihre Art, die Kiste zu entfernen, ist wieder völlig verschieden von der des ersten Males; ich hebe das hervor, um Einwände von vornherein abzulehnen, die man bei Unkenntnis des Schimpansen machen könnte; was Chica z. B. in diesem Versuch macht, heißt: Kiste hier aus dem Weg vor dem Ziel! und nicht: Die und die Serie von Bewegungen!

11 Uhr vormittags begann Tschego sich um das Ziel zu bemühen, die Lösung erfolgt um 1 Uhr. Wären die jungen Tiere nicht hinzugekommen, so hätte der Versuch noch viel länger gedauert[1]) — und das bei einer Aufgabe, die uns so leicht erscheint, doch kaum viel schwerer als das Heranziehen des Zieles an einem darangebundenen Seil, als eine Aufgabe also, bei der der Schimpanse keinen Augenblick zaudert! — Noch eins ist an dem Verlauf wohl zu beachten. Die Lösung kommt bei Tschego (auch bei den kleinen Tieren) **nicht so zustande, daß die Kiste im Hindrängen nach dem Ziel unbeabsichtigt allmählich zur Seite geschoben würde; Tschego bewegt vielmehr den Käfig zwei Stunden lang auch nicht einen Millimeter von der Stelle**, drängt ihn auch bei der Lösung nicht mit dem Körper gewissermaßen zufällig fort, sondern packt ihn **plötzlich** mit beiden Händen und schiebt ihn mit **einem** Ruck zurück; es handelt sich um eine echte Lösung.

Am folgenden Tage wird der Versuch wiederholt; die Kiste steht an genau der gleichen Stelle. — Tschego sieht das Ziel, setzt sich neben dem Käfig nieder, wo sie gestern zuletzt gesessen hat, greift einmal vergeblich hinaus, packt unmittelbar danach die Kiste, kippt sie nachdrücklich über die untere Kante nach hinten in den Raum zurück und ergreift das Ziel. — Statt zwei Stunden dauert der Versuch diesmal eine knappe Minute; Anspornung durch die Kleinen ist nicht mehr erforderlich. **Die Bewegung, mit der die Kiste entfernt wird, weicht durchaus von der des vorigen Tages ab**, Tschego kopiert nicht „**Innervationen**" von gestern, sondern „**beseitigt wieder die im Wege stehende Kiste**".

<small>Schon einen Monat vor diesem Versuch mit der Kiste im Wege benahm sich Rana sehr merkwürdig in einem Versuch, der bei flüchtiger Betrachtung fast identisch mit dem beschriebenen scheint (25 I.): Ein großer Tierkäfig, noch schwerer als der eben benutzte, steht auf freier Fläche, einerseits vom Gitter (sonst von Holzwänden) verschlossen, so daß man das Innere sehen und insbesondere erkennen kann, daß der Käfig auf der Wand mit der unverschlossenen Türöffnung ruht; solche Kasten stehen noch in mehreren Exemplaren in der Nähe und werden von den Tieren, sofern die offene Tür nicht auf dem Boden liegt, oft betreten. Durch das Gitter nicht erreichbar, liegt das Ziel auf der Grundwand, und die Tiere greifen vergeblich zwischen den Stäben hindurch hinein. Nach einigen unglaublich ungeschickten Versuchen, mit einem Stock das Ziel ans Gitter zu kratzen, bemüht sich Rana in nicht mißzuverstehender Weise, den Käfig über eine Kante zu kippen; gelänge ihr das, so könnte sie durch die Türöffnung ohne weiteres in die Kiste hineinsteigen; aber der Käfig ist zu schwer. Nun steht etwa 5 m seitlich ein ganz gleicher Käfig mit der Türöffnung nach **der** Seite gekehrt, wo Rana eben sich abmüht; das Tier gibt plötzlich sein Anstemmen auf, geht auf den andern Käfig zu, durch dessen Türöffnung langsam hinein,</small>

<small>[1]) Man sieht hier, daß solche Prüfungen überhaupt nur dann zuverlässige Resultate haben können, wenn der Beobachter über sehr viel Zeit und — Geduld verfügt; daß nach vergeblichem Warten durch Stunden doch noch die Lösung in einem glücklichen Moment auftritt, habe ich mehr als einmal erlebt.</small>

dreht um, kommt wieder heraus mit einem seltsamen Gebaren von Torheit und Nachdenklichkeit zugleich, kehrt zu dem ersten Käfig zurück und bemüht sich von neuem, ihn umzukanten, übrigens weiter ohne Erfolg. Ich glaube nicht, daß irgend jemand den Vorgang hätte ansehen können ohne den Eindruck: Der merkwürdige Exkurs in die andere Kiste ergibt sich unmittelbar aus den Anstrengungen des einfältigen Tieres, die Versuchskiste zu drehen, so daß die Tür zugänglich wird. Später wird bei einem anderen Versuch ein Verhalten Ranas beschrieben, das dem hier geschilderten verwandt erscheint und schlechterdings eindeutig ist

Sieht man von diesem Zwischenfall ab, so bleibt die Tatsache, daß Rana schon vor der Zeit der oben beschriebenen Versuche eine Kiste umkippen möchte, um die Tür zugänglich zu machen; das scheint dieselbe Leistung wie oben, nur womöglich noch schwieriger; man wird sich bemühen müssen, die beiden Versuchsarten so zu sehen, daß der anscheinende Widerspruch verschwindet.

Das Ergebnis dieser Prüfungen hat sich später gut bestätigt, wo wieder wegzuräumende Hindernisse den kritischen Bestandteil der Situation bildeten; solche Aufgaben zu lösen, fällt dem Schimpansen recht schwer, oft bezieht er eher die (in jeder Hinsicht) fernliegendsten Instrumente in die Situation ein und kommt auf ganz wunderliche Methoden, als daß er ein simples Hindernis, das mit geringer Mühe zu beseitigen wäre, aus der Situation ausschaltet[1]).

Da aber dem erwachsenen Menschen der einfache **Hindernisversuch leichter** vorkommt, als z. B. Verwendung von Stock oder Kiste als **Werkzeug**, während doch beides für die Schimpansen annähernd **gleich schwierig** zu sein scheint, so folgt, daß man sich wohl hüten muß, die Leistungen der Tiere (und ihre Fähigkeiten) im voraus durch bloße Reduktion aus dem Bilde menschlicher Leistungen (Fähigkeiten) zu konstruieren, indem man einfach abstreicht, was man für hochwertig, und übrigläßt, was man für elementar hält. Das ist hier schon deshalb nicht erlaubt, weil die primitiven Leistungen, die wir untersuchen, für die erwachsenen Menschen in sekundäre, mechanisierte Formen übergegangen sind. Dabei kann sich das Schwierigkeitsverhältnis der einzelnen zueinander nicht nur verschoben, sondern sogar umgekehrt haben, indem je nach dem Grade der Mechanisierbarkeit wesentliche Züge des Urbildes verloren gingen oder nicht. Niemand kann zur Zeit sagen, ob die für uns besonders leichten und mechanisierten Leistungen auch immer am leichtesten **entstehen**; was ursprünglich leicht und was schwer ist, kann uns nur die **Erfahrung** an Anthropoiden, vielleicht auch andern Affen, an Kindern und Primitiven (für etwas höhere Fragen), allenfalls noch an Schwachsinnigen lehren[2]).

---

[1]) Nur in Fällen, wo das Hindernis sich zufällig bewegt, wird dem Schimpansen die Lösung anscheinend leichter.

[2]) Daß mitunter das Ergebnis auch vollkommen zu unserer vorgängigen Erwartung stimmen kann, zeigt das Beispiel S. 28. Nur ist festzuhalten, daß **jedesmal erst die Erfahrung im Versuch entscheidet**.

3. WERKZEUGGEBRAUCH
(Fortsetzung: Umgang mit Dingen.)[1])

Es bedarf der Versuchsumstände nicht, um den Schimpansen zu einigermaßen mannigfaltiger Verwendung der Dinge in seiner Umgebung zu veranlassen. In beweglichen, starken und großen Händen besitzt er natürliche Vermittler zwischen sich und den Gegenständen; dabei erreicht er in früherem Alter ein gewisses notwendiges Maß von Kraft und Gliederbeherrschung als das menschliche Kind. Sein Fuß, wenn schon bei weitem keine „Hinterhand", kann doch noch einmal mit zugreifen, wo wenigstens der europäische Menschenfuß als Gehilfe gar nicht mehr in Frage kommt, und das sehr feste Gebiß leistet noch immerfort technische Unterstützung, wie sie zwar bei afrikanischen Stämmen — ich weiß nicht, ob auch sonst bei Primitiven — weit üblicher ist als bei uns, doch kaum in dem Grade wie beim Schimpansen.

Wenn die hier beobachteten Tiere sich dieser Vermittler wirklich zu einem recht entwickelten Umgang mit Gegenständen bedienen, so kann man kaum sagen, daß in dieser Hinsicht die Gefangenschaft einen ganz falschen Eindruck hervorrufe: die Dinge, die dem Schimpansen hier zu Gebote stehen, sind kaum mannigfaltiger als die in Kameruner Wäldern vorkommenden; auch werden ein Fetzen Tuch und ein Baumblatt, ein Stück Spiegelglas und eine Regenpfütze ihrer Funktion nach so gleichartig benutzt, daß das Vorhandensein einzelner menschlicher Artefakte in der hiesigen Umgebung sehr wenig ausmachen dürfte. Eher könnte noch die Beschränkung auf enge Räume, unvermeidliche Langeweile, andrerseits das Fortfallen starker Marschanforderungen und der entsprechenden Ermüdung im Sinne eines vermehrten Umgangs mit den Dingen wirken. Auf jeden Fall aber wird der Schimpanse auch auf diese günstigen Bedingungen nur mit der sehr ausgeprägten Natur reagieren, die er nun einmal hat. Denn als Grunderfahrung nach wirklich hinreichendem Zusammensein mit den Tieren muß ich feststellen: Den Schimpansen zu irgend etwas veranlassen, zu einer Tätigkeit, einer Gewohnheit, einer Unterlassung, einem Umgang mit Dingen usw., die ihm nicht liegen, die nicht natürliche schimpansische Reaktion unter den betreffenden Umständen sind, das mag (durch Prügel oder wie sonst immer) für die Dauer von Zirkusvorstellungen gelingen; aber dem Schimpansen ihm Wesensfremdes so einverleiben, daß er es fortan

---
[1]) Vgl. zu diesem Kapitel den Aufsatz „Zur Psychologie des Schimpansen" (Psychologische Forschung I, 1921).

tut wie Eigenes — das erscheint mir als eine äußerst schwere Aufgabe, ja fast als unmöglich: Ein pädagogisches Talent, welches dergleichen doch fertigbrächte, würde ich sehr bewundern müssen. Man ist immer wieder erstaunt und oft genug geärgert, wenn man sieht, wie auch an einem klugen und sonst zugänglichen Tier dieser Art jeder Versuch einer Umbildung von seinen biologischen Eigenschaften fort ganz wirkungslos abgleitet. Bringt man den Schimpansen zeitweilig zu irgendeinem Verhalten, das mit diesen Eigenschaften nicht recht übereinstimmt, so wird sehr bald Zwang nötig, damit er dabei bleibt; und von da an läßt nicht allein die geringste Druckminderung das Tier mit Sicherheit zu seinem schimpansischen Typus zurückkehren, sondern während des Zwanges bekommt man auch nur ein widrig unfreies, gegen den Sinn des Verlangten ganz gleichgültiges Verhalten zu sehen. Aus diesem Grunde muß dringend davor gewarnt werden, irgendwelche Schlüsse zu ziehen aus Sinnlosigkeiten, die ein Schimpanse auf der Bühne im Verlauf einer erzwungenen Handlungsweise begeht[1]).

Wenn es sich also darum handelt, außer dem Gebrauch von Werkzeugen im Versuch auch noch den Umgang mit Dingen zu schildern, wie er alltäglich beobachtet wird, so braucht man wahrhaftig nicht ängstlich zu sein: Die Tiere mögen hier Gelegenheit haben, das eine oder andere zu tun, wozu sie in Afrika de facto nicht kommen — immer wird man den Schimpansen und kein Kunstprodukt beobachten, solange nicht starker Zwang auf ihn wirkt, und es versteht sich von selbst, daß nichts von dem Folgenden auf irgendeinen Druck des Menschen zurückgeht; auch wenn die Tiere gar nicht ahnen, daß sie überhaupt beobachtet werden, verhalten sie sich ebenso[2]).

Der Bericht kann nicht von einer begrenzten Zeitepoche handeln, sondern muß den Umgang mit Dingen beschreiben, wie dieser in reichlich zwei Jahren[3]) überhaupt beobachtet wurde, weil der Schimpanse in dieser Hinsicht Moden durchmacht und die Betrachtung einzelner Epochen infolgedessen kein vollständiges Bild geben kann.

Das Umgehen mit Dingen, wie man es täglich beim Schimpansen sieht, gehört fast durchweg unter die Rubrik „Spiel". Ist einmal eine spezielle Form, ein Werkzeuggebrauch oder dergleichen in der „Notwendigkeit" einer Versuchssituation entstanden, so kann man sicher sein, das Neue bald danach im Spiel wiederzufinden, wo es also unmittelbar nicht den mindesten „Vorteil", sondern allein erhöhte Lebensfreude gilt. Umgekehrt kann von den vielen Spielereien, die der Schimpanse mit Gegenständen vornimmt, leicht das eine oder andere zu großem praktischen Vorteil führen, und wir beginnen mit

---
[1]) Ich erinnere mich, solche Schlüsse früher in der Literatur gefunden zu haben.
[2]) Vielfach sogar entschieden interessanter.
[3]) In diesem Abschnitt war 1916 noch Verschiedenes nachzutragen.

einem Spiel, das diese vom europäischen Menschen — schon hier viel weniger — hochgeschätzte Eigenschaft in beträchtlichem Maße besitzt.

Das Springstockverfahren wurde von Sultan aufgebracht, von Rana wahrscheinlich zuerst übernommen: Die Tiere setzen einen Stock, eine längere Stange oder ein Brett senkrecht oder etwas schräg auf den Boden, klettern jetzt mit den Füßen, während auch die Hände rasch weitergreifen, so schnell wie möglich ein Stück daran hinauf und kommen entweder mitsamt dem Instrument irgendwo an oder sie schwingen sich in eben dem Augenblick seitlich oder schräg nach oben ab, wo der Stock gerade umfallen will. Einmal führt der Sprung zu Boden, ein andermal auf irgend etwas Festes, Gitter, Balken, Ast u. dgl. in bisweilen sehr beträchtlicher Höhe über der Erde. Zunächst handelt es sich um Fälle, wo der Sprung vom Milieu keineswegs erfordert wird, und mit Gehen oder Klettern viel bequemer auszukommen wäre; auch pflegt die Landungsstelle durchaus nicht besondere Vorzüge zu besitzen, und wenn man sieht, wie der Vorgang sich oft viele Male hintereinander an beliebigen Stellen wiederholt, so wird man überzeugt, daß es sich eben um das Springen als solches handelt, ähnlich wie bei menschlichen Kindern um Stelzengehen zum Beispiel als solches.

Aber sehr bald entstand ein regelrechter Werkzeuggebrauch daraus: Sultan sollte (23. I. 14) im Versuch das wieder einmal zu hoch angebrachte Ziel auf einem indirekten Wege erreichen, kam aber auf die erwartete Lösung durchaus nicht, sprang mehrfach vergeblich vom Boden aus in die Höhe, ergriff dann eine Stange, die in der Nähe lag, erhob sie, wie um nach dem Ziel zu schlagen, setzte sie jedoch gleich danach mit einem Ende auf die Erde unter dem Ziel und machte mehrfach den „Klettersprung" in der angegebenen Art. Sein Treiben hatte dabei etwas zugleich Spielendes und Unenergisches von dem Charakter: „In Wirklichkeit geht es ja doch nicht", und so ging es denn in der Tat nicht. — Das nächste Mal (3. 2.) war er entschlossener und glücklicher, ging auf ein festes Brett zu, das so schwer war, daß er gerade damit fertig werden konnte, stellte es unter dem Ziel auf und schlug das Kletter- und Springverfahren ein. Drei Beobachter, die zugegen waren, hielten es für unmöglich, daß er auf diese Weise das Ziel erreichen könnte, und wirklich kippte das Brett dreimal zu früh, als daß sein Vorhaben hätte gelingen können, aber beim vierten Mal kam er doch hoch genug und riß beim Sprung das Ziel mit sich herunter.

Allmählich kam die Springstange auch bei Grande, Tercera, Chica und sogar der schweren, unbeholfenen Tschego in Gebrauch, doch

Tafel II

benutzten die einzelnen sie je nach turnerischer Begabung mit sehr verschiedener Gewandtheit und ebenso verschiedenem Erfolg. Nach einer Weile konnte niemand hierin mit Chica konkurrieren: Sie sprang mit kleinen, kurzen Stöcken und Brettern, später, als eine Stange von über 2 m Länge glücklich irgendwo abgerissen war, mit dieser und konnte nun schon alles erreichen, was nicht über 3 m hoch angebracht wurde (vgl. die Abbildung [Tafel II], bei der darauf zu achten ist, daß der Stock nur auf dem Boden steht und von dem Haus im Hintergrund um mehrere Meter entfernt bleibt). Später aber, als ich sehen wollte, wieweit ihre Leistungen gingen, und einen Bambus von über 4 m Länge besorgte, beherrschte sie auch dies Instrument sogleich vollkommen und erreichte in rasendem Klettern Höhen von über 4 m noch immer eher, als der Bambus Zeit hatte umzufallen. Chica selbst war damals nicht ganz einen Meter groß, wenn sie aufgerichtet stand. — Sie blieb aus gewissen Gründen lange Zeit von ihrem Bambus für den Tag getrennt; kam sie abends auf den Spielplatz, wo er lag, so sollte sie da eigentlich nur essen, aber sie unterbrach dieses auch ihr gewiß wichtige Geschäft fortwährend und gegen Verbote, um mit der beliebten Stange „nur so" einmal schnell einen Sprung zu machen.

Es versteht sich, daß dies Kunststück nur infolge großer Erfahrung darüber möglich ist, wie der Stab aufgesetzt und der eigene Körper bewegt werden muß, damit nicht zu früh während des eiligen Kletterns das labile Gleichgewicht verlorengeht; diese Erfahrung wird man sich so vorstellen müssen, wie die eines menschlichen Turners: auch Chica „hat es im Gefühl". — Das Unangenehme am Verfahren ist sichtlich der enorme Aufprall beim Niederstürzen aus oft an 5 m Höhe auf einen völlig festgetrampelten Boden; denn Chica besieht und befühlt oft hinterdrein die Teile ihres Körpers, die zuerst angekommen sind, und manchmal geht sie etwas langsam davon; eine Verletzung ist jedoch bei ihrer ebenfalls unübertrefflichen Kunst im Fallen noch niemals vorgekommen.

Auch an dieser Leistung ist natürlich nicht das mindeste „dressiert"; mein Verdienst ist die Beschaffung des ganz langen Bambus, sonst nichts; die Tiere haben dies Verfahren eingeführt, sich von selbst darin ausgebildet und es von selbst unter die Lösungsmethoden in „Versuchen" aufgenommen. Sollten sie seiner eines Tages überdrüssig werden, so kann ich durchaus nichts dagegen vornehmen, — es müßte denn sein, daß ich Chica einen noch längeren Bambus schenkte.

Selbst Nachahmung des Menschen ist in diesem Fall ausgeschlossen; denn wenn sich auch Akrobaten mit der gleichen Leistung zeigen sollen, so war doch niemand in Teneriffa, dessen Fuß ihm Ähnliches erlaubte, und das Stabhochspringen von menschlichen Turnern ist bekanntlich ein Verfahren ganz anderer Art, außerdem hier in der Umgebung der Tiere durchaus nicht üblich.

Eine neuere Modifikation, entstanden, seitdem die Tiere in einen engeren Raum mit niedrigem, aber sehr starkem Drahtdach eingeschlossen werden mußten, besteht darin, daß man wieder den Klettersprung macht, aber genau nach oben bis ans Dach, dies ergreift, aber zugleich den Stock nicht losläßt und nun auf diesem wie einem Kontorstuhl von phantastischem Maß Platz nimmt. Es ergibt sich dann weiter von selbst, daß das Tier am Dach weitergreifen und mit den Füßen den Sitz mitnehmen kann, wobei es kaum aufhört, auf diesem zu hocken; doch beobachtet man dies Spiel nicht allzuhäufig.

Wenn das Werkzeug am einen Ende dicker als am andern und damit das Gewicht ungleich verteilt ist, würde der Mensch stets das dickere, schwere Ende auf den Boden setzen. Selbst bei Chica wird nicht recht klar, ob sie auf diesen Umstand Rücksicht nimmt. Wenn schon zumeist wirklich das schwerere Ende auf den Boden gesetzt wird, so sieht man doch auch das Gegenteil, und es bleibt die Möglichkeit, daß im allgemeinen die vorteilhaftere Stellung zustande kommt, weil sie naturgemäß leichter erreicht wird. Ist der Schwereunterschied zwischen beiden Enden gering, so beachtet ihn der Schimpanse gewiß nicht; sieht man ihn dann mit dem (für uns) verkehrt stehenden Pfahl seinen Sprung immer noch mit Leichtigkeit ausführen, so ist man geneigt, den Fehler für unwesentlich zu halten; weitere Erfahrungen belehren später darüber, daß er prinzipieller Art ist.

Einen ungünstigen Eindruck macht Rana bisweilen, wenn sie sich zu einem Sprunge anschickt, der einigermaßen weit hinauf reichen soll, und der Stock zu kurz ist. Die andern Tiere würden hinaufsehen und dann den Pfahl fortwerfen oder allenfalls einmal die Probe machen und danach die Sache aufgeben. Rana setzt den Stock mit einem Ende auf, macht Anstalten, in die Höhe zu klettern, läßt es wieder, dreht den Stock um, als könnte er davon länger werden, hebt ein Bein und läßt es wieder sinken, dreht den Stock wieder um usw. eine Reihe von Malen — ein Bild von Wirre; schließlich ist das Endergebnis in der Regel, daß sie sich hinsetzt, den Stock langsam niedergleiten läßt und mit blödem Gesicht rings um sich blickt.

Der Hund als Tierart ist vom Schimpansen an Begabung wahrlich verschieden genug; aber wie der Schimpanse mit der hohen Entwicklung auch die entsprechend großen individuellen Variationen erreicht hat, so hat die Natur einzelnen Exemplaren der Art auch die Möglichkeit gegeben, ein geradezu erschreckend törichtes Gesicht zu machen. Nie wird ein Hund so spezifisch dumm aussehen können; sein Gesicht bleibt immer vergleichsweise „neutral", und so erreicht er auch nie den gescheiten Ausdruck, den begabte Schimpansen nicht selten zeigen. — Rana fällt als dumm fortwährend auf, weil sie zum Unglück auch noch sehr beflissen ist und sich immer wieder eifrig exponiert, während es Tercera, die nur ganz selten auf einen Versuch eingeht, durch viele Jahre gelungen ist, eine etwas rätselhafte Figur zu bleiben. — Es verdient sehr beachtet zu werden, daß Rana (außer dem kleinen Konsul, den sie bemutterte, solange er lebte) keinen rechten Spielkameraden finden konnte; auch ihre Artgenossen wußten nichts mit ihr anzufangen, und Tschego behandelte die Unglückliche einfach wie einen blöden Clown.

Der Stock ist eine Art Universalinstrument des Schimpansen; in fast allen Lebenslagen kann man mit ihm etwas anfangen. Nachdem einmal seine Verwendung aufgekommen und Allgemeingut geworden war, wurde seine Funktion Monat für Monat mannigfaltiger.

Alles was jenseits eines Gitters und mit der Hand nicht erreichbar die Aufmerksamkeit auf sich zog, wurde wie im Versuch mit Stöcken,

Drähten oder Strohhalmen herangezogen. War die Regenzeit vorbei und das über alles beliebte Grünfutter vom Spielplatz verschwunden, so standen doch noch Kräuter draußen vor dem Drahtnetz. Ein Pfahl wurde dann durch die Maschen gesteckt, mit dem äußeren Ende der Busch ans Gitter gedrückt, so daß die freie Hand die Triebe fassen konnte; mit dieser Beschäftigung wurden Stunden verbracht. Aber das Drahtnetz war alt, und die heftige Bemühung mit dem schräg drückenden Pfahl riß bald ein paar Maschen auf, bis die lederharte Hand in die Öffnung greifen und mit einem kräftigen Zug ein Loch reißen konnte, groß genug, um den ganzen Schimpansen hindurchzulassen. Die Tiere haben lange Zeit durch nichts zu erkennen gegeben, daß ihnen ihre Gefangenschaft unangenehm wäre, aber nach dieser Entdeckung wußten sie einen Ausflug sehr zu schätzen; zwar arbeiteten sie wohl meistens nicht von vornherein zu diesem Zwecke, aber war erst ein kleiner Riß entstanden, so konnte man schon an der verdächtigen Ansammlung der Tiere auf einem Fleck und dem aktiven Eingreifen immer neuer Mitarbeiter an derselben Gitterstelle von weitem erkennen, daß es sich nicht mehr um Grünzeug handelte. Hätten wir sie nicht oft genug auf frischer Tat ertappt, so wäre doch der Hergang dabei vollständig zu entnehmen gewesen daraus, daß nach gelungener Flucht in dem aufgerissenen Netz noch der eiserne oder hölzerne Stab lehnte[1]).

Ganz ähnlich hat sich wohl die Funktion des Stockes in einem andern Fall von selbst weiterentwickelt: Die Grube, welche das Abflußwasser vom Reinigen der Tierställe aufnahm, war mit einem festen Holzdeckel und Eisenriegeln verschlossen; aber Fugen und Spalte gibt es doch, und es wurde eine wahre Sucht der Tiere, mit Stäben und Halmen an der Grube zu hocken, einzutauchen und die schmutzigen Tropfen nachher abzulecken. Viel einfacher wäre es natürlich, wenn der Deckel ganz entfernt würde, und aus irgendeinem Grunde, vielleicht weil der Deckel sich unter der berührenden Hand bewegt oder sonst die Situation besonders leicht zu erfassen ist, wurde dieses Hindernis von Anfang an gern beseitigt, erst mit der Hand, die beim Schimpansen schon einmal den Eisenriegel mit seinem Zementlager lossprengt, und später, als wir immer neue festere Konstruktionen einführten, mit dem Stock, der zuvor wohl nur Löffel gewesen war und nun als Hebel eine große Beliebtheit gewann. Die Art, wie der Schimpanse hebelt, ist mit der des Menschen identisch. Natürlich weiß keiner der Affen das mindeste von den Beziehungen

---

[1]) Bei der Harmlosigkeit der Tiere waren solche Ausflüge vollkommen ungefährlich; machte man sie nachdrücklich darauf aufmerksam, daß sie sich verfehlten, so gingen sie von selbst wieder nach Hause.

zwischen Kraft, Weg, Arbeit usw., die dem physikalischen Hebelbegriff inhärieren, aber nicht viel mehr weiß davon der Lastfuhrmann, der seinen Wagen mit zerbrochenem Rad mittels eines Hebels auf den untergestellten Stützbock hebt; es muß eine Art praktischen und konkreten „Verständnisses" für dergleichen einfachste Instrumente geben, das, aus Optik und Motorik des Naiven unmittelbar herauswachsend, innerhalb gewisser Grenzen die passende Verwendung schnell hervorbringt und dauernd gewährleistet (vgl. auch das Umgehen mit der Springstange). — Wenn die Tiere später vergeblich am Deckel rüttelten, bemühten sie sich gar nicht erst, den schnell gesuchten Stock als Löffel zu gebrauchen, sondern hebelten sofort; erst wenn der Deckel durchaus nicht nachgab, tauchten sie wieder ein.

Das Aufbrechen dieser Grube war eine der stärksten Moden, die ich beobachtet habe; es dauerte lange, bis dieser Sport langweilig wurde: Denn man würde ja den Schimpansen arg mißverstehen, wenn man meinte, nur der schmutzige Inhalt reize ihn in diesem Falle; mindestens ebenso wichtig kann dabei die Möglichkeit sein, überhaupt etwas gründlich und mit ansprechender Methode in seine Bestandteile zu zerlegen. Etwas Zerstörbares und ein Schimpanse zusammengebracht, das gibt doch nicht aus reiner Ungeschicklichkeit des zweiten Teiles ausnahmslos Trümmer; das Tier ist nicht eher ruhig, als bis die Splitter oder Scherben eine weitere Bearbeitung nicht mehr verlohnen oder nicht mehr zulassen. Übrigens sind es vielleicht nur die größeren Kräfte, die den Schimpansen hierin sogar menschliche Kinder übertreffen lassen.

Das Löffeln mit Strohhalmen, Stäbchen u. dgl. kommt auch als reine Spielerei vor, wenn das Getränk während der Mahlzeit den Tieren frei zugänglich ist. Nachdem der Durst schon in kräftigen Schlucken gestillt ist, nimmt bisweilen ein Tier Halme, taucht sie ein und führt die Tropfen zum Munde; das geschieht dann wohl zwanzig Male hintereinander. Als einmal ein Schluck Rotwein in die gemeinsame Wasserschale gegossen wurde, beugten sie sich zuerst arglos zum Trinken; nach der ersten Probe aber hielten sie einen Augenblick ein, eines begann mit einem Strohhalm, drei weitere gleich danach mit Stäben und Zeugfetzen einzutunken und zu löffeln; für das sonst übliche herzhafte Schlürfen war das Getränk wohl zu kräftig. Das ist wieder keine Nachahmung des Menschen; denn zu jener Zeit könnten sie höchstens durch Zufall einmal einen Menschen beim Essen beobachtet haben, der dabei Messer, Gabel oder Löffel benutzt hätte[1]).

Ganz anders wurde Stroh von zwei Tieren (Grande und Konsul) bisweilen beim Essen fester Nahrung verwendet. Alle Schimpansen machen, wenn ihr Hunger nicht zu groß ist, aus Früchten (Bananen, Weinbeeren, Feigen usw.) zunächst einen Brei, den sie zwischen den sehr dehnbaren und oft unheimlich aufgeblähten Mundwänden hin und her wälzen, dazwischen auch in der weit vorgestreckten Unterlippe betrachten

---

[1]) Die Landbevölkerung in der Umgebung der Station verwendete diese Geräte nicht.

oder in die Hand nehmen und hier mit Vergnügen anschauen, um ihn dann wieder in den Mund zu stecken. Jene beiden Tiere suchten (in mehrmals wiederkehrender Mode) Strohhalme zusammen, wenn sie aßen, mischten sie im Munde unter den Brei und brachten sie erst wieder als ein Knäuel sorgfältig zum Vorschein, wenn der Fruchtkuchen heruntergeschluckt war.

Ein Mittelding zwischen Löffel und Jagdinstrument ist das Stäbchen oder der Strohhalm beim Ameisenfang. Im Hochsommer tritt in Teneriffa eine kleine Ameisenart als Plage auf; wo das Insekt seine Straßen hat, da sieht man einen breiten Streifen braunen Gewimmels, und ein solcher Streifen pflegte sich auch auf den Querbalken der Drahtnetzwände rings um den Tierplatz zu bilden. Wie der Schimpanse säuerliche Früchte allen andern vorzieht, so scheint er die Ameisensäure sehr zu schätzen; kommt er an einem Brett vorbei, an dem die Ameisen auf und ab wimmeln, so steckt er einfach die Zunge heraus und fährt mit ihr über die Straße hin. An jenen Querbalken war dies primitive Verfahren nicht ausführbar, weil die Straße auf der Seite außerhalb des Gitters entlang zu führen pflegte. Also begann erst einer, dann der andere und schließlich die ganze Gesellschaft, Strohhalme und Stäbchen durchs Gitter auf den Balken hinauszuhalten, so daß sie sich in wenigen Sekunden ganz mit Ameisen bedeckten, worauf dann die Beute schnell hereingezogen und im Munde abgestreift wurde. Besonders vorteilhaft wirkt dabei vom zweitenmal an der Speichel, der auf dem Halm zurückbleibt; denn das Hauptziel der Ameisen ist in der Glut der Sommertage jeder feuchte Fleck, so daß der nasse Halm, kaum daß er in die Straße hineinhängt, die Insekten in Menge auf sich lenkt; und selbst beim erstenmal kann dieser Vorteil bestehen, da der Schimpanse nicht leicht einen Halm oder Stock zu irgend etwas benutzt, ohne ihn zuvor schnell einmal an der Spitze anzulecken, wie das manche Menschen mit Bleistiften u. dgl. auch zu tun lieben. Über den Sinn dessen, was die Tiere da treiben, ist ein Zweifel gar nicht möglich, lassen sie einen doch aus nächster Nähe zusehen: Die Aufmerksamkeit ist ganz auf den Insektenzug gerichtet, der Halm liegt einige Sekunden unbeweglich und stets möglichst in dem größten Gewimmel; wird er dann zum Munde geführt, so kommt er hinterdrein, nach dem Durchstreifen, ohne eine einzige Ameise wieder zum Vorschein, und es wird nichts wieder ausgespien, wie das doch bei den geringsten Spuren unangenehmer Schmeckstoffe, z. B. leider bei in die Nahrung eingeschmuggelten Arzeneien, sofort geschieht. Auch in diesem Fall war freilich das sportliche Interesse wohl ebenso groß oder größer als der Appetit auf Ameisen; denn Stellen, wo man die Ameisen nur eben abzulecken brauchte, waren genug da, und unter sonst gleichen Umständen blieb der schönste Ameisenzug unbeachtet, wenn die Mode eine andere Richtung genommen hatte. Bestand die

Mode jedoch, dann konnte man sämtliche Tiere der Station nebeneinander am Ameisenweg entlang hocken sehen, jeden mit seinem Halm wie eine Reihe Angler am Flußlauf.

Zeitweise sehr beliebt ist der Gebrauch des Stockes zum Graben. Damit das Spiel aufkam, war wohl weiter nichts erforderlich als eben die Möglichkeit, mit einem Stöckchen die Erde aufzustechen. Anscheinend ist das Graben schöner, wenn der Boden feucht als wenn er trocken ist, und beginnt es dann einmal, so wird mit ungewöhnlicher Ausdauer drauflosgestochen, bis am Ende größere Löcher entstehen. Der Schimpanse faßt dabei den Grabstock auf die verschiedenste Weise an, je nach Bedarf, aber er beschränkt sich überhaupt nicht auf die Kraft der Hände, sondern bohrt an harten Stellen senkrecht nach unten, indem er oben mit den Zähnen zufaßt und seine vortreffliche Mund- und Nackenmuskulatur mitarbeiten läßt. Ebenso häufig ist später der Gebrauch des Fußes geworden; die Sohle, die äußerst unempfindlich ist, wird kräftig gegen das obere Ende des etwas schräg in den Händen ruhenden Stockes gedrückt und dieser so in die Erde gezwungen. Man darf nicht annehmen, das sei einmal gelegentlich geschehen; Tschego grub in der Mehrzahl der Fälle so. Viel seltener war schon der handmäßige Gebrauch des Fußes, wobei der Fußdaumen um den Stock herumgreift. Wie man sieht, kommen wir hier dem „Grabstock" im Sinn der Ethnologie sehr nahe[1]). Die Annäherung wird aber noch weit auffallender dadurch, daß die Tiere, schon ehe die Grabstockmode zum ersten Male auftrat, sich längst gewöhnt hatten, nach Verschwinden der Kräuter im sommerlichen Sonnenbrand wenigstens Wurzeln aus der Erde zu scharren und zu kauen. Sie hatten das zunächst mit der Hand getan und dabei große Ausdauer bewiesen; wenn sie aber mit dem Stock zu graben anfingen, so kamen sie im harten Boden leichter voran und mehr in die Tiefe, und so darf es gar nicht wundernehmen, wenn bald das Freilegen von Wurzeln ganz offenbar den Reiz des Spieles wesentlich erhöhte. Wieder war es das bei weitem älteste Tier, Tschego, das sich vor allem im Wurzelsuchen auszeichnete, unterstützt durch die gewaltige Kraft seiner Beine, Zähne und Arme, die den Grabstock führten.

Ich möchte nicht behaupten, daß der Schimpanse eines Tages einen Stock hernimmt, indem er sich dabei gewissermaßen sagt — wirklich sprechen kann er sicher nicht im mindesten —: „So, jetzt will ich Wurzeln graben!" Daß er dagegen, beim Graben als Spiel und wohl gar nicht einmal einem Wurzelfund, nach Wurzeln weitergräbt, weil er schon lange mit der Hand nach Wurzeln gesucht hat und auch mit der besseren Methode jetzt wieder Wurzeln findet, daran kann man als Zuschauer

---

[1]) Das Drücken mit dem Fuß ist nicht vom Menschen übernommen. Den sogenannten „Spaten" kennt man in Teneriffa nicht.

überhaupt nicht zweifeln. Das Suchen nach etwas eben nicht Vorhandenem ist eine dem Schimpansen ganz geläufige Bemühung: In Versuchen über das Ortsgedächtnis der Tiere wurden oft Früchte vor ihren Augen vergraben; nicht nur, ehe sie später die Stelle wiedergefunden haben, suchen sie in deren Umgebung genau wie ein Mensch, auch nachher, wenn die Früchte ausgegraben sind, wühlen sie, eine halbe Stunde und länger, weiter und tiefer, weil sie nicht wissen, daß sie schon alles herausgeholt haben. Das Suchen nach etwas in der Erde unterscheidet sich von dem bloßen Grabespiel sehr auffällig durch den gespannten Blick, das hastige Weiterwühlen in bestimmten Momenten, die genaue Prüfung der gelockerten Erde, das große Interesse an den gegenseitigen Grabstellen usw.

Ist etwas schlecht anzufassen, aber doch interessant, so wird es alsbald mit dem Stock behandelt. Nueva sitzt neben mir vor einem Reisighaufen, den ich anzünde, um zu sehen, was sie von Feuer hält; sie betrachtet die Flammen mit mäßiger Neugier, faßt nach einer Weile mit der Hand hinein, zieht diese sogleich eilig zurück und hat schon im nächsten Augenblick einen gerade daliegenden Stock ergriffen, mit dem sie nun im Feuer herumstochert.

Hat sich eine Maus, eine Eidechse o. dgl. auf den Spielplatz verirrt, während sich die Schimpansen auf diesem aufhalten, so ist das zwar sehr aufregend, aber man kann nicht einfach zugreifen, um das kleine Tier zu fangen. Ungemein komisch sieht es aus, wie die Affen mit „spitzen Fingern" schnell in die Gegend des Opfers fahren, um sie eilends wieder zurückzuziehen; ein entschlossenes Zupacken scheint ihnen gegenüber diesen Tieren genau ebenso unmöglich zu sein wie den meisten Menschen, und jede Bewegung des Flüchtlings bringt dieselben halb abwehrenden, halb erschrockenen Bewegungen des Verfolgers hervor, die man im gleichen Fall an Männern und Frauen sieht. Wenn wir in diesem Fall z. B. den Ellbogen abwehrend vorstrecken, weil hier das unangenehm „Kribbelnde" der Berührung anscheinend geringer ist als an der Hand, so verhält sich Tschego genau so: ein Ruck der Eidechse, die sich ja stoßweise zu bewegen pflegt, und schon fährt das große Tier mit Körper und Hand zurück, mit dem Ellbogen vor, während die Augen sich wie vor einem Schlage schließen. Besser noch als der Ellbogen ist natürlich wieder ein Stäbchen, mit dem nach dem Eindringling getappt wird, und wirklich sind in solchen Zwischenfällen die Schimpansen schnell mit Stöcken ausgerüstet, die einen — freilich immer noch sehr nervösen — Umgang mit dem kleinen Tier möglich machen. Erst wenn dieses in lebhafte Bewegung kommt, wohl gar in Richtung auf einen Affen zu, dann wird in der Aufregung der herumfuchtelnde Stock zur Waffe, und wenn so ein fremdes Wesen nicht rechtzeitig entflieht, so wird es schließlich umgebracht, obwohl das ganze sicherlich keine kalte Grausamkeit, sondern einfach ein höchst aufregendes Spiel ist; im Hintappen der Affen, die natürlich etwas mit dem fremden

Ding machen müssen, und in den ganz reflektorischen Fuchtelbewegungen, wenn dieses sich bewegt, wird es so oft getroffen, bis es liegenbleibt.

Oft kommt es vor, daß sich ein Schimpanse mit Kot, dem eigenen oder dem der Kameraden, beschmutzt. Nun habe ich bisher einen einzigen Vertreter der Art (Koko) gesehen, der nicht in der Gefangenschaft Koprophage war, und doch: tritt einer von ihnen in Kot, so kann häufig der Fuß nicht ordentlich auftreten, genau wie bei einem Menschen im gleichen Fall; das Tier humpelt davon, bis es eine Gelegenheit findet, sich zu reinigen; und nicht leicht wird es die Hand dazu benutzen, die vielleicht vor wenigen Minuten noch Kot zum Fressen aufnahm und ihn selbst unter heftigen Schlägen nicht losließ, sondern mit einem Stäbchen (auch wohl Papierstücken oder Lappen) muß das geschehen, und das Gebaren dabei zeigt unverkennbar Unbehagen an: Kein Zweifel, daß das Tier sich eben von etwas ihm Unangenehmen befreit. Und so geschieht es stets, wenn eine Beschmutzung irgendwo am Körper entdeckt wird; sie wird schnell entfernt, und zwar nach Möglichkeit mit Hilfsmitteln, nicht mit der unbewehrten Hand, allenfalls durch Wischen an einer Wand oder auf der Erde[1]).

Kommen Irrationalitäten wie diese in der Ethnologie auch vor, so wird man allerdings sehr gut daran tun, alle intellektualistischen Deutungen von Gebräuchen und sonstigen Erscheinungen mit emotionalem Hintergrund recht vorsichtig zu verwenden; das vorliegende häßliche Beispiel aus der Anthropoiden-Psychologie zeigt nur besonders eklatant, wie (gedankenmäßig) widerspruchsvolles Verhalten ohne weiteres möglich ist und bestehen bleiben kann.

Wie schnell die Einschaltung des Stabes auftritt in Fällen, wo der zu behandelnde Gegenstand nicht gut anzufassen ist, konnten wir vortrefflich beobachten, als die Schimpansen zum ersten Male in ihrem Leben — wenigstens nach Menschenermessen — mit Elektrizität hoher Spannung zu tun bekamen. Der eine Ableitungspol eines schwachen Induktoriums war mit einem Drahtkörbchen verbunden, das, mit Früchten gefüllt, vom Dach herabhing, der andere mit einem Drahtnetz auf dem Boden unter dem Korb. Nie habe ich in

---

[1]) Allgemeiner: Die Körperoberfläche wird bei den verschiedensten Anlässen mit Werkzeugen behandelt. Gießt man Wasser auf ein Tier oder ölt man seine Haut, so reibt es entweder die Flüssigkeit an einer Wand, einem Baumstamm ab, oder — und das ist sehr häufig — es rafft Stroh, einen Lappen, Papier auf und wischt sich damit ab. Blut wird bisweilen ebenso entfernt, das Betupfen von kleinen Wunden mit Spreu (auch Blättern), welche dabei mit Speichel befeuchtet zu werden pflegt, ihre Untersuchung mit Strohhalmen, kann man öfters sehen. Nachdem Tschego geschlechtsreif geworden war, wurde fast bei jeder Menstruation beobachtet, wie sie Papier, Lappen usw. benutzte, um das rinnende Blut abzutupfen. Wenn die Haut an der schwer erreichbaren Schulter juckt, wird ein Scherben, ein Stein u. dgl. genommen und damit die Stelle gekratzt.

kürzester Zeit so viele vollkommen menschliche Reaktionen und Ausdrucksbewegungen an den Schimpansen gesehen wie in diesem Fall: das Zurückfahren beim ersten Schlag, der überraschte Schrei, das vorsichtige Vorstrecken der Hand beim zweitenmal, wobei diese fortwährend wie getroffen schon wieder zurückzuckt, ehe überhaupt die Möglichkeit eines Ladungsausgleichs durch den Körper besteht, das heftige Schütteln der Hand in der Luft nach einem ordentlichen Schlag insbesondere, welches genau so aussieht, wie das Handschütteln eines Menschen, der versehentlich einen heißen Ofen angefaßt hat — alles geht seiner Form nach genau vor sich wie bei uns, und man ist ganz überrascht zu sehen, wieviele unserer Reaktionen, weit entfernt menschliche Angewohnheiten zu sein, in der dunklen Vorzeit der Primaten ihre Wurzel haben müssen. Mit denselben Gebärden (vgl. auch Tschego und die Eidechse) sind die Schimpansen sicherlich vor vielen Jahrtausenden schon von der unbeabsichtigten Berührung mit einem Stacheltier, von einem stechenden Insekt usw. zurückgefahren, mit denen wir von einer Starkstromleitung zurückprallen, und vielleicht ergibt die nähere Untersuchung der kleinen Affenarten auch bei ihnen bereits die gleichen Reaktionsformen[1]). Was man aber vielleicht nicht bei diesen antreffen dürfte, das ist das Aufraffen eines Stockes auf die unangenehme Erfahrung hin, wie ein Schimpanse nach dem andern es in diesem Falle tat, um so in weniger direktem Kontakt mit dem gefährlichen Ding doch womöglich die Früchte zu erreichen. Mit hölzernen Stäben ging zunächst auch alles gut, nur bog der Korb an dem Kabel, an dem er aufgehängt war, fortwährend aus, und im Eifer nahmen die Tiere auch feste Drähte und Eisenstangen; als ihnen der Korb nun wieder Schlag auf Schlag versetzte, gerieten sie allmählich in Zorn, aber nur Tschego, die dauernd bei einem Holzknüppel geblieben war, nahm ernstlich den Kampf auf und prügelte, aufrecht stehend, mit aller Macht gegen das Körbchen, daß es in der Luft herumfuhr und am Ende abriß. Noch eine Stunde später sah man übrigens die Tiere vorsichtig die Hand nach dem nun ganz ungefährlichen Drahtnetz um die Früchte ausstrecken und immer wieder vor der Berührung zurückfahren, auch nachdem sie schon mehrfach ungestraft Früchte herausgerissen hatten.

Hier ist zuletzt der Stock sehr deutlich Waffe; denn Tschego steht in großem Zorn da, während sie draufloshaut, und tut dies ganz blind, im Gegensatz zu den ersten Bemühungen, sorgfältig die Früchte aus dem Drahtnetz herauszuholen. Indessen ist diese ernste

---

[1]) Ich gehe hier und sonst vom eigentlichen Thema unbekümmert etwas ab, wenn sich eine Gelegenheit darbietet, vom Schimpansen ein lebendigeres Bild zu geben.

Verwendung des Stockes als Waffe nur durch die Umstände bedingt, und er wird sonst als Waffe wohl nur im Spiel gebraucht, dies allerdings, wenn es die Mode mit sich bringt, recht häufig. — In den ersten Tagen, nachdem ich die Station übernommen hatte, waren Angriffe der Tiere durchaus keine Seltenheit; nachher habe ich verstehen gelernt, daß wohl keiner sehr ernst gemeint war. Dabei kam Grande, für deren seltsame Psyche ein neues Wesen in ihrer Umgebung immer wieder eine starke Erregung bedeutet, mehrmals aufrecht, mit weit abstehendem Haar, glühenden Augen, schwingenden Armen und in der Hand einen Stock, der natürlich das Fuchteln noch schrecklicher machte, allmählich auf mich zu, wie ein säbelschwingender Raufbold; aber nur eben in Unkenntnis der Tiere konnte ich meinen, Grande wolle einen wirklichen Angriff mit dem Stock machen. Zwar wird sie ähnlich immer verfahren, wenn der Anblick eines Fremden sie erregt, aber diese Erregung scheint doch nur zu einer Art Grausamkeitsspiel zu führen; denn es fällt ihr gar nicht ein, von den fürchterlichen Vorbereitungen zur ernsten Tat überzugehen. Läßt man sie ruhig gewähren, so trampelt sie noch eine Weile und schwingt ihre Waffe, aber am Ende hackt sie nur mit den Fingern der freien Hand ein wenig und gar nicht wie sehr böse nach einem und galoppiert dann ab; das Kriegspielen ist vorbei. Ganz ebenso geht es zwischen Tier und Tier zu: Nimmt eines einen Stock und geht drohend damit auf ein anderes zu oder sticht und haut wirklich nach ihm, so ist das sicher Spielen; nimmt auch der Angegriffene einen Stock, was bisweilen, aber nicht oft vorgekommen ist, und droht oder haut und sticht er auch seinerseits, so ist das schon ganz sicher Spiel; kommt aber dabei ein Mißverständnis vor und wird es ernst, so liegen die Waffen gleich am Boden und einer fällt über den andern mit Armen, Füßen und Zähnen her. Ob es sich um Spiel oder um Ernst dabei handelt, ist schon am Tempo sofort zu erkennen: Das Fuchteln mit Stöcken geht etwas ungeschickt und vergleichsweise langsam vor sich, wird Ernst aus dem Spiel, dann fährt der Schimpanse ohne Ausnahme wie ein Blitz auf den Gegner und hat gewiß keine Zeit für Stöcke.

<small>Soll jemand, der jenseits des Drahtgitters sich befindet, durchaus geärgert werden — und es ist wahrhaftig eines der größten Vergnügen der Schimpansen, einander oder andere Wesen zu ärgern —, so kann das schon dadurch geschehen, daß man vorsichtig heranschleicht und unversehens und plötzlich gegen das Gitter anspringt, aber viel mehr Freude macht es anscheinend, einen spitzen Stock beim Anschleichen mitzunehmen und ihn dem ahnungslosen Opfer plötzlich an die Beine, in den Leib oder, wohin es trifft, zu rennen. In dieser häßlichen Kunst ist wieder Grande Meisterin; Zuschauer, Hunde und Hühner sticht sie, sobald die Gelegenheit sich bietet. Weshalb? Nur Gassenjungen, welche an fremden Häusern klingeln und dann fortlaufen oder andere derartige Dinge treiben, können vielleicht diese Frage beantworten.</small>

Das Stechen der Hühner war in den Wochen, in denen diese Schrift abgeschlossen wurde, beherrschende Mode geworden. Wie es dabei zuging, das charakterisiert die Tiere zu gut, als daß ich es übergehen dürfte; ich bemerke ausdrücklich, daß hier jede der mitgeteilten Beobachtungen fortwährend nachgeprüft wurde. — Wenn die Schimpansen ihr Brot essen, sammeln sich regelmäßig die Hühner des Nachbargrundstückes am Gitter, vermutlich, weil bisweilen Krumen durch die Maschen des Netzes fallen, die sie dann aufpicken. Da die Schimpansen sich ihrerseits für die Hühner interessieren, so macht es sich, daß nun die Affen ihr Brot dicht am Gitter zu verzehren pflegen und dabei die Vögel mustern oder auch durch einen Tritt gegen das Netz verscheuchen. Daraus haben sich drei Spiele entwickelt, die ich nicht für möglich halten würde, wenn sie sich nicht Tag für Tag vor meinen Augen wiederholt hätten: 1. Der Schimpanse hält zwischen einem Biß und dem nächsten sein Brotstück in die weite Masche des Netzes, das Huhn nähert sich zum Picken, und wie es gerade zufahren will, zieht der Affe das Brot schnell wieder fort. Dieser Spaß wird an einem einzigen Mittag wohl an die 50 Male ausgeführt, mehrdeutig ist an ihm durchaus nichts; der Affe, dem kein Huhn nahe genug ist, beugt sich mit dem Brot in der Hand weit seitwärts bis an eines heran und wartet, den Köder in eine Masche gedrückt. Doch würden vielleicht sogar die Hühner nach ein paar Malen klug werden, wenn nicht zum mindesten einer der Schimpansen es noch weiter triebe. — 2. Rana, die Dümmste, füttert ohne jeden Zweifel die Hühner wirklich und durchaus absichtlich. Mitten in dem eben beschriebenen Spiel, an dem sie sich auch beteiligt, hält sie ihr Brot eine Weile in die Maschen und läßt ein Huhn eine ganze Reihe von Malen davon picken; dabei ruht ihr Blick mit einem Ausdruck von schlaffer Gutmütigkeit auf dem pickenden Tier. Da sie die Erschütterung jedes Pickens in der Hand fühlen muß, außerdem gerade den Vorgang betrachtet und dabei das Brot doch weiter ans Gitter hält, bis sie wieder selbst abbeißen möchte, so kann man wohl nur von Füttern des Huhnes sprechen. Wer, wie es merkwürdigerweise vorkommt, die höheren Tiere und besonders die Anthropoiden mit einer gewissen Gereiztheit betrachtet, kann übrigens einen Trost darin finden, daß es sich um ein Spiel und nicht das Ergebnis altruistischer Entschlüsse dabei handelt sowie, daß der Vorgang selten ist und auch bei Rana zu weichen droht vor einer letzten Modifikation[1]). — 3. Das Huhn wird mit dem Brot am Gitter nähergelockt, aber in dem Augenblick, wo es arglos zupicken will, rennt ihm die freie Hand desselben Schimpansen oder ein anderer, der daneben hockt, einen Pfahl oder, noch schlimmer, einen starken Draht in den ungeschützten Leib. Wenn zwei Schimpansen mit verteilten Rollen dies Spiel treiben, so haben sie sich gewiß nicht vorher verabredet; die Umstände bringen es so mit sich, daß die Tätigkeit von zweien zusammenpaßt; sie verstehen das und bleiben dabei.

Das Schlagen und Stechen mit dem Stock geht häufig in Werfen über. In großer Freude, z. B. wenn besonders schönes Futter gebracht wird, pflegt ein Tier das andere (oder anwesende Menschen) vor Erregung herumzuzerren, spielend zu beißen u. dgl. Chica nimmt in solchen Fällen gern einen Stock und schleudert ihn nachdrücklich

---

[1]) Nach Abschluß dieser Schrift: Der Vorgang wurde nochmals beobachtet. Alles geschah, wie beschrieben, nur kam als neuer Zug hinzu, daß erst Sultan und später Tercera Brotstücke nahmen, sie den Hühnern hinwarfen und dann mit großem Interesse zusahen, wie diese daran herumpickten. Das Werfen dabei war durchaus verschieden von dem weiterhin zu beschreibenden beim Angriff; statt eines Schleuderns mit Angriffsbewegungen ein ruhiges Hinwerfen unter gespanntem Hinschauen nach den herbeieilenden Hühnern. Noch einmal — ich hätte selbst nichts Derartiges erwartet; aber weder an der Tatsache noch an dem Sinn des Spieles bleibt der mindeste Zweifel. Mit anderer Nahrung als dem etwas gleichgültigeren Brot wird freilich nicht so gespielt. — Wie die Schimpansen bisweilen einander von ihrem Futter abgeben, ist an anderem Ort (Psychologische Forschung I, 1921) beschrieben.

auf Tschegos breiten Rücken. Dasselbe kommt oft genug im Spiel vor. Eine Zeitlang hatte ebenfalls Chica die Angewohnheit, an ruhig dasitzende Tiere, besonders wieder Tschego, von hinten heranzukommen, mit dem Geschoß in der Hand, dieses aus nächster Nähe zu schleudern und dann geschwind zu flüchten. Außer Stöcken wurden Rollen aufgewickelten Drahtes, wie sie als Abfall dalagen, Blechbüchsen, Hände voll Sand, aber mit besonderer Vorliebe Steine der verschiedensten Größen verwendet. Wenige Tage, nachdem wir die Station übernommen hatten, kletterte Tercera, einen Stein in der Hand, an einem Dachträger empor und warf so richtig nach einem der noch nicht recht anerkannten Neulinge, daß der Stein dicht an dessen Kopf vorüberflog. Damals wurde indessen sonst noch nicht sehr gut geworfen, gerade Tercera traf im Spiele meistens nur ungefähr die Richtung des Zieles, bisweilen flog der Stein vorzeitig aus der fuchtelnden Hand, und wie beim menschlichen Kinde dauerte es einige Zeit, bis die erforderliche Geschicklichkeit von Arm und Hand erreicht war. Im Sommer 1915 wurde das Steineschleudern so sehr Mode, daß ich bisweilen in einer Viertelstunde über zehn Steinwürfe zählen konnte, die Mehrzahl allerdings von einem und demselben Tier, der Turnerin Chica, welche allmählich sehr gut treffen gelernt hatte und diese Kunst an ihresgleichen wie am Menschen mit gleicher Freude übte. Manche Tiere werfen dagegen nie oder fast nie; so habe ich Tschego nicht dabei beobachten können, obwohl gerade sie als ein recht gefährliches Tier nur durch Steinwürfe von uns bestraft werden konnte, wenn sie gebissen oder sich sonst vergangen hatte; aber anstatt nun auch ihrerseits nach uns zu werfen, nahm sie den Stein, der sie getroffen hatte, und biß grimmig darauf[1]). Auch die kleinen Tiere mußten durch Steinwürfe verjagt werden, wenn sie (wie beim Ausbrechen hoch am Dach) durchaus nicht anders zu erreichen waren; aber man wirft doch vorsichtig, und so kam es, daß Chica sich angewöhnen konnte, die Steine oben aufzufangen und sofort mit weit geringerer Vorsicht zurückzuschleudern. Denn im Gegensatz zur Verwendung des Stockes als Hieb- und Stichwaffe zeigt das Schleudern von Steinen u. dgl. eine starke Tendenz, auch in großem Zorn, in der Form ernsten Waffengebrauches also, vorzukommen. Genau wie wir, wirft übrigens der Schimpanse nicht nur nach Objekten, die er wirklich treffen kann, sondern ebensogut z. B. gegen das Gitter, wenn jenseits ein scheltender Mensch, ein knurrender Hund usw. steht. Was im Augenblick vor allem erforderlich ist, nämlich eine

---

[1]) In Erwartung eines Wurfes werden die Arme vor den Kopf gehalten, auch wird dem Feind der Rücken zugekehrt; das Vorhalten der Arme erfolgt auch auf einen erschreckenden Knall von Raketen oder Schüssen hin.

heftige Entladung in Richtung des Ärgererregenden, wird ja auch so geleistet.

Da wir uns mitunter gezwungen sahen, mit Steinen nach den Tieren zu werfen, so ist es durchaus möglich, daß diese bei gleichem Tun nicht ganz unabhängig von unserm Vorbild waren. Indessen würde man irren, wollte man annehmen, daß diese Beeinflussung allein das Steinewerfen der Tiere einfach hervorgerufen habe. Um hier und in manchen Fällen sonst den Werkzeuggebrauch der Schimpansen recht zu verstehen, muß man folgende Erfahrungen wohl beachten:

Tschego warf nicht mit Steinen; aber wenn sie gescholten wurde, so konnte man bisweilen sehen, wie sie im Grimm, stampfend und den Kopf auf und nieder werfend, nicht nur mit ihren langen Armen Schlag- und Greifbewegungen auf den Scheltenden zu machte, sondern auch dabei in Kräuter hineingriff, sie heftig hin und her, auf und nieder riß, so daß die Stücke um sie herumwirbelten. Hatte sie ihre Decke gerade bei sich, so schlug sie bei gleichem Anlaß rasend mit dieser auf den Boden, aber immer — und das gilt auch vom Reißen und Schleudern im Kraut — hatten diese Ausbrüche, physikalisch und physiologisch gesprochen, eine starke Komponente auf den Feind zu; man konnte noch nicht von „Werfen oder Schlagen nach diesem" sprechen, aber das Tier war sichtlich auf dem besten Wege, eine Waffe zu gebrauchen. Die Erregung, die sich in Raufen und Schlagen an der mobilen Umgebung äußert, hat zugleich eine natürliche und starke Tendenz, Innervationen in einer ausgezeichneten, nämlich der feindlichen Richtung hervorzubringen. Daß aber diese Formen der Wutäußerung irgend etwas mit menschlichen Vorbildern zu tun hätten, halte ich für durchaus unwahrscheinlich; in einem solchen Zustande fällt sicher Nichtschimpansisches, sollte es einmal angenommen sein, gänzlich wieder ab. Auch das primitive Schleudern der Kleinen, wie es in der ersten Zeit bisweilen vorkam, sah fast einer heftigen Gefühlsäußerung ähnlicher als einem Waffengebrauch in unserm Sinn; dem widerspricht durchaus nicht, daß sie bereits ungefähr in Richtung des Angegriffenen warfen: der ist eben „Gefühlsobjekt"[1]).

Zornige Erregung ist jedoch gar nicht der günstigste Fall für die Beobachtung der sehr allgemeinen Erscheinung, um die es sich hier handelt; an sich vielleicht schwächere Affekte, die aber länger andauern als der schnell vergängliche Zorn, haben mehr Zeit, alle in ihnen liegenden Möglichkeiten zu entwickeln.

---

[1]) An einem kleinen, sehr lebhaften Orangmädchen wurden inzwischen (1916) alle Schattierungen vom ärgerlichen Herummachen mit Komponente auf den Feind bis zu vollendeter Waffenverwendung beobachtet.

Ein Schimpanse wird allein eingesperrt; die Kameraden kommen nicht gleich an sein Gitter, an sein Fenster, um ihn zu umarmen, wie er jammert und heult; da streckt er die Arme mit bittenden Bewegungen hinaus in ihre Richtung, und wie sie noch nicht kommen, stopft er seine Decke, Stroh, oder was sonst in seinem Raume liegt, zwischen den Stäben hindurch und schwenkt das alles in der Luft, aber immer nach den andern zu; schließlich, in dem größten Kummer, wirft er einen Teil der ihn umgebenden Mobilien nach dem andern in Richtung seiner Sehnsucht hinaus.

Sultan ist isoliert und muß zu Versuchszwecken ein wenig hungern; er sitzt klagend hinter seinem Gitter, während die andern fressen, konzentriert aber sein Jammern und Bitten bald auf Tschego, die mit einem großen Haufen Bananen in der Nähe hockt und sonst schon aufgestanden und herangekommen ist, um ihm von ihrem Überfluß abzugeben. Zuerst heult er nach ihr hin und streckt die Arme auf sie zu, auch wenn sie ihm den Rücken zuwendet, allmählich beginnt er aufgeregt zu hopsen und seinen Kopf hastig zu kratzen; kommt sie immer noch nicht, so schlägt er wohl an die Wand, die draußen an sein Gitter anschließt, oder auf den Boden, soweit er sich nach Tschego hin vorrecken kann; schließlich ergreift er Halme und Stöckchen und angelt in der Wunschrichtung, aber im Leeren, nimmt Steinchen und wirft sie, nicht nach Tschego, wie um sie zu treffen, sondern ein kurzes Stück in der Richtung auf sie zu.

Früchte liegen wie in vielen Versuchen jenseits des Gitters; das Tier hat keinen Stock, der genügend lang wäre. Zuerst greift es vergeblich hinaus und gibt erst nach einer Weile die nutzlosen Bemühungen auf. Aber der Hunger wächst, und schließlich fährt es wieder mit dem Arm durch das Gitter, ergreift Stäbchen und schiebt sie mit den Fingerspitzen auf das Ziel zu; am Ende wirft es sie sowie Steinchen, Halme, kurz, wieder alles Mobile klagend in der Richtung der Früchte hinaus. —

In allen drei Fällen ist keineswegs notwendig, auch gar nicht die Regel, daß der Zustand des Tieres in ohnmächtige Wut übergeht; sie sind dabei nicht zornig, sondern sehnen sich und wünschen.

Danach veranlaßt ein Wunsch, der räumliche Richtung hat, aber längere Zeit nicht erfüllt werden kann, schließlich Aktionen in jener Richtung, ohne viel Rücksicht auf praktischen Wert. Zwar kann Tschego durch Sultans Verhalten aufmerksam werden, aber da ebenso wie Tschego eine nicht erreichbare Frucht behandelt wird, so ist eine rein praktische Deutung im angedeuteten Sinn allein nicht ausreichend, und man wird sagen müssen: **In starkem Affekt ohne Lösung muß das Tier etwas in der Raumrichtung tun**, in der sein Wunschobjekt sich befindet; es muß sich schließlich irgendwie mit diesem in Verbindung setzen, wenn auch nicht praktisch-erfolgsmäßig, muß irgend etwas zwischen sich und ihm vollziehen, und wäre es so wertlos wie das Hinschleudern von beweglichen Gegenständen seiner unmittelbaren Umgebung. Alle Gefühle mit Raumrichtung haben die gleiche Eigenschaft (vgl. oben Zorn)[1]). — Es ist hier nicht der Ort zu zeigen, wie menschliche Kinder in ähnlichen Lagen dasselbe Verhalten beobachten lassen[2]), und Erwachsene nur durch erworbene Hemmungen daran verhindert werden, solange der Affekt nicht zu äußersten Extremen anwächst.

Die Schimpansen machen von früher Jugend an Nester. Das erwachsene Tschegoweibchen leistete hierin das Ordentlichste und Beste: Fand es abends auf seinem Schlaftisch Stroh aufgeschichtet, so setzte es sich darauf, bog eine Handvoll vom Rande schräg nach innen und setzte sich oder wenigstens seinen Fuß auf das umgebogene Ende; das wurde eine Weile ringsum fortgesetzt, bis ein Gebilde, ähnlich dem Storchnest, fertig war; die Decke wurde oft grob hineingeflochten, wenn es kalt war, zum Einhüllen gebraucht. Die Nester junger Tiere sind noch wesentlich unordentlicher und lockerer, das sorgfältige Umlegen des Randes fehlt meistens ganz. Geben sie sich einmal etwas größere Mühe, so sehen ihre Bewegungen beim Nestbereiten denen von Tschego ähnlich bis in kleine Züge, die durchaus nicht vom Material abhängen[3]). — Spielerisch werden Nester oft am Tage gebaut oder wenigstens angedeutet; eine große Menge verschiedener Dinge, Stroh, Gras, Zweige, Zeuglappen, Seile, ja Drähte werden anscheinend nicht dann zusammengerafft und verwendet, wenn das Bedürfnis nach einem Nest besteht, sondern lösen eher bestimmte Formgebungen aus, wenn sie da sind. Man kann z. B. sehen, daß Grünfutter in Ranken, ob es nun gewachsen vor den Tieren steht oder abgeschnitten herbeigebracht wird, damit sie es essen, auf dem Wege zum Mund gewissermaßen abirrt und als Nestanfang hingelegt wird; es läßt sich nicht behaupten, daß das sehr schön aussähe, ja mitunter wird man geradezu an Gewöhnungsdummheiten der Schim-

---

[1]) Bei Furcht ist die Aktionsrichtung genau um 180° gedreht, aber bekanntlich wieder sehr fest. Als müßten sie Kraftlinien folgen, rennen manche Tiere gerade vor dem Automobil und in seiner Fahrtrichtung fort, obwohl schon eine kleine Abweichung sie viel eher retten würde.
[2]) Vgl. jedoch unten S. 176.
[3]) Die Kleinen können zu Anfang höchstens in vereinzelten Fällen und ohne gleichzeitige Gelegenheit zum Nachahmen das Nestbauen Tschegos gesehen haben. Ich meine, sie brauchen dies Vorbild gar nicht.

pansen erinnert, wie sie bisweilen vorkommen und später beschrieben werden, oder auch an „fixe Ideen" bei Menschen. Jedenfalls sieht das Verhalten derselben Tiere bei der klaren Lösung einer Aufgabe ganz anders aus. — Handelt es sich um Material von Rankenform, und es ist wenig davon da, so zeigt sich die merkwürdige Erscheinung, daß keineswegs eine notdürftige Unterlage für den Körper beim Hocken zuerst hergestellt wird, sondern daß die Hauptsache ein Ring um das Tier herum ist, der allemal zu Anfang gebildet werden muß und, wenn das Material nicht ausreicht, ganz allein entsteht. Dann sitzt der Schimpanse zufrieden in seinem mageren Kreis, ohne ihn überhaupt zu berühren, und wüßte man nicht, daß ein Nestrudiment vorliegt, so könnte man meinen, das Tier bilde spielerisch die geometrische Form um ihretwillen. Stellt man einen Baum mit Laub fest auf dem Spielplatz der Tiere auf, so beginnt das Nestmachen unter Einbiegen der Zweige und Festlegen durch das Körpergewicht (vgl. oben) nach wenigen Augenblicken wie eine chemische Reaktion. Koko, der Winzige, der schon Monate von Afrika und schimpansischen Vorbildern entfernt war, konnte noch schlecht auf einen Baum hinaufkommen, als er aber 3 m hoch war, knickte er die Zweige um und machte sofort ein Nest. Danach kann hier einmal von der Äußerung eines „Instinktes" die Rede sein, während die Schimpansen sonst nicht viel beobachten lassen, was auf diesen Namen eines völlig ungeklärten Rätsels Anspruch hätte[1]). Sie stellen jedenfalls nicht die Tierform dar, bei der man die Untersuchung dieser Frage beginnen muß.

Eine große Anzahl verschiedener Gegenstände wird gern am eigenen Körper irgendwie angebracht. Fast täglich sieht man ein Tier mit einem Seil, einem Fetzen Zeug, einer Krautranke oder einem Zweig auf den Schultern dahergehen. Gibt man Tschego eine Metallkette, so liegt diese sofort um den Nacken des Tieres, Gestrüpp wird mitunter in größeren Mengen auf dem ganzen Rücken ausgebreitet getragen. Seil und Zeugfetzen hängen dabei gewöhnlich zu beiden Seiten des Halses über die Schultern zu Boden; Tercera läßt Schnüre auch um den Hinterkopf und über die Ohren laufen, so daß sie zu beiden Seiten des Gesichtes herunterbaumeln. Fallen die Dinge immer wieder ab, so werden sie auch mit den Zähnen gehalten oder unter das Kinn geklemmt, aber baumeln müssen sie auf jeden Fall. — Sultan hatte sich einmal angewöhnt, leere Konserven-

---

[1]) Geburt und Säuglingspflege beim Schimpansen sind erst neuerdings beobachtet und beschrieben worden (von Allesch, Berichte der Preuß. Akad. d. Wiss. 1921).

büchsen umherzutragen, indem er von der offenen Seite die Wand zwischen die Zähne nahm; die stramme Chica fand zu Zeiten Gefallen daran, auf dem Rücken schwere Steine zu befördern, sie fing an mit 4 deutschen Pfunden, und war bald bei einem kräftigen Lavastück von 9 Pfund angekommen.

Die Bedeutung dieser Dinge geht aus den Umständen und dem Verhalten der Tiere unzweideutig hervor: Sie spielen, und zwar nicht allein mit dem Gegenstand, den sie an sich hängen haben, sondern in der Regel auch mit den anderen Tieren; das Vergnügen dabei wird sichtlich durch die Drapierung erhöht. Man sieht zwar einen Affen nicht selten allein und doch behängt einhergehen, aber auch dann ist das Gebaren des Tieres meist spielerisch-wichtig oder mutwillig, wie das sonst gilt, wenn ein behängter Schimpanse mit allen Zeichen der besten Laune zwischen den andern herumstolziert oder wie drohend auf sie zugeht. Das erwachsene Tschegoweibchen war oft behängt, wenn es im größten Behagen, den Kopf mit weit offenem, aber — ganz im Gegensatze zum Angriff — in allen Muskeln schlaffem Munde auf und nieder schleudernd, mit mehreren der kleinen Tiere im Kreise herumtrottete: Daß die Gesellschaft dann wirklich spielte, konnte niemand verkennen, der sie unter heftigem Stampfen des großen Tieres bei jedem oder nur jedem zweiten Schritte[1]) und übertriebener Akzentuierung der Gangbewegungen bei den andern ihren Kreis hintereinander her marschieren sah. Ebenso trug Sultan zur Zeit jener Mode seinen Blechtopf vornehmlich im Munde, wenn er in spielender Drohung auf einen der Genossen oder auf Zuschauer jenseits des Gitters zuging.

Ein Beispiel, in welchem von Frohsinn und Spiel nichts zu bemerken war, beobachtete ich an Tschego, als sie eines Abends nicht zu gewohnter Stunde in ihren Schlafraum kam, sondern allein draußen bleiben mußte, während es immer dunkler und kälter wurde. Sie fing natürlich an, ein Nest zu machen, aber immer wieder wurde ihr ungemütlich, und sie streifte unruhig auf dem Platz umher; schließlich las sie alles, was von trocknen Blättern, Ranken u. dgl. zu finden war, sorgfältig auf und legte es sich auf den Rücken. Sie war dabei dauernd in schlechtester Stimmung.[2])

Sehen wir von Sultans Blechtopf und Chicas Athletenstein ab, bei denen starke Zweifel möglich sind, so gilt von den meisten übrigen Fällen — und der Zuschauer kann sich diesem Eindrucke durchaus nicht entziehen —, daß die am Körper hängenden Gegenstände Schmuckfunktion im weitesten Sinne haben. Das Trotten der

---

[1]) Daß Tschego im Kreisspiel das Gehen rhythmisch zu stilisieren anfängt, ist ebenso gewiß wie die Tatsache, daß es ihr in andern Fällen mehr auf die Raumform der Körperbewegung ankommt, während der Rhythmus zurücktritt.

[2]) Vgl. auch Psycholog. Forsch. I, S. 35 und Reichenow, Naturwissensch. 9, S. 73 ff. 1921.

behängten Tiere sieht nicht nur mutwillig aus, es wirkt auch als naiv-selbstgefällig. Freilich darf man kaum annehmen, daß die Schimpansen sich eine optische Vorstellung von ihrem eigenen Aussehen unter dem Einflusse der Toilette machen, und nie habe ich gesehen, daß die äußerst häufige Benutzung spiegelnder Flächen irgend Beziehung auf das Behängen angenommen hätte; aber es ist sehr wohl möglich, daß das primitive Schmücken gar nicht auf optische Wirkungen nach außen rechnet — ich traue so etwas dem Schimpansen nicht zu —, sondern ganz auf der merkwürdigen Steigerung des eigenen Körpergefühls, Stattlichkeitseindrucks, Selbstgefühls beruht, die auch beim Menschen eintritt, wenn er sich mit einer Schärpe z. B. behängt oder lange Troddelquasten an seine Schenkel schlagen. Wir pflegen die Selbstzufriedenheit vor dem Spiegel zu erhöhen, aber der Genuß unserer Stattlichkeit ist durchaus nicht an dem Spiegel, an optische Vorstellungen unseres Aussehens oder an irgend genauere optische Kontrolle überhaupt gebunden; wie sich so etwas mit unserem Körper mitbewegt, fühlen wir ihn reicher und stattlicher[1]).

Sultan mit der Blechbüchse im Munde stößt, wenn er auf andere Tiere oder auf Menschen zukommt, oft dunkle Laute aus, die in dem Hohlraum einen noch dunkleren Widerhall finden. Ist es hierbei noch fraglich, ob die akustische Wirkung der Büchse bemerkt und dann absichtlich ausgenutzt wird, so scheint doch gerade auf diese viel anzukommen, wenn einige der Tiere im Zustande der Erregung eine Kiste, eine Blechtrommel u. dgl. m. hinter sich her am Boden hinziehen und fürchterlich damit rasselnd gegen irgend jemand oder auch eine Wand angehen (vgl. z. B. S. 33f.). So treibt es besonders Grande, die durch verschiedene Umstände, bisweilen aber ohne für uns ersichtlichen Grund in einen ganz wunderlichen Erregungszustand geraten kann: Sie richtet sich auf, während ihr langes feines Haar sich nach allen Seiten sträubt, so daß sie wie eine schwarze Puderquaste aussieht, ergreift die Kiste oder den Blechkasten mit einer Hand, tritt funkelnden Auges und etwas nach vorn geneigt von einem Bein auf das andere, wobei im gleichen Rhythmus die Arme und womöglich das Instrument schwingen, und rast nach genügender Vorbereitung plötzlich gegen andere Tiere, gegen Menschen und gegen Wände. Ist das Tier überrannt, ist der Mensch zur Seite gegangen oder hat die Holzwand einen donnernden Tritt abbekommen, so glättet sich der gesträubte Pelz und die Erregung ist ausgetobt. In diesem Falle hat der Lärm mit Sicherheit etwas zu bedeuten; denn dasselbe Tier trampelt, wenn es grausam und schrecklich tut — in Wirklichkeit ist Grande die gutmütigste Seele — bisweilen so laut wie irgend möglich auf einer Kiste, und umgekehrt kann man sie durch Lärmen, insbesondere Trommeln auf einer Kiste, mitunter in ihren Erregungszustand versetzen. Die Erregungen kommen im Grunde bei den anderen auch ähnlich vor, aber nie nimmt der Verlauf des Rausches so dramatische Formen an wie bei Grande, die in den besten Fällen mit ihren abstehenden Haaren und den im Laufe starr abgespreizten Armen wie ein Segler vor voller Windkraft dahinfährt und Unerfahrenen einen gewaltigen Schrecken einflößen kann (vgl. S. 60).

---

[1]) Ganz ähnlich sind Ausführungen von H. Lotze im „Mikrokosmos" gerichtet, nur ist dort vom Zylinderhut die Rede, und auch diesen würden die Schimpansen mit Jubel verwenden.

Wohl auch mit dem Behängen verwandt ist das Tragen von allerhand Gegenständen zwischen Unterleib und Oberschenkel. Da werden nicht nur Nahrungsmittel untergebracht, wenn die Hände nicht ausreichen oder zum Klettern freibleiben sollen, sondern ohne äußeren Grund oft auch Büchsen, Hölzer, Steine, Lappen und allerhand Dinge, an denen die Tiere irgendwie Freude haben. Besonders Tschego lief ganze Tage mit einem eingeklemmten Gegenstand umher, den sie auch nicht entfernte, wenn sie ruhig dasaß. Einmal war es ein roter Lappen, den sie nicht von ihrem Schoße entfernte, ein andermal ein vom Meere rund und glatt geschliffener Stein. Eine Photographie, die ich ihr gab, um die Reaktion zu beobachten, sah sie eine Weile an, tastete mit ihren großen Fingern darauf herum und steckte sie dann „in die Hosentasche".[1]) Ist etwas hier untergebracht, so hält es schwer, es wiederzubekommen. Den glatten Stein z. B. hütete das Tier sehr sorgsam; hatte es damit am Boden gehockt, so drückte es ihn vorsichtig fest, wenn es sich erhob und den Platz wechselte; saß es wieder, so griff es oft nach ihm und legte ihn um; auf keinen Fall gab es ihn her, und abends nahm es ihn mit in sein Zimmer und in sein Nest.

Damit, daß wieder ein Spiel vorliegt, ist in diesem Fall nicht alles Notwendige gesagt. Denn man hat zu beachten, daß die Schoßgegend beim Schimpansen in mancher Hinsicht **viel mehr als das geometrische Körperzentrum** bedeutet, und das, obwohl die Geschlechtsteile, wenigstens der Weibchen, also auch Tschegos, weit nach hinten verschoben sind, so daß sie eher den Abschluß des Rückens bilden, als daß sie zum Schoß gehörten: Wenn ein kleines Tier z. B. Tschego begrüßt, so legt es meistens — es gibt seltenere Grußformen anderer Art — der Großen die Hand in den Schoß, geht die Armbewegung nicht so weit, so ergreift Tschego bei guter Laune, und wenn es sich um ihre Freundin Grande handelt, recht oft die Hand des anderen Tieres, drückt sie an ihren Schoß und klopft wohl auch freundlich darauf. Ganz dasselbe tut sie an liebenswürdigen Tagen mit uns, wenn wir an sie herantreten, preßt also die Menschenhand an eben die Stelle zwischen Oberschenkel und Unterleib, wo sie wertvolle Gegenstände einzuklemmen pflegt. Sie selbst legt zur Begrüßung ihre Riesenhand ebenfalls andern an den Schoß oder zum Teil noch zwischen die Oberschenkel, und sie ist geneigt, diesen Gruß ohne weiteres auch auf den Menschen zu übertragen.

<small>Wer in diesem Brauch etwas Schmutziges sähe, der würde den ganz und gar harmlosen Charakter wenigstens dieser Individuen hier verkennen. Die Tiere zoologischer</small>

---

[1]) Vgl. Psychol. Forsch. I, S. 41 ff.

Gärten sollen sich, wie man mir erzählt, bisweilen sehr häßlich benehmen; die Stationsschimpansen sind zwar große Schmutzfinken im gewöhnlichen Sinn (obwohl sie soviel Körperpflege treiben) und gewiß starke Koprophagen, aber ihre sexuelle Sauberkeit könnte kaum größer sein; nur den kleinen Koko sah ich in wütendem Hopsen, aber sonst nie, eine offenbar hierbei zufällig entstandene Masturbation vornehmen.

An diese ausgezeichnete Körperstelle, sozusagen das Innerste am Körper, wenn der Schimpanse in der gewohnten negerhaften Art dahockt, werden also jene Gegenstände geklemmt, und es sieht sehr merkwürdig aus, wie gerade das älteste und bei weitem am schwersten zu beeinflussende Tier immer wieder den wertvoll gewordenen Besitz, vor allem Zeugstücke und ähnliches, hier unterbringt.

Als einmal Klumpen weißen Tones auf den Spielplatz gebracht wurden, entwickelte sich ohne irgendwelche Anregung allmählich ein großes Malen, und bekamen die Tiere später wieder Ton, so war nach wenigen Augenblicken dasselbe Spiel im Gange. Wir sahen zu Anfang die Schimpansen den unbekannten Stoff anlecken; wahrscheinlich wollten sie den Geschmack prüfen. Auf das unbefriedigende Resultat hin wischten sie wie sonst in ähnlichen Fällen die vorgestreckten Lippen an dem nächsten besten Gegenstande ab und machten ihn natürlich weiß. Nach einer Weile war jedoch das Anpinseln von Balken, Eisenstangen und Wänden ein ganz selbständiges Spiel geworden, so daß die Tiere den Ton mit den Lippen aufnahmen, weiterhin auch Stücke im Munde zerrieben, dabei anfeuchteten und dann den Brei auftrugen, wieder Farbe machten, wieder malten usw. **Es kommt auf das Malen an und nicht darauf, Ton im Munde herumzuschmieren**; denn der Malende selbst und die übrige Gesellschaft, soweit sie nicht selbst zu sehr zu tun hat, sehen mit dem größten Interesse auf das Ergebnis. Bald hört auch, wie zu erwarten, die Pinselfunktion der Lippen auf, der Schimpanse nimmt den Tonklos in die Hand und malt sein Objekt jetzt viel schneller und sicherer weiß. Etwas anderes als große weiße Schmierflecken oder — bei besonders energischer Tätigkeit — eine vollkommen geweißte Balkenfläche ist hierbei freilich noch nicht zustande gekommen. In Zukunft können die Tiere auch einmal andere Farben erhalten. — Tschego strich gelegentlich mit großer Geduld ihre Unterschenkel an, aber in dem dunklen Fell kam ein rechter Effekt nicht heraus. —

Von dem Anfeuchten und Malen wird natürlich auch die ganze Mundpartie der Tiere allmählich weiß. Während aber bei dem oben geschilderten Behängen mit allerlei Schmuck die Tiere sich spielerischwichtig und selbstgefällig gebaren, benimmt sich ein Tier, dessen Gesicht weiß geworden ist, genau wie sonst: es handelt sich also um ein reines Nebenprodukt des Handwerks, von dem das Tier selbst kaum etwas wissen dürfte.

Das Umgehen der Schimpansen mit Dingen ist durch diesen Bericht zunächst genügend charakterisiert; einige Beobachtungen — über Flechten, Schlüsselgebrauch, Umgang mit spiegelnden Flächen — werden in anderm Zusammenhang mitgeteilt. Was in dem vorstehenden für ethnologische Fragestellungen von Interesse ist, wird dem Fachmann auch ohne weitere Hinweise auffallen.

4. WERKZEUGHERSTELLUNG

In allen Intelligenzprüfungen der hier verwandten Art kehrt ein Sachverhalt immer wieder: Betrachtet man ein einzelnes Bruchstück der „Lösungen" genannten Verläufe, z. B. den Anfang, allein für sich und ohne jede Rücksicht auf die übrigen Teile, so stellt es ein Verhalten dar, das gegenüber der Aufgabe, dem Erreichen des Zieles, entweder irrelevant zu sein oder gar von diesem fortzuführen scheint; erst wenn wir statt solcher Bruchstücke den Gesamtverlauf (oder in später zu behandelnden Fällen wenigstens sehr ausgedehnte Teilverläufe) im ganzen betrachten, ist dieses Ganze der Aufgabe gegenüber sinnvoll, und nun nimmt auch jedes der vorher in Gedanken isolierten Bruchstücke als Bestandteil dieses Ganzen, auf dieses bezogen, einen Sinn gegenüber der Aufgabe an.

Nur von einem Bruchstück gilt das nicht, nämlich von dem letzten, in welchem jedesmal auf Grund alles Vorhergehenden das Ziel einfach ergriffen wird; dies Bruchstück ist natürlich auch in isolierter Betrachtung sinnvoll.

Das Gesagte ist nicht Philosophie, auch keine Theorie der wirklich stattfindenden Vorgänge, sondern ein einfacher Satz, den jedermann ohne weiteres zugeben muß, der zwischen „sinnvoll gegenüber einer Aufgabe" und „nicht sinnvoll" zu unterscheiden weiß und geeignete Beispiele rein gegenständlich betrachtet.

Macht ein Mensch oder ein Tier einen Umweg (im gewöhnlichen Wortsinn) zum Ziel, so enthält der Anfang der Bewegung, für sich und ohne Rücksicht auf den weiteren Verlauf betrachtet, mindestens eine Komponente, die gegenüber dem Ziel irrelevant erscheinen muß, bei „starken" Umwegen kann man jedesmal Bruchstücke des Weges angeben, die, isoliert betrachtet, sinnwidrig sind; denn sie führen vom Ziel fort. Fällt die Unterteilung in Gedanken fort, so ist der ganze Umweg und in ihm jedes Stück, als Teil des ganzen Weges, unter den Versuchsumständen sinnvoll.

Hole ich ein sonst nicht zu erreichendes Ziel mit Hilfe eines Stockes heran, so gilt dasselbe: Isoliert und, ohne Rücksicht auf das weitere

Verhalten (die werkzeugmäßige Verwendung), ganz für sich betrachtet, ist es gegenüber dem Ziel eine gänzlich irrelevante Bewegung, wenn ich den in der Nähe liegenden Stock ergreife; sie bringt mich, immer natürlich in der fingierten Isolierung gedacht, meinem Ziel nicht im mindesten näher, ist also ohne Sinn in der Situation. In dem Gesamtverlauf belassen, trägt sie dagegen den Sinn eines sachlich notwendigen Teiles in einem sinngemäßen Ganzen.

Die gleiche Überlegung auf andere „Umwege" (im übertragenen Sinn) angewendet, zeigt denselben Sachverhalt bei diesen auf; und eben deshalb nennen wir sie alle „Umwege".

So liegen die Dinge für eine rein gegenständliche Betrachtung. Wie der Schimpanse in dergleichen Fällen wirklich zu seinen Lösungen kommt, ist eine andere Frage, die hier noch nicht untersucht werden soll. Wohl aber gehen die weiteren Versuche sämtlich darauf aus, Situationen herzustellen, in denen die mögliche Lösung komplexer wird, so daß die gegenständliche Betrachtung des Verlaufs in Bruchstücken noch mehr und noch deutlicher **Bestandteile** zeigen muß, **welche so isoliert genommen, ohne jeden Sinn gegenüber der Aufgabe sind, und ihr gegenüber nur wieder Sinn haben,** wenn sie im **Gesamtverlauf** betrachtet werden. Wie benimmt sich der Schimpanse in derartigen Situationen?

Eine Gruppe solcher Fälle, die im folgenden zu behandeln ist, pflegen wir mit dem Worte „Werkzeugherstellung" zu bezeichnen: Doch ist der Name aus rein praktischen Gründen hier in etwas weiterer Anwendung als gewöhnlich gebraucht; und zwar wird jede Nebenaktion, die ein zunächst in die Situation nicht glatt eingehendes Werkzeug „vorbehandelt", so daß es verwendbar wird, als eine „Werkzeugherstellung" angesehen. Die Vorbehandlung, welcher Art sie auch sein mag, stellt den neuen Bestandteil dar, welcher, als isoliertes Bruchstück herausgefaßt, mit dem Ziel überhaupt nichts zu tun hat, dagegen ihm gegenüber Sinn erhält, sobald er mit dem übrigen Verlauf, insbesondere der „Werkzeugverwendung" zusammen betrachtet wird.

I.

Nur als schwache Andeutung einer solchen Nebenaktion erscheint es, wenn Chica, im Kampfspiel hinter einem andern Tier herlaufend, einen Stein erblickt, ihn aufheben will, und als er nicht gleich vom Boden losgeht, klaubt, scharrt und zerrt, bis er frei wird; im selben Augenblick ist sie auch schon hinter dem Gegner her und schleudert den Stein nach ihm.

Eine wesentlich bedeutendere Leistung wurde bereits von Teuber beobachtet und kam später noch mehrmals vor: Sultan greift nach Gegenständen hinter einem Gitter und kann sie mit dem Arm nicht erreichen; er geht darauf suchend umher, wendet sich schließlich einem einfachen Schuhreiniger zu, der aus Eisenstäben in einem Holzrahmen besteht, und arbeitet eine Weile daran herum, bis eine der Eisenstangen herausgezogen ist; mit dieser eilt er sofort zu dem etwa 10 m entfernten eigentlichen Ziel und zieht es zu sich heran.

In diesem Fall ist wohl genügend klar, daß der Verlauf, in Stücken betrachtet, sogar mehrere in der Isolierung sinnlose Bestandteile aufweist. 1. Anstatt bei seinem Ziel zu bleiben, geht Sultan von ihm fort; das ist, für sich genommen, sogar sinnwidrig. 2. Er bricht einen Schuhreiniger der Station entzwei; das hat, allein für sich, überhaupt nichts mit dem Ziel zu tun.

Zu beiden Stücken ist jedoch, wie sie im tatsächlichen Verlauf enthalten sind, noch etwas zu bemerken: 1. Das Tier trabt durchaus nicht vom Ziel fort in der freien, unbekümmerten Art, die man in neutralen Momenten an ihm und den andern sieht, sondern es geht fort wie jemand, der eine Aufgabe hat. Und hier bitte ich noch einmal dringend, nicht von „Anthropomorphismus", von „Hineinlegen in das Tier" u. dgl. zu sprechen, wo nicht der mindeste Grund für derartige Vorwürfe ist. Ich frage: Sieht es anders aus, wenn jemand unbeschäftigt umherschlendert, als wenn er die nächste Apotheke oder einen verlorenen Gegenstand sucht? Unzweifelhaft sieht es anders aus. Ob wir den Gesamteindruck in den beiden Fällen genau zu analysieren vermögen, ist eine Frage, die mit dieser Tatsache gar nichts zu tun hat. Ich sage nun: Beim Schimpansen treten die beiden hier einander gegenübergestellten Gesamteindrücke genau so auf wie bei Beobachtung von Menschen; und diese Eindrücke, die gar nichts in den Schimpansen Hineingelegtes sind, sondern zur elementaren Phänomenologie des Schimpansenverhaltens gehören, sind gemeint, wenn es einmal heißt: „Sultan trottete munter umher" — das andere Mal: „Er ging suchend über den Platz". Ist das ein Anthropomorphismus, so enthält auch der folgende Satz einen solchen: „Der Schimpanse hat die gleiche Zahnformel wie der Mensch." Um gar keinen Zweifel über die Bedeutung des Ausdrucks „suchend umhergehen" zu lassen, füge ich noch hinzu, daß damit über das Bewußtsein des Tieres gar nichts ausgesagt wird, sondern allein über sein „Verhalten". — 2. Beim Herumarbeiten am Schuhreiniger ist Sultans Tätigkeit ganz auf das Loslösen eines der Eisenstäbe aus dem Brett konzentriert; aber auch so genauer beschrieben, bleibt diese Handlung gegenüber dem eigentlichen Ziel irrelevant, solange man sie isoliert betrachtet.

In der Zeit, da Koko seine Kiste nicht mehr zu verwenden wußte, kam er einmal, als das Ziel wieder hoch an der Wand hing, auf dasselbe Verfahren wie Sultan. 4 m entfernt lag vor einer Tür ein Schuhreiniger genau wie der erwähnte. Nach einem langen Blick auf die Kiste, der aber nicht zu ihrer Verwendung führte, wandte sich Koko ab, erblickte den Schuhreiniger, lief hin und begann mit aller Kraft an ihm zu reißen, bis die Nägel, mit denen er am Boden befestigt war, endlich nachgaben. Befriedigt schleppte er darauf das schwere Brett auf das Ziel zu, wurde aber unterwegs durch einen Pfiff in der Nähe erschreckt und ließ seine Last fallen, so daß nicht zu ersehen war, was weiter geschehen sollte. Bald darauf aber wandte er sich abermals dem Brett zu, stellte sich auf eine der Längskanten und riß und rüttelte mit aller Macht an den eisernen Stöcken, vermutlich, um sie loszureißen; da er jedoch zu schwach war und auch nicht sehr praktisch zu Werke ging, so mußte er seine Bemühungen schließlich einstellen.

(17. 2. 14.) Jenseits eines Gitters liegt, mit dem Arm nicht erreichbar, das Ziel; diesseits ist im Hintergrunde des Versuchsraumes

ein abgesägter Rizinusbaum aufgestellt, dessen Zweige sich einigermaßen leicht abbrechen lassen: Den Baum durchs Gitter zu zwängen, ist wegen seiner sperrigen Form nicht möglich, auch würde nur ein größerer Affe ihn ohne Beschwerden überhaupt bis an das Gitter schleppen können. Sultan wird herbeigebracht, sieht das Ziel zunächst nicht und lutscht, gleichgültig um sich schauend, an einem der Baumzweige; auf das Ziel aufmerksam gemacht, nähert er sich dem Gitter, wirft einen Blick hinaus, dreht sich im nächsten Moment um, geht geradeswegs auf den Baum zu, packt einen dünnen, schlanken Ast, bricht ihn mit scharfem Ruck ab, eilt auch schon ans Gitter zurück und erreicht das Ziel. Der Verlauf vom Umwenden zum Baum bis zum Heranziehen der Frucht mit dem abgebrochenen Ast ist eine einzige, und zwar schnell absolvierte Handlungskette, ohne den mindesten „Hiatus" und ohne die geringste Bewegung, die nicht, sachlich gesprochen, in die geschilderte Lösung hineingehörte.

Bei einer Wiederholung gleich darauf lief nicht alles so glatt ab, doch war nicht Sultan hieran schuld. Der Ast wurde in Sultans Abwesenheit entfernt, das Ziel erneuert, Sultan wieder zugelassen. Sofort riß er einen zweiten Ast ab, versuchte aber vergeblich, das Ziel damit zu erreichen; denn der Ast hatte vom Absägen des Baumes her einen Knick in der Mitte. Er zog ihn durchs Gitter zurück, biß ihn an der Knickstelle durch und arbeitete mit der einen Hälfte weiter, aber auch das umsonst; denn jetzt war das Werkzeug zu kurz.

Zu dem Durchbeißen an der geknickten Stelle ist zu bemerken: Die kleinen Tiere betrieben es sämtlich als Spiel, mit Strohhalmen in Löchern und Fugen von Wänden herumzustechen; der schwache Strohhalm knickte dabei immerfort ab und ebensooft wurde auch durch Abbeißen das Spielzeug wieder brauchbar gemacht, bis es schließlich zu kurz war. — In dem Versuch ist das Durchbeißen der Knickstelle richtig und falsch zugleich, jenes, weil die Hälfte besser „Stock" im funktionellen Sinn ist, dieses, weil auch ohne Abbeißen die Hälfte als genügendes Werkzeug hätte dienen können, wäre sie lang genug gewesen.

Für den erwachsenen Menschen mit seinen mechanisierten Lösungsmethoden ist in manchen Fällen, und so hier, der Nachweis erforderlich, daß eine Leistung und nicht eine Selbstverständlichkeit vorliegt; daß das Abbrechen eines Astes von dem zunächst gegebenen Baum als ganzen eine Leistung über den einfachen Stockgebrauch hinaus bedeutet, zeigen sogleich Tiere von etwas geringerer Begabung als Sultan, die aber die Verwendung von Stöcken schon kennen.

Am gleichen Tage wird Grande geprüft. Sie greift mit dem Arm hinaus, aber alle ihre Anstrengungen sind vergeblich, sie kommt nicht an. Schließlich tritt sie vom Gitter zurück, wandert langsam durch den Raum und hockt bei dem Baum nieder, an dessen Zweigen sie eine Weile gleichmütig herumkaut. Wenn sie so „am Baum landet" und auch an ihm beißt, so entsteht doch keineswegs der Eindruck, als habe das irgend mit dem Ziel zu tun, welches überhaupt nicht mehr beachtet wird. Nach längerem Warten, während dessen nicht eine Spur der Lösung zu beobachten ist, wird der Versuch aufgegeben. — Ich erwähne noch, daß Grande älter und viel stärker ist als Sultan, so daß sie mit der größten Leichtigkeit einen Ast abbrechen könnte.

Vier Monate später (16. 6.) wird der Versuch mit ihr wiederholt; ihre Gewöhnung an das Verwenden von Stöcken hat inzwischen sehr zugenommen. Der Baum, bestehend aus drei nicht weiter verzweigten starken Ästen, die von einem dicken Stamm ausgehen, liegt ganz hinten im Raum, so weit wie möglich von dem Gitter und damit zugleich vom Ziele entfernt (etwa 5 m). Grande versucht zunächst, einen Eisenstab, der als provisorischer Riegelbolzen an einer Tür des Raumes angebracht ist, aus seinen metallenen Befestigungsringen herauszuziehen. Als ihr das nicht gelingt, sieht sie sich im Raume um und bleibt dabei mit dem Blick eine Weile an dem Baum haften, sieht aber dann wieder fort und bemerkt einen Tuchstreifen dicht vor dem Gitter; diesen ergreift sie und macht Anstalten, damit das Ziel heranzuschlagen (vgl. oben S. 25). Als er ihr fortgenommen wird, rüttelt sie abermals an der Eisenstange, schaut sich, als diese nicht losgeht, wieder den ganzen Raum und besonders im Hintergrunde den Baum an, erblickt einen Stein am Boden, holt ihn ans Gitter und bemüht sich vergeblich, ihn zwischen den Stangen hindurchzuzwängen; sichtlich soll er als Stockersatz dienen. Nach einem weiteren Blick rückwärts geht sie endlich auf den Baum zu, lehnt sich mit einer Hand an die Wand, stemmt die andere und einen Fuß gegen den vordersten der Äste, bricht ihn mit einem Ruck ab, kehrt sofort ans Gitter zurück und erreicht das Ziel. — Zur Erläuterung ist hier zu bemerken: Die schwarze Eisenstange, obwohl praktisch viel stärker befestigt als die Äste am Baum, hebt sich von der Tür aus Holz optisch ohne weiteres als ein selbständiger Gegenstand ab, zumal ihr eines Ende von der Tür fort in den Raum hineingebogen ist. Einen Ast des Baumes von diesem gewissermaßen als Stock „loszusehen", ist schon schwerer, und so hat Grande ja auch zweimal den Baum betrachtet, ohne daß dieser Erfolg eingetreten wäre. Von dem Augenblick an, wo sie auf den Baum zugeht, ist dagegen der Verlauf genau so geschlossen und „echt" wie bei Sultan.

(1. 3. 14.) Tschego hat an den vorhergehenden Tagen und sogar am Vormittag vor dem zu beschreibenden Versuch Stöcke als Werkzeug verwendet. — Ein Baum wird etwa 2 m vom Gitter entfernt

niedergelegt, dann Tschego in den Versuchsraum gelassen. Sie beachtet den Baum zunächst nicht, sondern geht, als sie das Ziel sieht wie früher in ihren Schlafraum, holt ihre Decke, stopft sie zwischen den Gitterstäben durch, wirft sie auf das Ziel und sucht es auf diese Weise heranzuziehen. Denn die Decke erlaubt zwei Verwendungsarten, die beide zum Erfolg führen können: Heranschlagen (vgl. oben S. 25) und Heranziehen, nachdem die Decke auf das Ziel geworfen ist. — Das Tuch wird ihr fortgenommen, sie ergreift alsbald den Baum und strengt sich sehr an, ihn, wie er da ist, durch das Gitter hindurchzubringen. Als das nicht gelingt nimmt sie ein Bündel Stroh in die Hand, führt es „als Stock" hinaus und sucht mit ihm das Ziel heranzuziehen. Wie das Bündel sich zu weich erweist und das Ziel beim Heranziehen nicht mitnimmt, packt sie das Stroh in der Mitte mit den Zähnen, am Ende mit der Hand und biegt die eine Hälfte herüber, so daß ein halb so langes, aber unvergleichlich festeres Bündel, eine Art wirklicher Stock vielmehr, daraus wird; diesen verwendet sie sofort, und zwar, da die Länge noch ausreicht, mehrmals mit vollem Erfolg. — Der Verlauf vom Hereinnehmen des zu weichen Strohbündels bis zur Verwendung des gehärteten ist durchaus einheitlich, er dauert wenige Sekunden. — So hat sich eine andere Art Werkzeugherstellung ergeben, als erwartet wurde; Tschego hat keinen Augenblick Anstalten gemacht, einen Ast des Baumes abzubrechen, dagegen zugleich deutlich gezeigt, daß sie die Stockverwendung an und für sich während des Versuches „präsent hatte". — Unter dem „Baum" darf man sich hier übrigens nur ein sehr kleines Exemplar vorstellen, das Tschego noch recht gut als ganzes regieren kann. So erklärt es sich, daß sie dieses Ganze als Stock benutzen will; aber daß sie damit ohne weiteres gegen das Gitter fährt, als könnte sie es so hinausbringen, dies grobe Verfahren wird freilich durch die Dimensionen des Bäumchens doch nicht gerechtfertigt.

Am folgenden Tage wird die Prüfung wiederholt; das Bäumchen liegt genau an derselben Stelle wie Tags zuvor am Anfang. — Tschego benutzt ein Strohbündel als Stockersatz, faltet es, als es zu weich ist, ebenso wie im ersten Versuch zu doppelter Dicke und größerer Festigkeit, und als es diesmal auch nach dem Umknicken noch zu biegsam bleibt, wiederholt sie eilig das Verfahren, so daß das Bündel, nun vierfach liegend, außerordentlich fest wird. Zugleich aber ist es nun zu kurz, und Tschego bemüht sich bald wieder, den ganzen Baum durch das Gitter zu drängen. Als auch das natürlich nicht gelingt, kehrt sie zur Strohverwendung zurück und sitzt nach vielen Mißerfolgen schließlich still da. Aber ihre Augen wandern und haften bald auf dem Bäumchen, das sie vorher etwas rückwärts hat liegen lassen. Mit einem Male und ganz abrupt packt sie zu, knickt schnell und sicher einen Ast ab und zieht sofort das Ziel damit heran. Zu den früheren Versuchen, den Baum durchs Gitter zu drängen, hat dies Verfahren keine Beziehung. Beim Abbrechen des Astes kehrt Tschego dem Gitter die eine Seite zu, das Bäumchen berührt das Gitter überhaupt nicht und wird auch weder als ganzes aufgenommen, noch gar auf das Gitter zu bewegt; es handelt sich um nichts als eben um das **Abbrechen des Astes**.

In diesem Versuch ist wieder besonders auffällig: So lange Zeit hindurch hat sich von der erwarteten Lösung nicht die geringste Andeutung gezeigt; als dann endlich das Abbrechen des Astes ganz plötzlich erfolgt, geht es ohne „Hiatus" in das Hinausführen des entstandenen Stockes über, **beides zusammen stellt einen in sich geschlossenen Verlauf dar.**

Koko brachte Lösungsversuche dieser Art von vornherein vor, als wir noch gar nicht darauf aus waren, solche Prüfungen mit ihm vorzunehmen. Am ersten Tage seiner Stockversuche (vgl. oben S. 23 f) hatte er durch eine ungeschickte Bewegung das Ziel noch weiter fortgestoßen, so daß er es mit dem Stock nicht mehr erreichen konnte, und erst recht nicht mit einem Stengel, der in seiner Nähe lag. Er wandte sich also einem Geranienbusch am Wegrande (seitlich) zu, ergriff eine der Ranken, brach sie ab und ging damit zum Ziel hin; unterwegs pflückte er eifrig ein Blatt nach dem andern ab, so daß nur die lange Ranke übrig blieb; mit dieser versuchte er dann (vergeblich) das Ziel heranzuziehen. — Das Abreißen der Blätter ist richtig und falsch zugleich; **dieses**, weil der Zweig davon praktisch nicht länger wird, **jenes**, weil so **optisch** die Längsdimension besser herauskommt und die Ranke hierdurch **optisch** mehr zum „Stocke" wird. Wir werden noch sehen, wieviel für den Schimpansen (bei seinen Lösungsversuchen im allgemeinen) auf derartige optische Umstände ankommt, die bisweilen geradezu den Sieg über praktische Rücksichten davontragen. — Davon, daß Koko etwa die Blätter nur spielend abrisse, kann nicht die Rede sein; Blick und Bewegungen zeigen deutlich, daß er während des Vorganges schon ganz auf das Ziel gerichtet ist: es handelt sich um eine Vorbereitung des Werkzeugs. Spielen sieht ganz anders aus; auch habe ich noch nie einen Schimpansen, der (wie Koko hier) in seinem Gehaben den fortwährenden Drang nach dem Ziel deutlich offenbart, zu gleicher Zeit spielen sehen.

Zwei Tage später, als gerade die Kistenverwendung verlorengegangen ist, langt Koko zuerst vergeblich mit der Hand nach dem Ziel hinauf; dann sieht er sich suchend um, geht plötzlich auf eine stark bewachsene Laube zu (3 m vom Ziel entfernt), klettert an deren

Gestänge in die Höhe bis an eine Stelle, wo eine holzige Ranke aus dem Gezweig optisch stark hervortritt, beißt die Ranke, deren Ende weithin im Gestrüpp verwachsen ist, erst an einer Stelle, dann etwa 10 cm weiter noch einmal durch, klettert schnell wieder herab, läuft unter das Ziel, bleibt aber hier, ohne das mitgebrachte Stäbchen zu benutzen, etwas verdrießlich sitzen und lutscht an dem Holz herum. Es ist viel zu kurz. — In diesem Fall ist der Verlauf vom Aufbruch zur Laube bis zur Rückkehr unter das Ziel eine geschlossene Abfolge. — Daß ein Schimpanse nach einem Blick auf die zu überwindende Distanz die Verwendung zu kleiner Werkzeuge unterläßt, kann man immer wieder sehen (vgl. oben S. 33); Voraussetzung ist, daß er nicht in starkem Affekt handelt (vgl. oben S. 64).

Die Tiere selbst variieren dies Verfahren und bringen oft unerwarteterweise verwandte Lösungen vor. So sieht man, daß sie, um einen Stock verlegen, auf ein Stück Drahtgeflecht aufmerksam werden, das zum Teil losgetrennt ist und dadurch streifenförmig, also einem Stock entfernt ähnlich, von der Umgebung absteht; sie geben sich dann große Mühe, es ganz abzureißen, und haben wohl auch Erfolg dabei. Viel häufiger kommt es vor, daß sie in gleicher Lage auf eine Kiste, ein Brett u. dgl. zugehen, mit Händen, Füßen und Zähnen einen Holzsplitter abtrennen und diesen dann als Stock verwenden. Fälle, wo das Tier ohne Rücksicht auf das Ziel und nur aus Spielerei an der Kiste, dem Brett herummacht, bis ein Splitter entsteht, außerdem nachher, wenn es sich wieder auf das Ziel zuwendet, diesen Splitter als Werkzeug benutzt — solche Fälle sind natürlich mit aller Strenge auszuschließen, und ich bin in dieser Schrift so vorgegangen, daß das mindeste Verdachtsmoment als den Versuch entwertend angesehen wurde.

Zu dem Losbrechen von Kistenteilen u. dgl. ist eine Bemerkung zu machen: Für den Schimpansen ist nicht alles ohne weiteres „Teil", was es für den Menschen ist. Hat eine Kiste ihren Deckel nur noch zur Hälfte, und besteht diese Hälfte aus einzelnen Brettern, so wird sich der Schimpanse nicht immer gleich verhalten, wie immer diese „Teile" zusammenstehen. Sind die einzelnen Bretter so nebeneinander auf die Kiste genagelt, daß sie eine geschlossene Fläche ohne auffallende Fugen bilden, so wird der Schimpanse hier nicht leicht „mögliche Stöcke" sehen, auch wenn er deren dringend bedarf; ist aber das letzte Brett nach der offenen Kistenhälfte hin so aufgenagelt, daß ein Spalt es von dem Nachbarbrett trennt, so wird es alsbald losgerissen (vgl. oben). Es gibt wohl eine Art optischer Festigkeit, die das Abtrennen als Intelligenzleistung ebenso erschwert, wie die stärksten Nägel das Losreißen praktisch verhindern. Denn die optische Festigkeit scheint nicht so zu wirken, als ob sie dem Schimpansen sagte: dies Brett sitzt fest — sondern so, daß er überhaupt kein Brett „als Teil" sieht. Wir sind zwar hierin nicht prinzipiell vom Schimpansen verschieden, aber wir trennen doch im Bedarfsfall viel festere optische Verbände auf, oder genauer: Unter gleichen objektiven Bedingungen trennt sich wohl der optische

Verband für den erwachsenen Menschen leichter auf als für den Schimpansen, so daß jener im Bedarfsfall viel eher „Teile" sieht als dieser[1]).

Mit einiger Reserve möchte ich dem eine noch weiter gehende Bemerkung anschließen: Es scheint nach mehreren Beobachtungen so, als brauche der optischen Festigkeit eine praktische Befestigung (im technischen Sinn) gar nicht zugrunde zu liegen und ein Gegenstand gar nicht „in Wirklichkeit" Teil eines andern zu sein, damit er für den Schimpansen wie festgenagelt an der Umgebung wirkt und überhaupt nicht als selbständiger Gegenstand gesehen wird. Stellt man ein beliebtes Werkzeug, ein Fenstergitter, einen kompakten Tisch o. dgl. so auf, daß dieser Gegenstand sich optimal seiner Umgebung angliedert, z. B. den Tisch sorgfältig mit seiner einen Ecke in den rechten Winkel eines Raumes, das ebene Gitter an eine Wand, so daß es ihr vollkommen anliegt, so kann man bisweilen den nach Werkzeugen suchenden Schimpansen an dem Gegenstand vorbeigehen sehen, als wäre er nicht vorhanden. Dabei ist der Gegenstand nicht etwa versteckt, sondern bildet nur mit seiner Umgebung ein optisch sehr festes Ganzes. Ich habe nicht viele derartige Erfahrungen machen können, aus dem einfachen Grunde, daß ich Versuchslösungen zunächst nicht verhindern, sondern durch die Umstände einigermaßen begünstigen wollte. Wahrscheinlich wird jeder Experimentator es bei gleicher Absicht ohne viel Überlegung vermeiden, etwa die Kiste, die als Werkzeug in Betracht kommt, in einer Raumecke optisch maximal festzulegen. Geht man dagegen auf theoretische Klärung aus, nachdem man einmal weiß, was der Schimpanse leistet, dann ist jeder Versuch, in welchem es gelingt, die sonst erfolgte Lösung zu verhindern, von der größten Bedeutung.

Das Vorstehende hängt mit Ausführungen M. Wertheimers[2]) offenbar zusammen, in denen von der Wirksamkeit ausgezeichneter und zwingender Gestalteindrücke die Rede ist.

II.

Jenseits des Gitters ist wieder das Ziel außer Reichweite; im Raum selbst liegt dem Gitter nahe ein Stück starken Drahtes, das jedoch oval aufgewunden und deshalb zum stockähnlichen Gebrauch zu kurz ist; außerdem ist von andern Versuchen her noch eine kleine Kiste stehengeblieben (16. 3. 14). Sultan wird herbeigebracht, scheint den Draht nicht zu sehen, bleibt eine Weile ratlos und bricht dann ein Deckelbrett von der Kiste los, mit dem er sogleich das Ziel heranzieht. Da diese Lösung bereits gut bekannt ist, wird das Brett entfernt und ein neues Ziel hingelegt. Sultan sieht sich um, wird aber auf den Draht noch nicht aufmerksam, sondern wendet sich einem halb abgetrennten Stück Drahtgeflecht an der Wand zu, reißt es ab und strengt sich vergeblich an, damit das Ziel zu erreichen; es ist zu kurz. — Nunmehr scheint es genügend klar, daß das Tier den aufgewundenen Draht, der sich schlecht vom sandigen Boden abhebt, überhaupt noch nicht gesehen hat. Es wird eine Aufmerk-

---

[1]) Ist der Gegenstand schon sehr häufig verwendet worden, so mindert sich anscheinend die Wirksamkeit der rein optischen Festlegung stark; es geht damit ebenso, wie mit dem Einfluß des früher erwähnten Entfernungs- und Konfigurationsfaktors (Lage von Ziel und Werkzeug zueinander).

[2]) Experimentelle Studien über das Sehen von Bewegung. Ztschr. f. Psychologie, Bd. 61, S. 161ff. Vgl. S. 253 ff. Ich bin bei meinem Thema, auch wo das durchaus nicht zu erwarten war, auf immer neue Beziehungen zu dieser Schrift gestoßen.

samkeitshilfe gegeben, indem der Draht ohne besonderen Hinweis, und ohne daß Sultan dabei anscheinend Beachtung fände, einen Augenblick vom Boden aufgenommen und sogleich wieder niedergelegt wird: Das Tier nimmt ihn sofort, reißt ungeduldig und unordentlich mit den Zähnen daran, der Draht biegt sich etwas auf, das Tier ergreift das betreffende Stück mit den Händen, biegt es noch weiter gerade und holt mit dem Draht, der noch halb Rolle und nur teilweise geöffnet ist, das Ziel heran. — Die Lösung ist dem Verlauf nach unzweifelhaft echt, aber das Verfahren beim Drahtöffnen weicht stark von dem eines erwachsenen Menschen ab: Es setzt mit einer Behandlung der Drahtrolle im ganzen ein, so daß in ihrer Längsachse blindlings gezogen wird, ohne Rücksicht auf das Zueinander der Windungen; als dann unter dem Zug der Zähne ein Teil der Rolle (ein freies Ende) sich aufbiegt, wird dieser für sich vollkommen klar weiter gestreckt; während aber der Mensch sich nicht zufrieden geben würde, ohne, sozusagen der Ordnung halber, den Draht zu Ende zu strecken, kennt Sultan offenbar solche Rücksichten nicht, sondern verwendet das Werkzeug, sobald es nur im groben funktionstüchtig ist.

Der frühere Versuch mit dem Turnseil wird erschwert: Zwar befindet sich das Ziel etwa an gleicher Stelle (etwa 2,50 m) vom Turngerüst entfernt, aber das Seil hängt nicht frei herab, sondern ist von seinem Haken aus in drei festen Windungen um den oberen Querbalken gelegt, in dem der Haken festsitzt. Die Windungen verlaufen klar und ordentlich, überschneiden sich nicht und geben für den menschlichen Beschauer ein vollkommen übersichtliches Bild. Das freie Ende des Seiles bildet jetzt den vom Ziel am meisten entfernten Teil und hängt vom Querbalken nur 30 cm herab. — (10. 4. 14.) Sobald Chica das Ziel erblickt, klettert sie auf das Gerüst, packt die mittlere Windung des Seiles unterhalb des Querbalkens an und zieht einmal nach unten, dann ein zweites Mal mit vermehrter Kraft, so daß das recht steife Seil bis auf die eine Windung zunächst dem Haken zu herüberschlägt und herabhängt; ohne sich um diese letzte Windung zu kümmern, versucht das Tier jetzt sofort, sich zum Ziel zu schwingen und kommt zweimal hintereinander nicht an, da das Seil so zu kurz ist und nicht recht in Schwung gerät; anstatt dem Mangel abzuhelfen, nimmt Chica ein drittes Mal noch stärker Abstoß am Turngestell, springt bei äußerster Exkursion vom Seil fort, durch die Luft und auf das Ziel zu, packt es und reißt es im Sturz mit herunter. — Von diesem Turnerstück abgesehen, wirkt der Verlauf wie eine Übertragung von Sultans eben beschriebenem Verhalten auf die andere Versuchsart: Die Lösung ist echt, und die energische

Bemühung, das Seil herabhängen zu machen, tritt auf, sobald das Tier die Situation überschaut hat; aber auf die Struktur der Windungen nimmt es dabei gar keine Rücksicht, packt einfach mitten in das Seil hinein und reißt nach unten. — Daß die letzte Windung trotz ihrer störenden Wirkung ganz unbeachtet bleibt, macht die Analogie vollkommen. Obwohl es zur Lösung führt, sieht das Verhalten zunächst fahrig und unordentlich aus.

Am gleichen Tage wird auch Sultan selbst geprüft. Er macht von vornherein einen sehr lässigen, trägen Eindruck, bemüht sich wenig um das Ziel, klettert aber nach einem Versuch, Stöcke zum Schlagen zu verwenden, doch auf das Gerüst und schlägt das Seil in fauler Bewegung um eine Windung zurück: Sichtlich ist er nicht recht bei der Sache; gleich danach läuft er überhaupt fort, um zu spielen. Als er nach einer Weile wiederkommt, ergreift er von neuem das Seil, aber an dem frei herabhängenden Ende, so daß beim Ziehen nach unten die Windungen noch fester werden, und zieht ganz matt. — Nach 20 Minuten wird der Versuch als unklar abgebrochen: Das Tier ist zu schläfrig, bei der Mattigkeit aller Bewegungen bleibt unklar, inwieweit sie zusammengehören, was die einzelnen Phasen seines Verhaltens bedeuten[1]). Nach Sultans Art, die Drahtrolle auseinanderzuzerren, besteht jedoch die Möglichkeit, daß das Seil herabgezogen werden sollte, daß aber beim zweiten Male der Angriffspunkt blindlings und ohne jede Rücksicht auf die Struktur, objektiv sogar diesmal strukturwidrig, genommen wurde.

Die eifrige Rana läßt es nicht zu solchen Zweifeln kommen. (23. 4.) Das Seil ist (in etwas festeren und engeren Windungen) viermal um den Querbalken geschlagen, die einzelnen Windungen überschneiden oder berühren sich nicht. — Rana erblickt das Ziel, klettert sofort auf das Turngerüst, hängt sich mit den Händen an den Querbalken, dort wo sonst das Seil herabhängt und deutet ganz unverkennbar die Bewegung des Schwungnehmens auf das Ziel hin an. Gleich darauf beginnt sie am Seil nach unten zu ziehen, aber sie packt ganz blindlings zu, erwischt das oberste Stück, welches in Schleifenform über den Haken gelegt ist, und macht, als dieses dem Ziehen nicht nachgibt und die Schleife nur im Haken etwas hin- und herrutscht, sichtlich Anstalten, die Schleife auszuhängen. Das gelingt nicht und sie wendet sich dem freien Ende zu, schlägt dieses einmal, dann noch einmal nach einer Pause richtig herum und bekommt einigermaßen schnell das ganze Seil zu freiem Hängen; sofort sucht

---
[1]) In Hinsicht auf frühere Ausführungen (oben S. 12) ergibt sich die Konsequenz, daß nur mit Tieren in frischem Zustand zu experimentieren ist; doch ist das wohl nahezu selbstverständlich.

sie sich zum Ziel zu schwingen, erreicht es aber, weil die Entfernung etwas zu groß ist, mehrmals nicht und macht sich von neuem an die Behandlung des Werkzeuges. Das einzige, was man daran noch ändern kann, ist die Schleifenbefestigung, und wirklich läßt Rana nicht eher ab, als bis die Schleife aus dem Haken heraus ist: Anscheinend etwas verdutzt, als das Seil nun ganz frei in ihrer Hand bleibt, nimmt sie es auf den Querbalken hinauf und wickelt es langsam um ihren Hals.

Da Chica und Rana sich in dieser Situation bemühen, das Seil in die Gebrauchslage zu befördern, so ist insoweit der Versuch positiv ausgefallen. Zugleich aber macht man die Erfahrung, daß der eigentlich kritische Teil der Aufgabe gar nicht hierin, sondern in der Bewältigung der Struktur Seil—Balken liegt. Chica mochte zu ungeduldig sein, um das Seil ordentlich abzuwickeln; sieht man aber, wie Rana zu Anfang und gegen Ende des Versuchs mit dem Seil umgeht, so wird man auf eine zweite Möglichkeit gebracht: Rana verhält sich dem aufgewickelten Seil gegenüber nicht, als hätte sie seinen Windungsverlauf in der übersichtlichen Klarheit vor sich, die den erwachsenen Menschen — trotz der Windungen — das Seil von Anfang bis Ende präzis erfassen läßt, sondern so, wie wir ein Fadengewirr sehen. Wie wir da, wenn die freien Enden nicht gleich hervortreten und wir zu hitzig sind, um den Verlauf im einzelnen zu verfolgen, auch einmal blindlings zufassen und zerren, um das Gewirr auseinanderzubringen, ganz so sieht es aus, wenn Rana in die Seilwindungen hineinpackt, und bei Chica könnte außer der sicherlich vorhandenen Fahrigkeit der gleiche Faktor wirksam sein. Es wäre also möglich, daß für den Schimpansen diese relativ einfache Konfiguration schon anfängt „wirr", in demselben Sinn optisch unerfaßbar zu werden, wie für uns recht viel ungeordnetere Verbände (verfilzte Fäden oder Drähte, aber für den Verfasser auch mitunter schon zusammengeklappte Liegestühle). Dem widerspricht nicht, daß Rana dazwischen einigermaßen schnell das Seil zum Hängen bringt; denn ihre Bewegungen dabei zeigen durchaus keine überzeugende Sicherheit, sehen nicht „planmäßig" aus gegenüber dem Windungsverlauf, und man hat unwillkürlich den Eindruck, das Gelingen sei zum Teil Glückssache. Daß Sultan, wenn schon in schläfrigem Zustande, geradezu strukturwidrig am Seil zieht, bestärkt immerhin den Verdacht, das Erfassen komplexer Formen gelinge dem Schimpansen nicht in demselben Maße wie dem Menschen[1]). —

---

[1]) Trotzdem bleibt natürlich richtig, daß die Tiere so grob verschiedene Formen wie Stock, Hutkrempe und Schuh (vgl. oben S. 26) mit der größten Sicherheit unterscheiden.

Ich setze als bekannt voraus, daß Kinder bis ins vierte Lebensjahr und noch später aufgewundene Seile ebenso behandeln und vielleicht sehen, wie hier vom Schimpansen vermutet wird; doch zeigen sich wohl individuelle Unterschiede selbst noch unter Erwachsenen.

Das ist noch nicht alles: Wie sich Rana, als sie das Ziel mit dem völlig gestreckten Seil nicht erreicht, oben mit der Schleife zu schaffen macht, scheint sich diese Tätigkeit unmittelbar aus der vergeblichen Bemühung zu ergeben, und so wirkt sie wie ein Versuch, das Hängen des Seiles noch weiter zu verbessern. Deshalb ergibt sich die weitere Möglichkeit: Rana weiß nicht zu unterscheiden zwischen den Windungen, die um den Balken gelegt waren, und der äußerlich ähnlichen, aber an funktioneller Bedeutung ganz verschiedenen Schleife, mit der das Seil über den Haken faßt, oder auch, wie daraus folgt: Rana hat keine Einsicht in die Art, wie das Seil gehalten wird. Ihr erster Versuch, die Schleife abzuhaken, kann noch dadurch erklärt werden, daß die Wirre der Windungen insgesamt einen Fehler bewirkt, den auch der erwachsene Mensch, genügende Verfilzung vorausgesetzt, einmal machen könnte; als das Seil nachher so klar wie möglich hängt und Rana doch ein weiteres „Herunter" an der tragenden Schleife zu erreichen sucht, wird es sehr wahrscheinlich, daß sie nicht versteht (sicherlich nie beachtet hat), wie das Seil befestigt ist. Ich erinnere daran, daß schon bei den einfachsten Werkzeugversuchen (Heranholen des Zieles an einem Faden) die Frage offen blieb, ob für den Schimpansen eine Befestigungsart in mehr als grobem optischen Kontakt irgendeines Grades gegeben ist (S. 21).

Möglicherweise können beide Momente, das optische und das technische, innerlich miteinander zusammenhängen, insofern auch die einfache technische Vorrichtung (Schleife über Haken) eine optische Aufgabe der Strukturfassung (Wertheimer) darstellt, aber das technische Moment hat außerdem Beziehung zu der Frage, wieweit der Schimpanse über Schwere und Fallen von Dingen unterrichtet ist. Das alles muß in weiteren Versuchen näher behandelt werden.

Wie sich Rana zu Anfang, als das Seil noch aufgewunden ist, an den Querbalken hängt, und einen Schwung auf das Ziel zu andeutet, das sieht nicht eigentlich dumm aus, und gewiß nicht so, als wolle das Tier auf diesem Wege das Ziel wirklich erreichen. Vielmehr wird man sofort an das früher (S. 46) berichtete Vorkommnis erinnert, wie Rana eine Kistentür freilegen will, und als sie das nicht fertig bringt, durch die freie Tür einer andern Kiste in der Nähe „wie in Gedanken" hindurchgeht. Auch in dem Fall sieht es gar nicht so aus, als erwarte sie in der andern Kiste das Ziel zu finden oder ihm durch ihre Handlungsweise sonst näher zu kommen. Man könnte, wie der Vorgang für den Zuschauer aussieht, ihr Verhalten am ersten noch als eine Art „Ausdrucksbewegung" bezeichnen, nämlich als Ausdruck eines Zustandes wie: „Darauf, durch die Tür hineinkommen — von hier aus dahinschwingen, darauf kommt es an!" (Die sprachliche Formulierung ist dem Tier ganz versagt; wir sprechen dergleichen vor uns hin, auch wenn niemand uns hört, das Reden uns also gar nichts nützt, aber wir sind eben „voll von der Sache", und so beginnt unser Mund zu reden; bei Rana reden die Glieder.)

Der beschriebene Versuch wurde erst gemacht, als ein verwandter, aber ungleich schwererer entschieden negativ ausgefallen war. (29. 3.) Der eiserne Haken wird weit aufgebogen, so daß die Seilschleife ohne jede Mühe abgestreift, wie eingehängt werden kann; das Seil wird abgenommen und genau unter dem Haken in wenigen Windungen auf den Boden gelegt; das Ziel hängt ebenso wie in dem ursprünglichen Seilversuch (S. 41). — Als Sultan herbeigebracht wird, sucht er eine nach der andern seiner bekannten Methoden anzuwenden; er holt Stöcke, Kisten, zieht den Wärter und den Beobachter unter das Ziel — alles wird von uns vereitelt; bisweilen faßt er das Seil an, hebt es auch wohl ein wenig, aber keine seiner Bewegungen deutet die Lösung „Aufhängen" an, vielmehr sieht es aus, als sei er im Begriff, mit dem Seil zu schlagen und werde nur immer wieder durch die Höhe des Zieles davon abgebracht.

Chica wird hinzugelassen. Sie nimmt das Seil wirklich auf, schleppt es sogar mit sich auf den Querbalken, kümmert sich aber um den Haken durchaus nicht, auch sonst nicht irgendwie um den Querbalken, an dem allein das Seil angebracht werden könnte, sondern macht Bewegungen wie zum Schlagen nach dem Ziel. Schließlich hängt sie sich an ein Trapez, das am gleichen Gerüst, aber weit seitlich angebracht ist, nimmt einen schiefen Schwung von größter Kraft auf das Ziel hin, läßt los, fährt weit durch die Luft und reißt im Sturz das Ziel herab. Die normalen menschlichen Begriffe vom Turnen reichen bei der Vorbereitung von Versuchen für Chica nicht ganz aus.

Am Nachmittag war dafür gesorgt, daß das Trapez nicht verwendet werden konnte; aber obwohl das Seil wieder mehrmals von den beiden Tieren angehoben wurde, machte doch Chica sowenig wie Sultan irgend Anstalten, es aufzuhängen, und jene sprang am Ende ohne jedes Werkzeug vom hohen Querbalken in weiter Kurve ans Ziel, das sie auch wirklich im Fallen mit herabreißen konnte.

Zusatz 1916. Dieser letzte Versuch ergibt auch jetzt noch das gleiche negative Resultat (Sultan, Grande, Chica, Rana); dagegen verläuft das Seilabwickeln — der Versuch wurde in der Zwischenzeit nicht wiederholt — bei Chica ganz und bei Rana etwas anders. (8. 3. 16.) Chica erblickt das Ziel, steigt sofort auf den Querbalken hinauf, wickelt mit genau den Bewegungen, die ein erwachsener Mensch im gleichen Falle machen würde, vollkommen ordentlich das Seil ganz ab und schwingt sich dann zum Ziel. — Rana verfährt nicht ganz so klar, aber ebenfalls sicherer als früher. — Der Unterschied kann bedingt sein: durch das größere Alter der Tiere, das die verfügbare Aufmerksamkeit gesteigert, aber auch zu weiterer Ausbildung der Sehrindenfunktionen geführt haben kann; durch häufigen spielenden Umgang mit dem Seil in der Zwischenzeit, wobei allerdings zu bemerken ist, daß die Tiere gerade in dem letzten Halbjahr vor dieser Nachprüfung nicht auf dem Platz gehalten wurden, auf dem das Seil hängt. — Danach ist der Zustand optischen Erfassens[1]), der in den obigen Erörterungen angenommen wurde, in dem Grade nicht notwendig schimpansisch, sondern eine gewisse Besserung (wie sie in ganz anderm Maße beim menschlichen Kinde vor sich geht) auch beim Schimpansen möglich. Leider verbieten mir jedoch die sonstigen Erfahrungen darüber, wie die Tiere mit ganz ähnlichen oder wenig komplexeren Strukturen umgehen, auch jetzt noch, von den vor zwei Jahren gewonnenen Anschauungen irgend wesentlich abzuweichen; auf einen kleinen Gradunterschied kommt vorläufig nicht viel an, und so lasse ich die Ausführungen, wie sie dem ersten Eindruck entsprechen und im Prinzip richtig bleiben.

III.

Das Ziel ist hoch angebracht; einige Meter davon steht eine Kiste, die seitlich offen ist und so sehen läßt, daß sie mit drei schweren Steinen gefüllt ist. (15. 4. 14.) Sultan kommt von der verschlossenen Seite an die Kiste heran und macht sich sogleich daran, sie zum Ziel zu zerren. Als sie sich kaum eben vom Fleck rührt, läßt er los, schaut hinein und nimmt einen der Steine sorgfältig heraus. Dann beginnt er wieder mit großer Anstrengung zu ziehen, gibt es auf und holt den zweiten Stein aus der Kiste. Ohne sich um den dritten zu bekümmern, zerrt er nun weiter und bringt auch die Kiste schnell unter das Ziel. — Der Versuch wird sofort wiederholt: Sultan zieht zuerst an der Kiste, holt dann einen Stein hervor und zerrt die beiden übrigen mit unter das Ziel, obwohl er sich dabei gründlich anstrengen muß. — Ein dritter Versuch fällt genau aus wie der erste. Beim vierten Male zieht Sultan einen Augenblick, packt dann alle drei Steine hintereinander in einem Zuge aus usw. — (16. 4.) Vier Steine liegen in der Kiste; Sultan zieht kurz an ihr, wälzt darauf alle vier Steine in

---

[1]) Es können motorische Faktoren mitwirken; doch werden sie wohl gar zu sorglos verwandt, wenn es gilt, in solchen Fällen Theorie zu machen, und vor allem die Natur dieser Faktoren, sowie ihr Zusammenhang mit der Optik finden bisweilen eine Behandlung, die nicht als Muster empirischen Vorgehens gelten kann. Um so verfehlter dürfte es sein, wenn derartige Theorien geradezu wie erwiesene Tatsachen behandelt werden.

einigermaßen schwerer Arbeit nacheinander heraus und erreicht das Ziel mit der leeren Kiste.

Einen Monat später (29. 5.) wird (in anderer Umgebung) das Ziel wieder hoch angebracht und die Kiste, diesmal mit Sand bis an den oberen Rand (sie ist oben offen) gefüllt, in großer Entfernung aufgestellt. Sultan geht sogleich auf die Kiste zu, fährt mit beiden Händen hinein und schaufelt eifrig den Sand heraus. Nach einer Weile, als noch reichlich Sand darin ist, fängt er wieder an zu ziehen, wirft dabei, wohl zufällig, die Kiste seitwärts um, so daß mehr von der Last herausfällt, kann aber immer noch nicht recht vom Fleck kommen, da der Rest allein schon ein tüchtiges Gewicht darstellt. Er kramt also wieder mit beiden Händen aus, doch zerrt er die Kiste schließlich unter das Ziel, ohne sie ganz auszuleeren und hat infolge dessen einige Mühe damit.

Man darf nicht meinen, der Schimpanse werde immer, wenn er Steine in irgendeiner Kiste sieht, mit Auskramen anfangen: Sultan nimmt die Steine jedesmal heraus, wenn sein Zerren an der Kiste vergebens war, und zeigt ja auch eine starke Tendenz, diese „Nebenaktion" auf das notwendige Minimum zu beschränken. Im übrigen belehrt uns auch hier ein Versuch mit weniger begabten Tieren.

(18. 4.) Chica ergreift die Kiste, welche drei Steine enthält, und zerrt sie, ohne wegen des ungewohnt schweren Gewichtes irgend Nachforschungen an ihr vorzunehmen, mit äußerster Anstrengung unter das Ziel. Bei Wiederholung des Versuches ist das Gewicht um einen kräftigen Stein vermehrt, der zu Beginn vor Chicas Augen in die Kiste gelegt wird: Sie zerrt und zerrt, ohne vom Fleck zu kommen, und gibt schließlich die erfolglose Bemühung auf, ohne die Steine überhaupt berührt zu haben[1]).

Statt der Kiste soll die Leiter benutzt werden, die in einiger Entfernung, mit sechs schweren Lavablöcken bepackt, am Boden liegt. (14. 5.) Grande versucht mit äußerster Anstrengung, die Leiter unter das Ziel zu zerren. Als das nicht gelingt, schleppt sie einen und gleich darauf noch einen der Blöcke hin und benutzt sie als Kistenersatz. Sie kommt nicht an, packt wieder die Leiter, schleppt diese mitsamt den daraufliegenden Steinen an der Erde hin, bis nahe an das Ziel heran, und richtet sie in der merkwürdigen Weise auf, von der später die Rede ist; erst hierbei fallen die Steine herunter. — Die ersten beiden Steine sind bestimmt nicht von der Leiter fortgenommen worden, um diese zu erleichtern, sondern sollten von vornherein als Baumaterial unter dem Ziel dienen;

---

[1]) Im Herbst 1914 wurde eine ähnliche Aufgabe einigermaßen klar gelöst.

das Herunterheben und Zum-Ziele-Schleppen sind eine geschlossene Abfolge. — Weder während des Heranziehens noch beim Aufrichten der Leiter kommt irgendeine Bewegung vor, die darauf gerichtet wäre, die übrigen Steine zu beseitigen, so daß diese schließlich nur fallen, weil sie beim Aufrichten der Leiter eben nicht anders können.

Entsprechend verlief ein Versuch mit der steingefüllten Kiste. (15. 7.) Grande bemüht sich zunächst vergeblich, einen Stab von der Wand loszubrechen, tritt dann an die Kiste heran, zieht aber nicht, sondern nimmt einen Stein heraus, bringt ihn unter das Ziel, richtet ihn dort sorgfältig in Steilstellung auf, wirft einen Blick empor, besteigt ihn nicht — er ist zu niedrig —, kehrt zur Kiste zurück und zerrt sie mit ungemeiner Anstrengung auf das Ziel zu. Unterwegs setzt sie einen Moment aus, lüftet einen der Steine eben einmal an, läßt ihn aber doch wieder und zieht die Kiste vollends unter das Ziel. — An diesem Verhalten ist allein verdächtig, daß zu Anfang die Kiste gar nicht, wie doch in andern Fällen sofort, als Werkzeug betrachtet wird; es wäre nach sonstigen Erfahrungen an Grande durchaus möglich, daß sie sieht: die Kiste ist jetzt schwer, ohne daß sich ein Versuch daran anschließt, dem abzuhelfen. Das spätere Anheben eines Steines sieht aus, als wolle sie ihn als Baumaterial benutzen.

Rana (15. 4.) fängt an, die Kiste zum Ziel zu kippen, ohne daß ihr anscheinend das große Gewicht auffällt; bei der Drehung poltern die Steine hervor und Rana erschrickt heftig; so etwas hat sie offenbar nicht erwartet. Danach kommt sie der Kiste nicht wieder nahe, sondern bemüht sich nach einer Weile, den Beobachter unter das Ziel zu zerren.

Dieser Versuch mit Rana war der erste der ganzen Gruppe: Ich hielt die Aufgabe für recht leicht und wollte diese Einschätzung nur eben an dem wenigst begabten Tier verifizieren. Das Ergebnis ist merkwürdig genug und erinnert sehr an das der Hindernisversuche (vgl. oben S. 43ff.); die innere Verwandtschaft der beiden Aufgaben — hier wie dort stört ein sonst ganz indifferenter Körper nur durch sein Vorhandensein an einer Stelle — ist ohne weiteres zu erkennen.

Wenn Sultan die Steine zumeist nicht alle ordentlich ausräumt, so wird dadurch die Lösung an und für sich nicht minderwertig, wohl aber in den Augen des erzogenen Europäers ästhetisch mangelhaft; denselben Schönheitsfehler machte das Tier beim Drahtaufbiegen bereits und Chica beim Abwickeln des Turnseiles.

IV.

Wenn der Schimpanse nicht sehr aufgeregt und fahrig ist, unterläßt er, wie schon berichtet, im allgemeinen[1]) die Verwendung von Werkzeugen (Stäben und Kisten), deren Dimensionen für die Situation nicht ausreichen. Er kommt zwar häufig erst damit angezogen, aber sobald das Werkzeug der kritischen Distanz nahe ist, pflegen die vorher eifrigen Bewegungen zu stocken; irgend etwas ist auf die Annäherung hin geschehen, was auf weitere Ferne nicht eintrat, und welcher Art dieser Vorgang auch sein mag — er hat die Kraft, der munteren Handlung ein mattes Ende zu bereiten. Allenfalls geht der Schimpanse, wenn es sich um ein Stöckchen handelt, gerade noch ganz heran und fährt damit einmal in die Richtung des Zieles oder er wirft es nach diesem hinaus, aber ein einigermaßen geübter Beobachter hat schon vorher einen Moment angeben können, wo die frische Farbe der Entschließung sich verlor, das Weitere ist nicht praktische Bemühung, sondern Ausdruck mutlosen Wünschens.

Außer dieser lähmenden hat die Ausdehnung der kritischen Distanz bisweilen auch eine sehr positive Wirkung, die zwar zunächst nicht praktisch weiterhilft, wenn sie aber einen Fehler des Tieres bedeutet, jedenfalls „guter Fehler" heißen muß.

Im Anfang sieht der Vorgang allerdings sehr merkwürdig aus: Chica wird zum zweitenmal beim Heranholen eines Zieles mit dem Stock beobachtet. (26. I. 14.) Als sie nicht recht ankommt, ergreift sie einen zweiten Stab, der sogar etwas kürzer ist als der erste, legt ihn mit einer flachen Seite auf eine ebenfalls flache des ersten Stockes, faßt mit der Hand sorgfältig um beide herum und angelt so weiter nach dem Ziel, obwohl eine Verlängerung oder sonst ein wirklich praktischer Erfolg durch das Anfügen des zweiten Stabes gar nicht erreicht wird; wie sie den kurzen Stock auf den langen gedrückt hält, kommt jener überhaupt nicht bis auf den Boden. — Man kann hier natürlich sagen, das Tier sei zu töricht, um die Sinnlosigkeit seines Verfahrens einzusehen. Ist einmal das Verfahren gegeben, so hat man in einem gewissen groben Sinn recht. Der Psychologe aber wird verwundert die Frage stellen, auf welche Weise ein Tier, das tags zuvor mit aller Ungeschicklichkeit des Anfängers gerade eben den Stock hat regieren können (von da an allerdings in wenigen Tagen das Maximum von Übung erreicht) — wie das zu diesem ganz plötzlich auftretenden Verhalten kommt? Dessen Entstehung ist rätselhaft, zumal da sich Chica mitten aus ihren ver-

---

[1]) Anlässe für Ausnahmen sind schon bekannt. Vgl. auch das Folgende. Natürlich macht der Schimpanse erst eine Probe, wenn das Werkzeug nahezu ausreicht.

geblichen Anstrengungen dem zweiten Stock zuwendet und ihn mit so viel Sorgfalt an den anderen andrückt, daß der ganze Vorgang ohne Zweifel einen Versuch der Werkzeugverbesserung darstellt.

Dergleichen kann man öfters sehen, freilich nur, solange die Verwendung des Stockes noch nicht sehr geläufig ist. Tschego, die überhaupt wenig experimentiert hat, legte noch vor kurzem, als sie mit der Schlafdecke das Ziel nicht erreichte, einen Stock auf das Tuch, ergriff dieses so, daß ihre Finger den kurzen Stab zugleich darauf festhielten, und setzte ihre praktisch um nichts geförderten Bemühungen auf diese Weise fort, auch in diesem Fall sollte offenbar das Werkzeug verbessert werden.

Rana, deren Gehirn sozusagen nichts für sich behalten kann, führt im Springstockverfahren eine Etappe mehr aus, die vielleicht bei anderen Tieren nur nicht sichtbar wird. Sie bringt es wunderlicherweise nicht fertig, nach einem hochangebrachten Ziele zu schlagen; noch nach Jahren (1916) im Gebrauch des Stockes als Armverlängerung ganz ungeschickt — sie weiß noch immer nicht, ihn richtig anzufassen —, hebt sie bisweilen den Stab schon hinauf — aber im nächsten Augenblick wird er doch wieder Springstock. So kommt es, daß kurze Hölzer, die allenfalls zum Herabschlagen des Zieles dienen könnten, dagegen für das Springverfahren durchaus nicht taugen, von diesem Tier im letzteren Sinn wenn nicht wirklich gebraucht — das ist unmöglich —, so doch immer wieder „angesetzt" werden. Kleine Stifte von etwa 30 cm Länge stellt es einmal über das andere auf den Boden, hebt einen Fuß wie zum Klettern und senkt ihn dann wieder (vgl. oben S. 52). So auch bei einem Kistenversuch. (15. 4.) Rana hat eine Kiste unter das Ziel gestellt, kommt aber noch nicht an und holt sich ein zartes Hölzchen von etwa 40 cm Länge. Das setzt sie wie zum Sprunge auf die Kiste, macht auch wiederholt die entsprechenden Körperbewegungen, obwohl sie, um das Stäbchen überhaupt mit dem unteren Ende auf die Kiste stützen zu können, ganz gebückt stehen muß und unmöglich so ernsthaft springen kann. Nach einer Weile holt sie mehr Hölzchen herbei, hält sie nebeneinander als Springstock in der Hand, springt aber natürlich nicht. Plötzlich ändert sie das Verfahren, behält nur zwei der Stäbe von dem Bündel und legt sorgfältig den einen so an den andern, daß sie optisch zusammen einen Stock von doppelter Länge ausmachen; nur etwa zwei Finger breit liegen die Enden der beiden Stäbe nebeneinander und werden so von der Hand festgehalten, während das Ganze wieder als Springstock aufgesetzt und der Fuß wie zum Aufstieg gehoben wird. Da Rana es liebt, auch praktisch unmögliche Dinge eine Reihe von Malen hintereinander anzudeuten, so bleibt Zeit, ihr Verfahren genau zu betrachten. Um Zufall handelt es sich bestimmt nicht; denn wenn die Hölzer sich verschieben und zusammenrutschen, werden sie jedesmal wieder sorgfältig in die Lage gebracht, in der sie wie ein langer Stock wenigstens aussehen, solange die Hand sie festhält. — Man erstaunt darüber, wie anscheinend die Optik der Situation für das Tier zunächst ganz bestimmend wirkt und auch der Lösungsversuch deshalb allein auf die Optik der Stäbe, gar nicht auf „technisch-physikalische" Gesichtspunkte Rücksicht nimmt. Die Hand muß die beiden Teile aneinander halten, und solange bleibt praktisch wertlos, was dem optischen Eindruck nach eine Lösung durch Werkzeugverbesserung ist. Ich bemerke noch, daß Rana sich ernstlich bemüht, diesen verlängerten Stock auch wirklich zu verwenden.

Kommt es schließlich im Bedarfsfall zu einer auch technisch brauchbaren Vereinigung zweier Stöcke? — Geprüft wird Sultan (20. 4.). Ihm stehen als Stäbe zwei hohle, aber feste Schilfrohre zur Verfügung, wie die Tiere sie schon oft zum Heranziehen von Früchten verwendet haben. Das eine hat so viel kleineren Querschnitt als das andere, daß es sich in dessen beide Öffnungen leicht einschieben läßt. Jenseits eines Gitters liegt das Ziel so weit entfernt, daß das Tier mit den (etwa gleich langen) einzelnen Rohren nicht ankommen kann. — Trotzdem gibt es sich zunächst große Mühe, mit einem oder dem andern das Ziel zu erreichen, indem es die rechte Schulter weit zwischen den Gitterstäben vordrängt[1]). Als alles umsonst ist, begeht Sultan einen „schlechten Fehler" oder, deutlicher gesprochen, eine kräftige Dummheit, die sich bei ihm auch sonst bisweilen zugetragen hat: Er zerrt aus dem Hintergrunde des Raumes eine Kiste ans Gitter; von dort schiebt er sie allerdings gleich wieder zurück, da sie nichts nützt oder vielmehr im Wege steht. Gleich danach setzt ein zwar praktisch nutzloses, im übrigen aber unter die „guten Fehler" zu rechnendes Verfahren ein: Er führt das eine Rohr so weit wie möglich hinaus, nimmt darauf das andere und schiebt mit ihm das erste vorsichtig auf das Ziel zu, indem er es, am hinteren Ende langsam stoßend und drängend, sorgfältig in der Richtung auf die Früchte zu hält. Freilich gelingt das nicht immer, aber ist er auf diese Art einigermaßen weit gekommen, dann wird die Vorsicht besonders groß, er schiebt ganz sacht, berücksichtigt recht gut die Bewegungen des liegenden Rohres und bringt dieses wirklich mit der Spitze bis an das Ziel. Damit ist auf eine Art, die

---

[1]) Das steht nicht im Widerspruch zu dem oben (S. 88) Bemerkten: um das Tier nicht von vornherein zu entmutigen, legte ich das Ziel nur so weit, daß es gerade nicht mehr mit den einzelnen Stöcken zu erreichen war.

hier zum erstenmal ganz unvermittelt auftritt, der Kontakt Tier—Ziel hergestellt, und Sultan findet — man kann es auch als Mensch nachfühlen — sichtlich eine gewisse Befriedigung darin, über die Früchte wenigstens insofern Gewalt zu haben, als er sie durch Vermittlung des geschobenen Stockes anstoßen und leicht bewegen kann. Das Verfahren wiederholt sich; wenn das Tier den liegenden Stab so weit hinausgeschoben hat, daß es ihn unmöglich selbst wieder heranholen kann[1]), wird er ihm zurückgegeben. Obwohl es aber beim vorsichtigen Schieben das Rohr in seiner Hand genau an dem Querschnitt (also an der Mündung) des liegenden Rohres ansetzt, um es so sicher steuern zu können, und man meinen sollte, schon dabei dränge sich die Möglichkeit auf, das eine Rohr in das andere einzufügen, so deutet sich doch eine solche auch praktisch wertvolle Lösung durchaus nicht an. Schließlich gibt der Beobachter dem Tier eine Hilfe, indem er vor dessen Augen den Zeigefinger in die Öffnung des einen Rohres einführt (ohne übrigens dabei auf das andere Rohr hinzuweisen): Keine Wirkung — Sultan steuert wie vorher das eine Rohr mit dem andern aufs Ziel hin, und als diese Pseudolösung ihm nicht mehr genügt, stellt er seine Bemühungen ganz ein und nimmt nicht einmal die Rohre auf, als sie ihm beide wieder durchs Gitter hineingeworfen werden. Der Versuch hat über eine Stunde gedauert und wird, als in dieser Form aussichtslos, vorläufig abgebrochen. Da die Absicht besteht, ihn nach einer Pause unter Anwendung stärkerer Hilfen wieder aufzunehmen, bleibt das Ziel an seinem Platz, Sultan im Besitz seiner Rohre; für alle Fälle wird der Wärter als Wachtposten aufgestellt.

Bericht des Wärters: „Sultan hockt zuerst gleichgültig auf der Kiste, die etwas rückwärts vom Gitter stehengeblieben ist; dann erhebt er sich, nimmt die beiden Rohre auf, setzt sich wieder auf die Kiste und spielt mit den Rohren achtlos herum. Dabei kommt es zufällig dazu, daß er vor sich in jeder Hand ein Rohr hält, und zwar so, daß sie in einer Linie liegen; er steckt das dünnere ein wenig in die Öffnung des dickeren, springt auch schon auf ans Gitter, dem er bisher halb den Rücken zukehrte, und beginnt eine Banane mit dem Doppelrohr heranzuziehen. Ich rufe den Herrn; inzwischen fällt dem Tier das eine Rohr vom andern ab, da es sie sehr wenig ineinandergeschoben hat, und sogleich setzt es sie wieder zusammen[2])."

---

[1]) Auf welche Weise er das macht, wird auf Seite 124 f. berichtet.
[2]) Die Erzählung des Wärters kommt mir recht glaubwürdig vor, zumal da er auf Fragen betonte, daß Sultan die Rohre zunächst spielend und ohne Rücksicht auf das Ziel (die Aufgabe) ineinandergeschoben habe. Die Tiere bohren ja fortwährend mit Halmen und Stöckchen spielerisch in Löchern und Fugen, so daß man sich geradezu wundern müßte, wenn Sultan nicht auch beim Herummachen mit den beiden Rohren

Der Bericht des Wärters bezieht sich auf einen Zeitraum von knapp 5 Minuten, die seit Abbruch des Versuches vergangen sind. Von dem Mann herbeigerufen, habe ich selbst weiter gesehen:

Sultan hockt am Gitter, ein Rohr hält er hinaus, und auf der Spitze hängt lose das zweite weitere Rohr, gerade im Abfallen; es fällt wirklich, Sultan zieht es heran, schiebt sofort mit der größten Sicherheit das dünnere wieder hinein, so daß jenes einigermaßen fest darauf sitzt, und holt mit dem verlängerten Werkzeug eine Frucht heran. Das breitere Rohr ist jedoch etwas zu weit gewählt, und so fällt es in der Folge noch mehrmals von der Spitze des dünneren herunter; jedesmal setzt Sultan die Rohre sofort wieder zusammen, indem er links das breite auf sich zu, rechts etwas zurück das dünnere hält und dieses in jenes einführt[1]) (Tafel III). Das Verfahren scheint ihm außerordentlich zu gefallen; er macht einen sehr lebhaften Eindruck, zieht alle Früchte nacheinander ans Gitter, ohne sich zum Fressen Zeit zu nehmen, und holt, als ich dann den Doppelstock noch einmal auseinandernehme, mit den schnell wieder zusammengefügten Rohren ganz gleichgültige Gegenstände aus der Ferne an das Gitter heran.

Am folgenden Tage wird der Versuch wiederholt; Sultan beginnt mit dem praktisch nutzlosen Verfahren, nachdem er aber während weniger Augenblicke das eine Rohr mit Hilfe des andern vorwärts gesteuert hat, nimmt er wieder beide auf, steckt schnell eins ins andere und erreicht das Ziel mit dem Doppelstock.

(1. 5.) Vor dem Gitter liegt das Ziel noch weiter entfernt; Sultan verfügt über drei Rohre, deren Lumen so gewählt ist, daß die beiden breiteren über die beiden Enden des dritten geschoben werden können. Er versucht, mit zwei Rohren wie bisher anzukommen; als dabei das äußere öfters abfällt, gibt er sich deutlich Mühe, den dünneren Stock tiefer in den weiteren einzuführen. Wider Erwarten erreicht er wirklich mit dem Doppelrohr das Ziel und zieht es heran. Als dabei das lange Werkzeug hinderlich wird, indem es mit dem hinteren Ende zwischen die Gitterstangen gerät und bei Schrägbewegungen hängen bleibt, zerlegt das Tier es schnell in seine Teile und verrichtet den Rest der Arbeit mit nur einem Rohr; das geschieht von nun an stets, wenn das Ziel so nah gekommen ist, daß ein Rohr ausreicht, und der Doppelstock nur mehr unbequem wirkt. — Das

diese gewohnte Spielerei einmal ausgeführt hätte. — Ein Verdacht, der Wärter könnte in aller Eile „das Tier dressiert haben", besteht durchaus nicht; dergleichen wird der Mann nie wagen. Will jemand hieran zweifeln, so tut das nichts zur Sache; denn Sultan beweist fortwährend, daß er das Verfahren nicht nur ausführt, sondern einsichtig beherrscht.

[1]) Die Abbildung stammt aus einem Kinematogramm, das einen Monat später in anderer, photographisch besserer Umgebung aufgenommen wurde.

Tafel III

neue Ziel wird noch weiter gelegt. Die Folge ist, daß Sultan ausprobiert, welches der beiden weiten Rohre mit dem dünnen zusammen dienlicher ist; denn die beiden sind an Länge nicht sehr verschieden (64 und 70 cm), und das Tier legt sie natürlich nicht zum Vergleich aneinander. Niemals versucht Sultan die beiden breiten Rohre zusammenzubringen: Einmal hält er sie einen Augenblick einander ohne Berührung gegenüber und betrachtet die beiden Öffnungen, legt aber sogleich (ohne Ausprobieren) das eine fort und greift wieder zu dem dünneren dritten; die beiden weiten Rohre haben gleiches Lumen[1]). — Die Lösung folgt ganz plötzlich: Sultan angelt mit einem Doppelrohr, bestehend aus dem dünneren und dem einen breiten Rohr, wobei er wie sonst das Ende von jenem in der Hand hält. Mit einem Male zieht er das Doppelrohr zu sich herein, dreht es um, so daß er das dünne Ende vor seinen Augen hat und das andere Ende hinter ihm in die Luft ragt, ergreift das dritte Rohr mit der Linken und führt die Spitze des Doppelstockes in die Öffnung ein. Mit dem Dreistock wird das Ziel mühelos erreicht; beim Heranziehen, als das lange Werkzeug sich hinderlich erweist, wird es alsbald wieder auseinandergenommen.

Gemäß der Beobachtung in diesem Versuch ist es nie vorgekommen, daß Sultan blindlings hätte zusammensetzen wollen, was sich den Dimensionen und sonstigen Eigenschaften nach auf keinen Fall zusammenfügen ließ[2]). Als eines Tages vor Besuchern ein Experiment gezeigt werden sollte, legte ich draußen das Ziel nieder und warf zugleich zwei verschieden dicke Rohre, die gerade zur Hand waren, durch das Gitter zu Sultan hinein. Er nahm sie sofort auf, wie immer das weite in die linke, das dünnere in die rechte Hand, und hob diese schon, um die Rohre ineinanderzustecken, als er plötzlich absetzte ohne seine Absicht auszuführen, das dickere Rohr umdrehte, dessen anderes Ende betrachtete, und gleich darauf beide Rohre zu Boden fallen ließ. Ich ließ sie mir von ihm herausgeben und fand, daß zufällig das weitere beiderseits mit Aststellen abschloß, also keine Öffnungen hatte; unter diesen Umständen hatte Sultan gar nicht erst probiert, die Rohre zu vereinigen. Nachdem ich durch einen Schnitt die eine Aststelle entfernt hatte, machte er den Versuch sofort.

(6. 8.) Das breite Rohr endet auf einer Seite mit einer Aststelle; in das andere offene Ende wird vor dem Versuch ein Holzpflock

---

[1]) Man kann zeigen, daß der Schimpanse beim Zusammenfügen des Doppelstockes von dem Zueinander der Rohrdicken bestimmt wird. (Vgl. Nachweis einfacher Strukturfunktionen usw. Abh. d. Preuß. Akad. d. Wiss. 1918, Phys.-Math. Kl. Nr. 2, S. 56ff.)

[2]) In Fällen, wo bloßes Betrachten nicht zu sicherer Entscheidung führt, wird naturgemäß eine Probe gemacht. Vgl. den Versuch vom 6. 8.

gesteckt, der gerade noch aus der Mündung ein wenig hervorschaut; er ist etwas schmaler als diese, so daß zwischen ihm und der Rohrwand eine Öffnung bleibt: Sultan ergreift die Rohre, betrachtet einen Augenblick das Holz in der Mündung, versucht kurz das dünnere Rohr in die enge Öffnung zwischen Holz und Wand zu drängen, reißt gleich darauf den Pfropfen heraus, wirft ihn beiseite und fügt die Rohre ineinander.

Dagegen findet er bisweilen eine Schwierigkeit, wo sie wohl niemand vorausahnen würde: Wenn er beide Rohre in der Hand hält und wie sonst daran gehen will, sie zu vereinigen, stockt er für Momente und macht einen seltsam unsicheren Eindruck, falls die Rohre zufällig in gewissen Stellungen in seiner Hand liegen, nämlich, fast parallel, einander eben noch schneiden in der Form eines sehr steilen X. Die Erscheinung ist jetzt fast verschwunden, war aber zu Anfang recht häufig zu sehen. Als Chica später das Verfahren übernommen hatte, zeigte sie ganz dieselbe Verlegenheit, wenn die beiden Rohre in der angegebenen Lage waren, und zwar auffallender als Sultan jemals. Sobald die Tiere erst wieder ein Rohr vom andern optisch abgelöst haben, verläuft die Handlung ganz glatt. — Die Optik der Situation, die sonst den Schimpansen sicher leitet, so daß seine Bewegungen, sein Verhalten unmittelbar daraus hervorzugehen scheinen, muß hier in einen Zustand geraten, wo sie diese Bestimmung der Motorik nicht ebenso sicher auszuüben vermag. Für uns ist die Optik der beiden Stäbe wohl in jeder Stellung zu einfach und klar, als daß wir ihnen gegenüber in diese Verlegenheit kommen könnten, doch brauchen wir diese Bedingungen nur wenig zu komplizieren (Aufklappen eines Liegestuhles), so kommt auch unsere optische Wahrnehmung leicht in einen Zustand, in der sie für Sekunden unsere Bewegungen nicht diktieren kann wie sonst.

In Fällen reiner Alexie (Wertheimer) scheint diese Labilität enorm gesteigert zu sein. — Man sieht allmählich, daß an ein Verständnis der schimpansischen Leistungen und Fehler gegenüber anschaulich gegebenen Problemlagen gar nicht zu denken ist ohne eine Theorie der optischen Funktionen, insbesondere der Raumgestalten.

In einem weiteren Versuch wird noch mehr Werkzeugherstellung von Sultan verlangt. (17. 6.) Außer einem Rohr von weiter Öffnung steht ihm ein schmales Holzbrett zur Verfügung, das gerade eben zu breit ist, um in die Öffnung eingeführt zu werden. — Sultan nimmt das Holzbrett und versucht, es in das Rohr hineinzustecken; das ist kein Fehler; die verschiedene Form von Holz und Rohr würde auch den Menschen zwingen, zu probieren, weil das Dickenverhältnis der beiden nicht einfach anschaulich klar ist; als das nicht gelingt, beißt er das Rohr an der Mündung auf und bricht einen langen Splitter seitwärts aus der Wand, offenbar zunächst, weil die Rohrwand dem Eindringen des Holzes im Wege war („guter Fehler"). Wie aber der Splitter entstanden ist, versucht er sofort diesen in die noch heile Mündung des Rohres einzuführen: eine überraschende Wendung, die zur Lösung führen müßte, wenn nicht auch der Splitter etwas zu breit wäre. Sultan greift wieder zum Holzbrett, bearbeitet aber nunmehr dieses mit den Zähnen, und zwar richtig am einen Ende von den beiden Kanten nach der Mitte zu, so daß die störende Breite verringert wird. Wenn er eine Weile von dem (sehr harten) Holz abgebissen hat, probiert er, ob das Brett nun in die heile Öffnung des Rohres hineinpaßt, und arbeitet so weiter — hier muß man von „wirklichem Arbeiten" sprechen —, bis das Holz etwa 2 cm tief in die Öffnung hineingeht. Nun will er mit dem zusammengesetzten Werkzeug das Ziel heranholen, aber die 2 cm genügen nicht, und das Rohr fällt dabei immer wieder von der Spitze des Holzes herunter. — Sultan ist jetzt offenbar des Holzbeißens müde; er spitzt lieber den Rohrsplitter an einem Ende zu und bringt ihn wirklich bald so weit, daß er fest im heilen Rohrende stecken bleibt und der Doppelstock gebrauchsfertig ist. — Zu der Behandlung des Holzes ist zu bemerken, daß Sultan gegen meine Erwartung fast ausschließlich an dem einen Brettende Holz abbiß, und wenn er auch einmal das andere für einen Moment in die Zähne nahm, doch keineswegs blindlings bald hier, bald dort nagte. Ebenfalls sehr befriedigend verläuft die Behandlung des Rohres. Nachdem die eine Rohrmündung durch Aufbrechen der Seitenwand zerstört ist, bleibt sie weiterhin vollständig unbeachtet. Für die andere Mündung hatte ich während des weiteren Versuches fortwährend Angst, aber obwohl Sultan mehrmals, wenn Holz und Splitter nicht hineinpaßten, schon mit den Zähnen ansetzte, biß er doch kein Mal in die Rohrwand wirklich hinein, so daß die Öffnung dauernd brauchbar blieb. Ich möchte nicht die Garantie dafür übernehmen, daß jede Wiederholung des Versuchs ebenso gut verlaufen würde. Sultan hatte offenbar einen besonders klaren Tag.

Das Anspitzen von Hölzern ist übrigens schon vor diesem Experiment häufig vorgekommen. Wenn z. B. Grande jemand durchs Gitter stechen will, so beißt sie schnell ein Brett entzwei und verschafft sich so geeignete Splitter; Sultan selbst spitzt, wenn kein Schlüssel da ist, gelegentlich ein Holz zu, um damit im Schlüsselloch herumzustochern, wie das ja von manchem Artgenossen in der Literatur bereits berichtet ist; aber dies Zubeißen von Hölzern war mir immer etwas unklar vorgekommen, und deshalb wurde hier geprüft, ob

Sultan es zu einem konsequenten Verfahren gegenüber dem sehr harten Holz bringen würde, das er nicht schon im Spiel und zufällig in verwendbare Splitter zerlegen konnte, sondern einigermaßen planmäßig bearbeiten mußte.

Daß der Doppelstock ebenso prompt hergestellt wird, wenn das Ziel zu hoch zum Herabschlagen mit einem Stab angebracht ist, und daß Chica, nachdem sie die neue Technik erst übernommen hat, auch gelegentlich die Nutzanwendung auf das Springverfahren macht, versteht sich nach allem bisherigen wohl von selbst.

5. WERKZEUGHERSTELLUNG
(Fortsetzung: Bauen)

Wenn der Schimpanse ein hoch angebrachtes Ziel mit einer Kiste nicht erreicht, besteht die Möglichkeit, daß er zwei oder noch mehr Kisten aufeinandertürmt und auf diese Weise ankommt. Ob er das wirklich tut, scheint eine einzige und einfache Frage zu sein, die sich schnell entscheiden muß. Stellt man aber Versuche hierüber an, so ergibt sich alsbald, daß das Problem für den Schimpansen in zwei wohl zu unterscheidende Teilanforderungen zerfällt, deren einer er recht leicht gerecht wird, während ihm die andere ungemeine Schwierigkeiten macht. Die erste hält der (erwachsene) Mensch im voraus für das ganze Problem, wo aber für die Tiere die Schwierigkeiten erst recht anfangen, sehen wir zunächst überhaupt kein Problem. Soll in der Beschreibung diese merkwürdige Tatsache so sehr hervortreten, wie sie sich dem Beobachter in der Anschauung aufdrängt, so ist eine Trennung der Versuchsberichte nach diesem Gesichtspunkte durchaus erforderlich. Ich beginne mit der Antwort auf die Frage, die dem Menschen die einzige scheint.

Sultan ist bei einem früher beschriebenen Versuch (vgl. S. 34) nahe daran gewesen, zwei Kisten aufeinanderzustellen, als eine nicht ausreichte; anstatt aber die schon angehobene zweite wirklich auf die erste zu setzen, hat er mit jener unsichere Bewegungen im freien Raum um diese und über ihr gemacht; dann haben andere Methoden dies verworrene Tun verdrängt. — Der Versuch wird (8. 2.) wiederholt; das Ziel ist sehr hoch angebracht, die beiden Kisten stehen nicht weit voneinander und etwa 4 m von dem Ziel entfernt; alle andern Hilfsmittel sind beseitigt. Sultan schleppt die größere der Kisten zum Ziel, setzt sie flach darunter, stellt sich, hinaufsehend, auf sie, macht Anstalten zum Sprung, springt aber nicht wirklich; steigt herab, ergreift die andere Kiste und galoppiert, sie hinter sich

Tafel IV

herziehend, im Raum umher, wobei er den üblichen Lärm macht, gegen die Wände trampelt und sein Unbehagen auf jede mögliche Weise zu erkennen gibt[1]). Sicherlich hat er die zweite Kiste nicht ergriffen, um sie auf die erste zu setzen; sie muß ihm nur helfen, seine Laune zu äußern. Mit einem Male aber ändert sich sein Verhalten vollständig; er läßt den Lärm, zieht seine Kiste von weit her geradeswegs an die andere heran und stellt sie sofort steil auf diese; dann steigt er auf den etwas schwankenden Bau, setzt mehrmals zum Sprung an, springt aber wieder nicht: das Ziel ist für den schlechten Springer noch immer zu hoch. Übrigens hat er geleistet, worauf es ankam.

(12. 2.) Chica und Grande haben wenige Tage vorher von Sultan und von mir gelernt, eine Kiste zu verwenden; dagegen kennen sie das Operieren mit zwei Kisten noch nicht. Die Situation ist die gleiche wie in Sultans Versuch. — Jedes der Tiere ergreift alsbald eine Kiste, einmal steht Chica, dann wieder Grande mit der ihrigen unter dem Ziel, aber von einem Aufeinander ist nicht die mindeste Andeutung zu beobachten. Andrerseits steigen sie kaum einmal auf ihre Kiste; wenn der Fuß schon angehoben ist, setzen sie ihn nieder, sobald sich der Blick nach oben wendet. Sicher nicht Zufall, sondern Wirkung eines Blickes zum Ziel (in die große Höhe) ist es, wenn sowohl Chica wie Grande dazu übergehen, die Kiste steil aufzustellen (vgl. Sultan S. 34); ein Abmessen der Distanz mit den Augen führt zu dieser Änderung als einem plötzlich auftretenden und klaren Versuch, der Situation besser zu entsprechen. Schließlich ergreift Grande ihre Kiste und rast wütend mit ihr umher wie früher Sultan. Ebenfalls wie bei ihm legt sich das Toben ganz unerwartet, sie zieht ihre Kiste an die andere heran, hebt sie nach einem Blick zum Ziel mit Anstrengung an, stellt sie ungeschickt auf die untere und will schnell hinaufsteigen; als aber die obere Kiste hierbei seitlich rutscht, läßt sie sie wie mutlos und ohne Gegenreaktion gänzlich fallen. — Auch Grande hat im Prinzip die Aufgabe gelöst; deshalb wird die Kiste vom Beobachter aufgehoben, fest auf die untere gestellt und hier gehalten, während Grande hinaufsteigt und das Ziel erreicht. Sie tut das nur unter großem Mißtrauen.

(22. 2.) Außer Grande und Chica ist Rana zugegen. — Grande holt erst eine, dann auch die andere Kiste unter das Ziel, hantiert

---

[1]) Alle Tiere zeigten gegen den Raum, in dem die Versuche vorgenommen wurden, eine starke Abneigung, und zwar nicht, weil in ihm experimentiert wurde — dagegen hatten sie gar nichts —, sondern wegen der unerträglichen trockenen Hitze, die in ihm zumeist herrschte. Ich konnte in jenen Tagen aus äußeren Gründen nirgends sonst experimentieren, habe es aber später nach Möglichkeit vermieden. — Einige Torheiten, die hier beobachtet wurden, sind wohl zum Teil Erschöpfungssymptome.

aber in einer Weise, die den Eindruck der Ratlosigkeit erweckt, mit ihnen herum, ohne die eine auf die andere zu stellen. Das sieht ganz ähnlich aus, wie die bisweilen zu beobachtenden Zustände von „Direktionsmangel", in die Sultan und Chica gegenüber den beiden Rohren verfallen können. — Mit einem Male springt Chica hinzu, stellt ohne weiteres die eine Kiste auf die andere und steigt hinauf. Ob es sich hier um eine Nachwirkung des vorigen Versuches und des Beispieles von Grande handelt oder um eine Lösung, die jetzt selbständig auftritt, ob vielleicht auch das Herumhantieren von Grande eben als Hilfe wirkt, das ist schwer zu entscheiden.

Ein neues Ziel wird angebracht: jetzt stellt Rana die eine Kiste flach unter das Ziel und die zweite sofort (ebenfalls flach) darauf; aber der Bau ist zu niedrig, und die Tiere hindern sich gegenseitig daran, ihn zu verbessern, da sie nun alle zugleich und jedes auf eigene Faust bauen wollen. — Wie ich Rana kenne, möchte ich in diesem Fall Nachahmung des eben Gesehenen annehmen, zum mindesten eine starke Hilfe des Vorbildes; doch kommt es auf diese Frage hier nicht an.

Eine Reihe von weiteren Versuchen, die aber keineswegs schnell wie in andern Fällen zu größerer Sicherheit in der neuen Leistung führten, wird nachher beschrieben. Nachdem sich die Tiere in ihnen gewöhnt hatten, zwei Kisten sofort übereinander zu bauen, wenn die Situation es erforderte, entstand die Frage, ob sie in derselben Richtung noch weiter fortschreiten würden.

Die Versuche (höheres Ziel, drei Kisten in einiger Entfernung) ergaben bei Sultan zunächst, daß er nur noch schwierige Bauten aus zwei übereinander steilgestellten Kisten ausführte, die wie Säulen aussahen und natürlich recht hoch anzukommen erlaubten (8. 4.); die dritte Kiste holte er wohl mit den beiden andern von vornherein an die Baustelle, ehe er an die Konstruktion selbst heranging, ließ sie aber unverwendet nebenbei stehen, da er mit seiner Säule ohnedies das Ziel erreichte.

(9. 4.) Das Ziel hängt noch höher; Sultan hat vormittags gehungert und geht deshalb mit großem Eifer an die Arbeit. Die schwere Kiste legt er flach unter das Ziel, setzt die zweite steil darauf und versucht obenstehend das Ziel zu ergreifen; als er nicht ankommt, blickt er hinunter und in der Umgebung umher, haftet mit den Augen an der dritten Kiste, die ihm wohl zuerst wegen ihrer Kleinheit als wertlos erschienen ist, steigt mit großer Vorsicht herab, ergreift die Kiste, klettert mit ihr hinauf und vollendet den Bau.

Besonders weit brachte es mit der Zeit Grande, von den Kleinen damals das stärkste, aber auch bei weitem das geduldigste Tier. Sie ließ

Tafel V

sich durch viele Mißerfolge, durch Zusammenstürzen der angefangenen Bauten, durch allerhand (zum Teil unvermerkt selbstgeschaffene) Schwierigkeiten nicht von der Arbeit abbringen, kam bald dazu, wie Sultan drei Kisten aufeinanderzusetzen (vgl. Tafel IV), und brachte es (30. 7. 14) sogar zu einem schönen Bau aus vier Kisten, als sich in der Nähe ein größerer Käfig fand, dessen breite Fläche ein sicheres Aufsetzen der drei übrigen Bauteile erlaubte. — Als im Frühjahr 1916 wieder Gelegenheit zu höheren Aufbauten gegeben wurde, war Grande auch nach der langen Pause die relativ beste und eine mindestens so vorzügliche Architektin wie früher; hohe Bauten aus vier Bauelementen machten ihr zwar Schwierigkeiten, aber sie gelangen in hartnäckiger Bemühung doch recht gut (vgl. Tafel V).

Chica errichtet zwar auch ohne zuviel Bauunglück Türme aus drei Kisten, hat es aber zu der Übung von Grande nicht bringen können, da sie, ungeduldig und schnell von Natur, gefährliche Sprünge mit und ohne Stange, vom Boden oder von einem niedrigen Bau aus dem langsamen Weiterbauen vorzieht und vielfach mit Erfolg ausführt, wenn Grande bei ihrem Verfahren noch eine Weile schwer zu arbeiten hat[1]). — Rana kommt wohl kaum über zwei Kisten hinaus. Ist sie soweit, so geht sie entweder zu endlosem Herumprobieren mit Miniaturspringstöcken über oder, und das ist häufig, sie stellt die obere Kiste mit der offenen Seite aufwärts und spürt nun einen unwiderstehlichen Drang, sich in diese hineinzusetzen; ist das einmal geschehen, so fühlt sie sich zu wohl, um aufzustehen und weiterzubauen. — Konsul hat niemals gebaut, Tercera und Tschego brachten es nur zu schwachen Versuchen, Nueva und Koko gingen ein, ehe sie in dieser Hinsicht geprüft werden konnten.

Unzweifelhaft stellen Bauwerke wie etwa die abgebildeten von Grande schon recht tüchtige Leistungen dar, zumal wenn man bedenkt, daß die Konstruktionen von Insekten (Ameisen, Bienen, Spinnen) und von andern Vertebraten (Vögeln, Bibern) zwar dem Resultat nach vollendeter ausfallen können, aber sicherlich auch auf einem ganz anderen und entwicklungsgeschichtlich primitiveren Wege zustande kommen. Die sogleich folgenden Ausführungen werden zeigen, daß zwischen den tüchtigen, aber doch unbeholfenen Bauten eines begabten Schimpansen und der sicheren und objektiv eleganten Netzkonstruktion der Spinne z. B. der Unterschied genereller Art ist, wie ja das aus dem bisher Berichteten im Grunde schon hinreichend hervorgehen müßte. Aber leider habe ich die Erfahrung gemacht, daß sogar sonst einsichtige Zuschauer bei solchem Bauen die

---

[1]) Statt als Springstange benutzt Chica den Stock auch bisweilen zum Schlagen (vgl. die Tafel VI).

Frage stellen, „ob das nicht Instinkt sein könne". Deshalb sehe ich mich gezwungen, noch besonders hervorzuheben: Die Spinne und ähnliche Künstler fertigen wahre Wunderwerke an, aber die speziellen Bedingungen gerade nur für diese liegen in ihnen der Hauptsache nach vollkommen fest, längst ehe der Anlaß zur Ausführung sich darbietet. Nichts von einer speziellen Anlage, hoch angebrachte Ziele durch Auftürmen von Baumaterial zugänglich zu machen, bekommt der Schimpanse für sein Leben einfach mit, und er bringt es doch aus eigener Kraft so weit, wenn die Umstände es erfordern und Baumaterial vorhanden ist.

Der erwachsene Mensch ist wohl deshalb geneigt, die eigentliche Schwierigkeit zu übersehen, die der Schimpanse bei solchem Bauen findet, weil er annimmt, das Aufsetzen eines zweiten Bauelementes auf das erste sei nur eine Wiederholung des Hinstellens des ersten auf den Boden (und unter dem Ziel); wenn die erste Kiste stehe, sei ja ihre Oberfläche einer Stelle ebenen Bodens äquivalent, und deshalb an dem Auftürmen eigentlich nur das Anheben etwas äußerlich Neues. So scheint höchstens noch fraglich zu bleiben, ob die Tiere einigermaßen „ordentlich" dabei vorgehen, ob sie die Kisten nicht durchaus ungeschickt handhaben u. dgl. Ich selbst hatte keineswegs erwartet, durch die Beobachtung noch vor eine weitere und viel wichtigere Frage gestellt zu werden. Daß aber noch eine besondere Schwierigkeit vorliegt, dürfte schon aus dem weiteren Einzelbericht über Sultans Anfänge im Bauen hervorgehen.

Ich wiederhole: Als Sultan zum erstenmal eine zweite Kiste heranholt und anhebt (28. 1.), bewegt er sie dann in rätselhafter Weise im Raum über der ersten umher und setzt sie nicht auf diese. Beim zweitenmal (8. 2., vgl. S. 96) stellt er sie anscheinend ohne jede Unsicherheit steil auf die untere, aber der Bau ist noch zu niedrig, da das Ziel versehentlich zu hoch aufgehängt wurde. — Der Versuch wird sogleich fortgesetzt, das Ziel etwa 2 m seitlich an eine niedrigere Dachstelle gehängt, der Aufbau Sultans am alten Ort gelassen. Der Mißerfolg scheint jedoch sehr störend nachzuwirken; denn Sultan bekümmert sich lange Zeit um die Kisten gar nicht, sehr im Gegensatz zu andern Fällen, wo eine neue Lösung entstanden ist und nun im allgemeinen (Koko hat allerdings eine Lösung beinahe wieder verloren) leicht wiederholt zu werden pflegt. Es mag wohl sein, daß für den Schimpansen (wie den Menschen) das praktische „Durchkommen" mit einer Methode für die Einschätzung ihrer Tauglichkeit hinterher mehr bedeutet, als sachlich ganz gerechtfertigt wäre (Beurteilung ex eventu im schlechten Sinn).

Tafel VI

Mitunter geht es einem so, daß man eine mathematische oder physikalische Frage mit vollkommen richtigen „Ansätzen" zu bearbeiten beginnt, weiter rechnet oder denkt, auf einen Punkt kommt, wo sich anscheinend der Weg verliert, nun das ganze Verfahren verwirft, und erst später einmal entdeckt, daß die Methode vollkommen richtig und jene Schwierigkeit nur ganz nebensächlicher Art war, daß sie mit Leichtigkeit hätte überwunden werden können. Wäre bei ihrem Auftreten der gedankliche Zusammenhang allein maßgebend gewesen und streng nachgeprüft worden, so hätte sich schon damals zeigen müssen, daß das Hindernis unwesentlich war. Je weniger man gerade alle in Betracht kommenden Zusammenhänge übersieht, desto mehr wird man sich durch einen äußerlichen Mißerfolg einschüchtern lassen, und so ist es nicht überraschend, daß der Schimpanse, der gewisse Seiten der Situation durchaus nicht klar erfaßt, von einem methodisch unwesentlichen Mißerfolg ebenso wie von einem prinzipiellen Fehler beeinflußt wird und das Ganze mutlos aufgibt, weil ein Nebenumstand die erste Ausführung mißlingen ließ. Ein gutes Beispiel hat schon Grande geliefert, als sie plötzlich eine zweite Kiste auf die erste setzt: Die Lösung ist nicht nur objektiv prinzipiell gut, sie tritt auch mit dem Charakter der Echtheit auf; aber das Unglück will, daß die obere Kiste mit einer Ecke auf ein Querbrett gerät, das über die Oberfläche der unteren genagelt ist; als das Tier aufsteigen will, rutscht die Kiste zur Seite, Grande läßt sie ganz fallen und zeigt in ihrem Verhalten deutlich, daß für sie damit die ganze Methode zunächst nicht mehr in Betracht kommt. — Aber dergleichen entspringt immer dem Umstand, daß eine Seite der Angelegenheit nicht klar überschaut ist, und so kommen wir schon zu dem Hauptpunkt: Der Versuch mit zwei Kisten enthält Bedingungen, welche der Schimpanse nicht recht erfaßt.

Im weiteren Verlauf des Versuches kommt es zu einer merkwürdigen Episode: Das Tier wendet sich älteren Methoden zu, will den Wärter an der Hand zum Ziel bringen, wird abgeschüttelt, versucht dasselbe bei mir und wird ebenfalls abgewiesen. Der Wärter bekommt den Auftrag, wenn Sultan ihn wieder heranholen will, scheinbar nachzugeben, aber, sobald das Tier ihm auf die Schulter klettert, tief niederzuknien. Nicht lange, so kommt es wirklich hierzu: Sultan steigt auf die Schultern des Mannes, sobald er ihn unter das Ziel gebracht hat, der Wärter bückt sich schnell, das Tier steigt klagend herab, faßt den Wärter mit beiden Händen unters Gesäß und bemüht sich heftig, ihn in die Höhe zu drücken. Eine überraschende Art, das menschliche Werkzeug zu verbessern!

Als Sultan sich danach nicht mehr um die Kisten kümmert, erscheint es — die Lösung hat er ja schon einmal selbst gefunden — durchaus angebracht, die Wirkung des unverschuldeten Mißerfolges aufzuheben. Ich stelle Sultan seine Kisten unter dem Ziel aufeinander, genau wie er es vorher an der ersten Zielstelle getan hat, und lasse ihn das Ziel erreichen.

Was die Bemühung Sultans anbetrifft, den Wärter wieder aufzurichten, so möchte ich mich wieder von vornherein gegen den Vorwurf des „Mißverstehens", des „Hineinlegens" entschieden verwahren: der Vorgang ist schlechterdings nur beschrieben, und mißverstanden kann er überhaupt gar nicht werden. Damit jedoch der Fall als isoliert nicht Bedenken erregt — die an sich nicht berechtigt sind, sobald feststeht, daß Sultan den Wärter und mich nicht einmal, sondern immer wieder als Schemel zu verwenden sucht — reihe ich kurz die Beschreibung ähnlicher an: (19. 2.) Sultan kann auf die Lösung eines Versuches nicht kommen, in welchem das Ziel jenseits des Gitters außer Reichweite liegt; ich stehe innerhalb in seiner Nähe. Nach vergeblichen Bemühungen anderer Art kommt das Tier auf mich zu, ergreift meinen Arm, zieht mich daran dem Gitter zu, zugleich mit aller Kraft zu sich herunter und schiebt meinen Arm zwischen den Gitterstäben dem Ziele zu. Als ich es nicht greife, geht er zum Wärter und versucht bei diesem genau das gleiche. — Später wiederholt er (26. 3.) dies Verfahren mit dem einzigen Unterschiede, daß er mich zuerst, da ich diesmal draußen stehe, mit kläglichem Bitten an sein Gitter lockt. In diesem wie dem ersten Falle habe ich gerade so viel Widerstand geleistet, daß das Tier ihn eben noch überwinden konnte, und es ließ nicht eher von mir ab, als bis meine Hand auf dem Ziel lag und ich ihm (im Interesse des Experimentierens in Zukunft) doch den Gefallen nicht tat, es heranzuholen. — Ich erwähne weiter, daß die Tiere an einem heißen Tag den Gang „Wasser" länger als gewöhnlich erwarten mußten, und deshalb am Ende den Wärter einfach an der Hand, am Fuß, an der Kniekehle festnahmen und mit aller Gewalt der Tür zudrängten und zuschoben, hinter der der Wassertopf zu stehen pflegte. Das wurde dann für längere Zeit ständiger Brauch; versuchte der Mann weiter Bananen zu füttern, so nahm ihm Chica diese wohl auch kurzweg aus der Hand, legte sie beiseite und zog ihn zur Tür (Chica hat immer Durst). — Es wäre ganz verfehlt, wollte man den Schimpansen gerade in solchen Dingen für stumpf und blöd halten. Zu dem oben berichteten Vorkommnis ist noch zu bemerken, daß die Tiere bei der hiesigen Männertracht (Hemd und Hose ohne Rock) den Menschenkörper besonders leicht verstehen können. Ist ihnen noch etwas unklar, so untersuchen sie es bei Gelegenheit, und man braucht nur an Kleidung oder Tracht (Bart) eine stärkere Änderung vorzunehmen, so stellen Grande und Chica bald eine sehr interessierte Prüfung an.

Nach der ermutigenden Hilfe werden die Kisten wieder beiseite gestellt. Ein neues Ziel kommt an die gleiche Dachstelle. Sultan macht sofort und recht schnell einen Aufbau aus beiden — aber an der Stelle, wo ganz zu Anfang des Versuches das Ziel gehangen und sein eigener erster Aufbau gestanden hat. Unter etwa hundert Fällen von Kistenverwendung und Bauen ist dies das einzige Mal, daß eine Torheit dieser Art begangen wurde. Sultan macht dabei einen vollständig verworrenen Eindruck und ist vermutlich erschöpft, da der Versuch in dem heißen Raum schon über eine Stunde dauert[1]). Die Kisten werden, da Sultan sie dauernd ganz planlos hin und her schiebt, am Ende noch einmal unter dem Ziel aufeinandergesetzt; Sultan erreicht es und wird entlassen. Nur an einem Tage habe ich ihn noch ähnlich verstört und wirr gesehen.

Am folgenden Tage (9. 2.) zeigt sich klar, daß in der Sache selbst eine besondere Schwierigkeit liegen muß: Sultan holt eine Kiste unter das Ziel, bringt aber die zweite nicht heran; schließlich wird ihm der Aufbau hergestellt, er erreicht das Ziel. Das sofort angebrachte neue — der Aufbau ist wieder zerstört — veranlaßt ihn durchaus nicht zum Arbeiten; er will nur immer den Beobachter als Schemel benutzen; noch einmal wird der Aufbau für ihn gemacht. Unter das dritte Ziel setzt Sultan die eine Kiste, zieht auch die andere herbei,

---

[1]) Ich bemerkte erst später, daß ich in den ersten Monaten die Tiere überhaupt etwas stark anstrengte; die ihnen und dem Klima angemessene Langsamkeit des Vorgehens bildete sich erst mit der Zeit aus.

stockt aber im kritischen Augenblick, während sein Gebaren vollkommene Ratlosigkeit verrät; fortwährend blickt er zum Ziel auf und greift dabei unsicher an der zweiten Kiste herum. Ganz plötzlich packt er sie dann fest und setzt sie mit bestimmter Bewegung auf die erste. Die Unsicherheit während längerer Zeit steht im schärfsten Kontrast zu dieser plötzlichen Lösung.

Zwei Tage später wird der Versuch wiederholt; das Ziel hängt wieder an einer neuen Stelle. Sultan setzt eine Kiste etwas schräg unter das Ziel, bringt die zweite hinzu, hebt sie schon an — da läßt er sie, zum Ziel blickend, wie mutlos wieder sinken. Nach mehreren Zwischenaktionen (Entlangklettern am Dach, Heranziehen des Beobachters) begibt er sich wieder ans Bauen, stellt sorgfältig die erste Kiste steil unter dem Ziel auf und hat nun große Mühe, die zweite auf sie hinaufzubringen; im Drehen und Zerren bleibt sie, mit ihrer offenen Seite über eine Ecke der unteren gestülpt, oben hängen, Sultan steigt hinauf und stürzt alsbald mit dem Bau zu Boden. Ganz erschöpft bleibt er in einem Winkel des Raumes liegen und betrachtet von hier aus Kisten und Ziel. Erst nach geraumer Weile geht er wieder an die Arbeit, stellt die eine Kiste steil auf und versucht so anzukommen, springt herunter, ergreift die zweite und erreicht in zähem Eifer schließlich, daß sie auf der ersten ebenfalls steil aufgerichtet steht, wenn schon so stark seitlich verschoben, daß sie bei jedem Versuch aufzusteigen, sogleich ins Kippen kommt. Erst nach vielem Herumprobieren, bei dem das Tier ganz offenbar blind verfährt und alles von Erfolg und Mißerfolg planloser Bewegungen abhängen läßt, ist die obere Kiste in einer Stellung, in der sie nicht schon unter dem probierenden Fuß ins Kippen kommt, und das Ziel wird erreicht.

Von diesem Versuch an verwendete Sultan die zweite Kiste stets sofort und war vor allem nie mehr ganz im unklaren darüber, wohin genauer er mit ihr sollte.

Der Bericht zeigt, daß nach der ersten selbständigen Lösung im ganzen viermal die Kisten für Sultan aufeinandergestellt wurden; in den Versuchen von Grande (Chica und Rana) habe ich nach der ersten Lösung dreimal diese Hilfe gegeben, welche sehr geeignet erschien, die Tiere zu weiterem Beharren bei der Methode anzuspornen. Hätte ich sie stark hungern lassen und von Zeit zu Zeit immer wieder in die gleiche Situation gebracht, so wäre die Fortentwicklung des Bauens wohl auch ohne diese Eingriffe dieselbe gewesen. Wichtiger jedoch als die Frage, ob die Schimpansen ohne Ermutigung beim Bauen bleiben und dann zu Bauten aus drei und vier Elementen übergehen, kam es mir nach den ersten Erfahrungen vor, daß sofort eingehend ihre Art des Bauens beobachtet werde; deshalb habe ich die Tiere nach der ersten prinzipiellen Lösung möglichst zum Bauen ermuntert.

Wäre das Aufsetzen der zweiten Kiste nichts anderes als die Wiederholung der einfachen Kistenverwendung (zu ebener Erde) auf einer höherliegenden ebenen Fläche, dann wäre nach den sonstigen Erfahrungen gar nicht zu erwarten, daß die einmal gefundene Lösung sich nicht recht will reproduzieren lassen: Sultan und Grande ist es ja in den Tagen dieser Versuche schon ganz geläufiges Verfahren, hoch angebrachte Ziele mit Hilfe einer Kiste zu erreichen, wie sich das auch in den Versuchen zeigt; aber beide kommen nicht leicht zu einer Reproduktion des Bauverfahrens, und ein Blick auf die Versuchsbeschreibungen zeigt, daß sicherlich nicht allein der erste (äußerlich-praktische) Mißerfolg hieran schuld ist. Ebenfalls ist ein ganz äußerliches Moment nicht die Hauptursache: Die Kisten sind freilich schwer für die kleinen Tiere, und es gibt im Verlauf der Versuche Augenblicke, wo sie einfach mit dem Gewicht nicht fertig werden. Aber man muß nur sehen, mit welcher Energie und mit wie gutem Erfolg sie die Last im allgemeinen stemmen und heben, wenn sie überhaupt aufbauen, und wie sie auch wieder in den Zustand vollkommener Ratlosigkeit geraten können, während sie die zweite Kiste schon hoch genug erhoben halten und sie (nach Menschenbegriff) nur eben noch auf die untere herabzusenken brauchen — die Tiere unterlassen das weitere Bauen nicht aus bloßer Scheu vor der körperlichen Anstrengung. Eher sind sie ganz zuerst ein wenig ungeschickt. Aber auch darauf darf man nicht zuviel geben; denn wahrscheinlich hängt doch das Aufgeben der Methode nach der ersten Probe mit dem sonstigen merkwürdigen Verhalten, der mehrfachen plötzlichen Ratlosigkeit gegenüber den zwei Kisten, innerlich zusammen, und dies Gebaren hat gar nichts mit Ungeschicklichkeit zu tun. Das Tier verfährt dann nicht wie jemand, der eine bestimmte Handlung ungeschickt vollzieht, sondern wie jemand, dem die Situation überhaupt keine eindeutige Anweisung zu einer bestimmten Handlung gibt.

Diese Hemmung, Ratlosigkeit oder wie man es nennen will, die die Tiere in den ersten Versuchen befallen kann, wenn offenbar die Lösung „Zweite Kiste darüber!" schon aufgekommen ist, und sie bereits an die Ausführung gehen, wurde dreimal an Sultan, zweimal an Grande und am besten später (Frühjahr 1916) an der erwachsenen Tschego beobachtet, als diese zum erstenmal eine Kiste auf die andere setzen wollte. Ich betone noch einmal: Zunächst geht alles gut; nachdem die Tiere ganz in die Situation eingeweiht sind und sich überzeugt haben, daß sie von der einen Kiste aus das Ziel nicht erreichen, kommt ein Augenblick, wo plötzlich die zweite Kiste in die Aufgabe einbezogen wird. Sie zerren sie dann hin oder (Tschego) tragen sie bis heran und stocken mit einem Male, wenn sie der ersten nahekommen. Mit unsicheren Bewegungen halten sie die zweite hin und her über der ersten (falls sie sie nicht sofort ratlos zu Boden sinken lassen, wie einmal Sultan), und wenn man nicht wüßte, daß dieselben Tiere im gewöhnlichen Wortsinn vortrefflich sehen, so könnte man glauben, extrem Schwachsichtige vor sich zu haben, die nur schlecht erkennen, wo eigentlich die erste Kiste steht. Bei Tschego besonders dauert das Herumheben der zweiten über der ersten Kiste und seitlich aufwärts von ihr eine ganze Weile, ohne daß beide sich für mehr als Momente berühren. Man kann das wirklich nicht ansehen, ohne sich zu sagen: Hier liegen zwei Aufgaben vor; die eine („Zweite Kiste darüber!") ist für die Tiere wirklich keine sehr große Anforderung, wenn sie erst einfache Kistenverwendung kennen; die andere, „eine Kiste an der anderen anbringen, so daß sie erhöht festbleibt", ist äußerst schwer. Denn darin liegt der einzige wesentliche Unterschied zwischen der Verwendung einer Kiste auf dem Boden und dem Aufsetzen einer zweiten auf die erste: In jenem Fall wird auf die homogene und formenlose Bodenfläche, welche keinerlei besondere Anforderungen stellt, eine kompakte Form niedergelassen oder sie wird gar nur auf ihr entlanggezerrt (bis unters Ziel), ohne sie je zu verlassen; — in diesem Fall soll ein engbegrenzter Körper von spezieller Form mit einem andern gleichartigen in einer Weise zusammengebracht werden, daß ein bestimmtes Resultat sich ergibt, und hierbei scheint der Schimpanse an eine Grenze seiner Fähigkeiten zu kommen.

Ein Rückblick läßt sofort sehen, daß die früher beschriebenen Versuche mit nur einer Kiste auf ebenem Boden notwendig über diese Schwierigkeit hinwegtäuschen müssen und insofern kein zureichendes Bild vom Schimpansen geben können: Entweder zieht das kleine Tier seine Kiste bis ungefähr unter das Ziel oder es kantet sie hin. In beiden Fällen ist es recht gleichgültig, ob die Kiste einige Zentimeter, ja Dezimeter nach rechts, links, vorn, hinten verschoben ist; überall bleibt der Boden gleich eben (das Ziel trotz kleiner seitlicher Abweichungen doch gut erreichbar[1]), und deshalb begibt sich die Kiste unter den Händen des Schimpansen — der gar kein Problem sieht — in kurzer Bewegung von selbst in eine Gleichgewichtslage, in der sie brauchbar ist. — Ganz anders der Versuch mit zwei Kisten:

---

[1] Zu große Fehler dieser Art gegenüber dem Ziel werden auch leicht und „echt" korrigiert (vgl. Koko); hier kommt kein Formfaktor höherer Art, sondern nur „grobe Distanz" ins Spiel.

Hier begegnet der Schimpanse schon einem statischen Problem, das er lösen muß[1]), da erste und zweite Kiste es nicht von selbst lösen, wie erste Kiste und ebener Grund es taten.

Diese Erörterung führt zu der Konsequenz, daß der Schimpanse auf eine sehr große Kiste unter dem Ziel, deren Oberfläche sich optisch und physikalisch mehr wie der Erdboden verhält, eine zweite viel kleinere ohne Mühe aufsetzen wird; wirklich stand in allen Fällen, wo ein großer Kätig das untere Bauelement bildete, die kleine zweite Kiste sogleich fest auf ihm, sobald sie hinauftransportiert war.

Es gibt zwei Arten von einsichtiger Statik, ebenso wie (vgl. oben S. 53 f) zwei Arten, die Hebelfunktion zu beherrschen. Die eine Art, die des Physikers (Schwerpunkt, Moment einer Kraft usw.), kommt hier ebensowenig in Betracht, wie sie mit den unzähligen Fällen etwas zu tun hat, in denen der Mensch Dinge „richtig" auf andere legt oder stellt. Leider hat die Psychologie bisher noch nicht begonnen, diese Art von Physik des naiven Menschen zu untersuchen, die rein biologisch eine größere Bedeutung hat als die Wissenschaft gleichen Namens, da ja nicht nur Statik und Hebelfunktion, sondern eine Fülle sonstiger Physik ebenso doppelt vorhanden sind und die nicht wissenschaftliche Form in jedem Augenblick unser aller Verhalten bestimmt[2]).

Wie immer die naive Statik des Menschen beschaffen sein mag, schon die oberflächlichste Beobachtung zeigt, daß „Schwere" einerseits und Raumformen im anschaulichen Sinn anderseits in ihr eine ebenso große Rolle spielen, wie Kräfte und Längen, abstrakt genommen, in der strengen physikalischen Statik. Mindestens eine jener „Komponenten" muß sich beim Schimpansen in einem recht unentwickelten Zustand befinden; denn der Totaleindruck immer wieder angestellter Beobachtungen an den Tieren führt zu dem Satz: Statik ist beim Schimpansen kaum eben vorhanden, fast alles, was sich an „statischen Fragen" beim Bauen ergibt, löst er nicht einsichtig, sondern rein probierend, und man kann sich keinen schrofferen Gegensatz denken als den zwischen echten Lösungen von plötzlichem Auftreten und geschlossenem Verlauf und dem blinden Herummachen mit einer Kiste auf der anderen, in welchem der Aufbau verläuft, wenn nicht ein Glücksfall (schon oben sind solche beschrieben) von vornherein Kiste auf Kiste mit ihren

---

[1]) Er löst es wohl selten „echt"; aber sehr beachtenswert erscheint mir, daß Fälle vorkommen (wie die beschriebenen), wo doch wenigstens das anschauliche Problem als solches gewissermaßen wirkt und, wenn auch die Lösung nicht eintritt, den Schimpansen in einem ratlosen Zustand festhält: Er könnte ja die zweite Kiste auch einfach auf die erste irgendwie fallen lassen und brauchte nicht zu stocken; auch Unsicherheit kann bisweilen ein gutes Zeichen sein.

[2]) Bei Fachgelehrten natürlich in allen Graden durchsetzt mit physikalischer Wissenschaft im strengen Sinn.

Flächen fest aneinanderlegt. Echte Lösung ist unzweifelhaft auch noch „Zweite (oder dritte, vierte — nicht als Zahlen, sondern als ‚weitere') Kiste über die erste bringen", aber „Auf sie hinaufstellen" kann als Bezeichnung für das, was der Schimpanse dann wirklich treibt, nur mit Vorsicht gebraucht werden, da jene Worte schon unsere (nicht notwendig wissenschaftliche) Statik andeuten, und das Tier von dieser sehr, sehr wenig besitzt.

Nun kann man ganz Ähnliches an menschlichen Kindern der ersten Lebensjahre beobachten; auch diese probieren beim Versuch, ein Ding am andern anzubringen, indem sie das eine in verschiedenen, oft merkwürdigen Stellungen ans andere halten und bisweilen andrücken; ganz offenbar fehlt auch ihnen noch jene Art Statik. Während aber die Kinder beim Heranwachsen bis zu etwa drei Jahren das Einfachste von dieser naiven Gleichgewichtsphysik schon auszubilden pflegen, scheint der Schimpanse kaum wesentliche Fortschritte in dieser Richtung zu machen, auch wenn er Gelegenheit zur Übung genug hat. Denn obschon ihn bald seine Unsicherheit auf dem Gebiet Raumformen—Schwere nicht mehr so entmutigt, daß er angesichts des Kistenbeieinanders jede Bemühung aufgäbe, so bleibt doch, nachdem Erfolge mit der Methode seine Zuversicht gestärkt haben, die nun munter unternommene Arbeit ungefähr genau so ein Probieren wie zu Anfang: ein Drehen, Zerren, Wenden, Kippen der höheren Kiste auf der unteren, so daß die Tiere, zumal Grande, schließlich durch ihre Geduld fast Bewunderung erwecken. Man muß nicht denken, daß so ein Bau auch nur von drei Kisten in wenigen Sekunden hergestellt wäre; je mehr die Kisten zu allerhand Zwischenfällen Anlaß geben, je kleiner sie sind, je mehr übergenagelte Querleisten sie zusammenhalten, desto länger haben die Tiere zu tun, und es ist vorgekommen, daß Grande einige zehn Minuten immer wieder mit ihrem Bau allmählich in die Höhe kam, mit ihm umstürzte, wieder begann usw., bis sie vollkommen erschöpft war und einfach nicht mehr weiter konnte.

In der Wirre dieses Bauverfahrens sind einige Züge besonders charakteristisch. Kommt die obere Kiste in eine Lage, in welcher sie statisch durchaus befriedigend ruht, in der sie aber eine bedeutungslose wackelnde Bewegung ausführen kann, so wird sie oft aus dieser guten Lage herausgehoben oder -gedreht, wenn Hand oder Fuß die Schwankung entdecken (die Optik der Lage hat hier für die Kontrolle des Schimpansen keine ohne weiteres merkliche Bedeutung). Kommt die obere Kiste hierbei oder sonst zufällig in irgendeine, übrigens vollkommen beliebige Stellung, in der sie augenblicklich nicht wackelt, so besteigt sie der Schimpanse mit Sicherheit, auch wenn nur ganz geringe Reibung an irgendeiner Stelle die statisch sonst vollkommen ungesicherte Kiste momentan fixiert, und diese bei Belastung notwendig und unverzüglich umstürzen muß. So will Sultan, als wäre das selbstverständlich, die zweite Kiste besteigen, die nur eben über eine Ecke der unteren gestülpt hängengeblieben ist. — Ob eine Kiste seitlich weit aus dem Bau heraus in die Luft steht u. dgl., das ist danach dem Schimpansen ziemlich gleichgültig, und so muß bisweilen die dritte Kiste vielleicht gerade noch nicht fallen, wenn man die vierte und ihn selbst darüber entfernt. Man sieht, was herauskommt, wenn der Schimpanse hier zum erstenmal ganz deutlich von seiner optischen Behandlung der Situationen abgeht, und zwar wahrscheinlich, weil sie das Erforderliche bei ihm nicht mehr leisten kann. Es wachsen unter seiner Hand Gebilde auf und werden sogar oft genug mit Erfolg bestiegen, die, vom statischen Gesichtspunkt aus betrachtet, fast an die Grenzen des für uns Verständlichen kommen, da eben alle uns geläufigen (vor allem optisch in uns festliegenden) Baustrukturen höchstens durch Zufall und sozusagen im Kampf um das Nichtwackeln gelegentlich zustande kommen. Prüft man den ersten Dreikistenbau Grandes (vgl. Tafel IV, ich hoffe, die Reproduktion wird es erkennen lassen) etwas genauer, so sieht man, daß dieser kaum „lebensfähig" ist, und wirklich steht er im Augenblick der Aufnahme schon nicht mehr aus eigener Kraft, sondern nur infolge des richtig angesetzten Gewichtes von Grande selbst, die sich ihrerseits oben am Ziel festhält und es nicht loslassen oder abnehmen kann, ohne mit dem Bau zusammenzubrechen[1]). Dergleichen ist ganz häufig, nur daß die Bauten oft viel abenteuerlicher aussehen; meistens erfolgt die Katastrophe, ehe man zu einem günstigen und ruhigen Augenblick für die Aufnahme kommt.

Aus dieser Beschreibung folgt schon, daß die Tiere die fehlende (Alltags-) Statik des Menschen teilweise durch eine Statik dritter Art ersetzen, nämlich die des eigenen Körpers, für die ja ein besonderer neuro-muskulärer Apparat automatisch sorgt. In dieser Hinsicht ist der Schimpanse, wie mir scheint, dem Menschen womöglich überlegen, und er zieht wesentlichen Vorteil aus dieser guten Gabe. Steht er erst einmal auf einem Bau, dessen Statik dem Zuschauer Angst einflößt, so wird jede verdächtige Bewegung und Neigung, die sich andeutet, momentan und mit Meisterschaft durch Verlagerung des Körperschwerpunktes, Heben der Arme, Beugen des Rumpfes usw. kompensiert, so daß nun auch die Kisten unter dem Tier gewissermaßen von dessen Labyrinth-Kleinhirn-Statik mit abbekommen. Man kann wohl sagen, daß bei einem großen Teil der Bauten das

---

[1]) Sofort nach der Aufnahme ist das Unglück denn auch geschehen.

Tier selbst mit seiner fein geregelten Gewichtsverteilung einen Bestandteil ausmacht, ohne den das Gebäude stürzen muß. Aber freilich: dazu kommt es, von einer „Lösung" im Sinne der sonst hier beschriebenen kann bei dieser (im engeren Sinn physiologischen) Leistung nicht die Rede sein.

Ich warne vor einer ungefähren, bequemen und gegenüber dem wirklichen Tatbestand ganz nichtssagenden Wendung, als seien die Tiere nur zu unordentlich und fahrig, um mehr regelrecht statisch zu bauen. Für den Neuling kann ihre Art zunächst so wirken; längere Beobachtung von Grandes unermüdlichem Fleiß, der ebensowohl „statisch Ordentliches" nach dem Entstehen wieder zerstört, weil etwas daran wackelt, wie „statisch Verkehrtes" in angestrengtem Probieren herstellt, wird jeden belehren, daß die Ursache tiefer liegt, und wenigstens die bisher beobachteten Tiere hier durch eine Schranke ihrer „optischen Einsicht" prinzipiell behindert werden[1]).

Wenn die Tiere ein passendes Zusammen der Bauelemente nicht einsichtig herstellen können, so darf man sich nicht darüber wundern, daß sie ein bestehendes Zusammen oft nicht erfassen und deshalb ohne Einsicht damit umgehen, da wieder die entsprechenden Teile der Menschenphysik (naiver Art) fehlen und anscheinend nur schwer erworben werden; auch hier handelt es sich nicht einfach um Unordnung und Hast. So kann man mitunter sehen, daß Grande (auch andere), auf einer Kiste stehend, eine andere hinaufziehen will, die einerseits offen ist und in die die schon aufgestellte Kiste mit einer Ecke hineinragt. Grande verhindert also mindestens zum Teil durch ihr eigenes Gewicht, das auf beiden lastet, daß jene zweite Kiste gehoben werden kann, und sie gibt sich doch große Mühe, diese in die Höhe zu zerren, reißt und schüttelt und gerät am Ende in Wut, wie sie ahnungslos sich selbst behindert. — Ebenso kommt es vor, daß Grande auf einer Kiste steht, die an den Enden von zwei andern wie von zwei Pfeilern getragen wird[2]) und ihr nun eine der

---

[1]) Nueva ging mit Raumformen so viel klarer um als alle andern, daß man daran denken könnte, sie hätte vielleicht etwas andere Art gebaut, wenn sie überhaupt bis zu Bauversuchen gekommen wäre. — Daß eine „optische Schwäche" vorliegt, gilt deshalb auf jeden Fall, weil auch die naive „Gravitationsphysik", die „Schwere", zum guten Teil optisch festgelegt ist.

[2]) Derartiges kommt nur durch Zufall zustande. Niemals hat eines der Tiere einen Aufbau absichtlich nach dem Brückenprinzip gemacht, obwohl ich ihnen in mehreren Versuchen ein solches Verfahren recht nahelegte, z. B. das Ziel hoch aufhängte, links und rechts von ihm schwere, feste Sockel von vornherein aufstellte und ein starkes Brett in die Nähe brachte, so daß sie dieses nur quer hinüberzulegen brauchten, um auf ihm, in der Mitte stehend, das Ziel zu erreichen. Das Brett wurde (von Sultan und Chica) stets als Springstock gebraucht. — Ähnlich wie dieser sind auch alle sonstigen Versuche mißlungen, in denen prinzipiell das Angreifen zweier Kräfte zugleich eine Rolle spielt.

unteren Kisten als Bauelement gut scheint; dann zerrt sie diese, wenn es geht, ruhig an der Seite heraus und erschrickt sehr, wenn sie nun (sachlich notwendigerweise) mit der Kiste, auf der sie steht, zu Boden stürzt. Noch 1916 habe ich das gesehen; es kommt eben nicht zu einer wesentlichen Besserung.

Daß man gut tut, beim Bauen nicht die offene Seite einer Kiste nach oben zu kehren, scheinen die Tiere dagegen zu lernen, obwohl gerade dies kein Punkt von hervorragender Bedeutung ist, und viele Bauten zustande kamen, in denen quer über einer Öffnung die nächste Kiste ganz fest lag. Jedenfalls kommt diese Bauart allmählich seltener vor.

Das Aufsetzen höherer Kisten auf die unteren kann vom Erdboden oder den vorstehenden Rändern niedrigerer Etagen (von unten) erfolgen, aber auch so, daß das Tier, selbst auf der obersten Fläche stehend, die nächste Kiste zu sich hinaufzerrt. Jenes Verfahren ist im allgemeinen praktischer, da bei ihm der Architekt nicht der eigenen Arbeit im Wege ist wie leicht im andern Fall, und zu Anfang wandten es die Tiere auch regelmäßig an; in gemeinsamen Bauversuchen der ganzen Gesellschaft, die später beschrieben werden, kam aber zuviel darauf an, die jeweilige Oberfläche des Baues besetzt zu halten, und so wurde hierbei das zweite Verfahren gebräuchlich.

Bisweilen erscheint es angebracht, eine aus den Beobachtungen hervorgehende Tatsache durch einen Extremversuch in schärfster Form darzustellen. Zu diesem Zweck wurden die Tiere in unserm Fall vor die folgende Situation als Aufgabe gestellt: Das Ziel ist hoch angebracht, eine Kiste liegt in der Nähe, aber der Grund unter dem Ziel ist von einem Haufen mittelgroßer Steine bedeckt, auf denen eine Kiste kaum genügend fest aufgestellt werden kann — (11. 4. 14.) Chica stellt sich auf den Steinhaufen und sucht vergeblich mit der Hand, später mit einem Stock anzukommen; um die Kiste kümmert sie sich überhaupt nicht und nach kurzer Zeit auch nicht mehr um das Ziel. — Ein zweiter Versuch, mehrere Stunden später am gleichen Tage, hat genau den gleichen Verlauf. Damit ist natürlich nichts anzufangen; daß Chica den Steinhaufen sofort als Hindernis sieht, erscheint mir vollkommen unmöglich, da sie es in viel gröberen Hindernisversuchen nie zu solcher Klarheit des Erkennens gebracht hat; auf jeden Fall würde sie wenigstens eine Probe machen. — Um so eindeutiger verlief der Versuch mit dem klügsten Tier, Sultan, bei ebenderselben Situation und am gleichen Tage: Er zieht sofort die Kiste auf den Steinhaufen, bringt sie aber nicht recht zum Stehen, zerrt von weither eine große Käfigkiste heran, kippt sie auf die Steine, setzt die erste darüber und erreicht nach 15 Minuten schärfster Arbeit das Ziel, allerdings auf einem Bau, der vollkommen schief in die Luft steht. — Die Steine werden jetzt zu einer ganz spitzen Pyramide aufgeschichtet. Aber diesmal hat Sultan infolge glücklicher Zufälle schon in wenigen Minuten seine Kiste einigermaßen auf dem Haufen angebracht und erreicht abermals das

Ziel. — Bei einer dritten Wiederholung — die Pyramide ist wieder ausgebessert — hat er keinen Erfolg und gibt bald seine Anstrengungen auf. — Während der Versuche hat er nicht die geringste Bewegung gemacht, um die Steine beiseitezuschieben und den ebenen Grund freizulegen.

Anstatt der Steine wird am folgenden Tage eine Anzahl Konservenbüchsen unter dem Ziel niedergelegt, und zwar in „Rollage". — Sultan ergreift sofort die Kiste und versucht sie auf den Blechdosen aufzurichten, wobei die Kiste immer wieder seitwärts fortrollt. Nach längerem Herumhantieren mit der Kiste hat er (durch Zufall) etwas seitlich unter dem Ziel die Büchsen so verschoben, daß ein freier Platz, groß genug, die Kiste (steil) daraufzustellen, zwischen ihnen entstanden ist. Aber er macht weiter angestrengte Versuche, die Kiste auf den Dosen aufzurichten, ohne diese freie Stelle im mindesten zu beachten. Nichts deutet auch in seinem Verhalten auf ein Bestreben hin, die rollenden Konservenbüchsen zu entfernen, obwohl das in wenigen Sekunden ohne jede Mühe geschehen könnte. Schließlich steht die Kiste zufällig auf Boden und Dosen, schräg, aber doch einigermaßen fest, und Sultan erreicht das Ziel.

Der Versuch mit Sultan wird dadurch besonders wichtig, daß dies Tier ja die belastenden Steine alsbald aus der Kiste nimmt, als diese sich nicht transportieren läßt; Hindernisse, die es als solche versteht, entfernt es also. Derselbe frühere Versuch zeigt auch, daß der Schimpanse nicht etwa Hindernisse als „vom Herrn" getroffene Vorkehrungen zu sehr respektiert, um sie zu entfernen. Das ist ein Anthropomorphismus. Wieso da merkwürdiger Kram unter dem Ziel liegt, darüber dürfte Sultan wohl keine Überlegungen anstellen, und was den Respekt anbetrifft, so spart er sich den im allgemeinen bis zu dem Augenblick auf, wo nach einem Vergehen die traurigen Folgen wirklich eintreten; es müßte sonst etwas so oft verboten sein wie das Entlangklettern am Dachgitter, welches allerdings in meiner Gegenwart schließlich selten geschah.

Im März 1916 kam dieselbe Prüfung mit Grande als Versuchstier zufällig zustande. Chica war mit einem kurzen, kräftigen Baumstamm vergeblich nach dem Ziel gesprungen und hatte ihn unter diesem liegen lassen. Grande fing an zu bauen, und zwar zunächst auf freiem Boden; als aber beim Herumhantieren mit den Kisten eine von diesen genau unter das Ziel und dabei auf den Stamm fiel, änderte das Tier seinen Plan und wählte diese Kiste zur Basis. Sie gab sich alle Mühe, einen Bau auf ihr zu errichten, und fortwährend kippte und rollte doch die Basis auf dem Baumstamm herum; aber Grande warf nicht einmal einen Blick auf das Hindernis, ebensowenig wie Sultan auf die Blechdosen.

Nach dem bisher Mitgeteilten kann man einen Typus von weiteren Beobachtungen im voraus konstruieren: Wenn der Schimpanse Aufgaben, die nur die (gewissermaßen „grobe") Distanz zum Ziel betreffen, echt löst und zugleich fast nichts von unserer (naiven) Statik besitzt oder erlernt, so müssen geradezu notwendig „gute Fehler" vorkommen, in denen das Tier einen echten Versuch macht, jene Distanz besser zu überwinden — das ist das Gute daran — und dabei unwissentlich auf eine statische Unmöglichkeit ausgeht — das ist der Fehler.

Der erste dieser guten Fehler wurde nur in zwei Fällen beobachtet; er wirkt etwas verblüffend. (12. 2.) Chica bemüht sich in ihren ersten Versuchen vergeblich, mit einer Kiste das Ziel zu erreichen; sie sieht bald, daß auch die besten Sprünge nichts helfen und gibt die Methode auf. Plötzlich aber packt sie die Kiste mit beiden Händen, stemmt sie mit großer Anstrengung bis zur Höhe ihres Kopfes und drückt sie nun an die Wand des Raumes, der das Ziel nahe hängt. Bliebe die Kiste hier an der Wand von selbst „stehen", so wäre die Aufgabe gelöst; denn Chica könnte leicht auf sie hinaufklettern und auf ihr stehend das Ziel erreichen. — Im gleichen Versuch später stellt Grande eine Kiste unter das Ziel, hebt den Fuß zum Aufsteigen und läßt ihn mutlos sinken, als ihr Blick sich nach oben richtet. Plötzlich packt sie die Kiste und drückt sie, immerfort zum Ziel hinaufsehend, in einiger Höhe an die Wand, wie Chica. — Der Lösungsversuch ist echt: Die Bewegungsfolge „Fußanheben" bis „Kiste-an-die-Wand-drücken" hat eine scharfe Unstetigkeit „Sinkenlassen des Fußes" | „Kiste-anpacken", und der Verlauf: „Anpacken — resolutes Anheben zu etwa 1 m Höhe — Andrücken an die Wand" ist aus einem Guß. Von Chicas Verhalten gilt ganz dasselbe. (Sicher falsch wäre die Deutung, als wollten die Tiere mit der Kiste das Ziel herunterschlagen. Wäre das ihre Absicht, so würden sie erstens ganz anders mit ihr umgehen, andere Bewegungen mit ihr machen, und zweitens würden sie die Kiste gerade hinauf in Richtung des Zieles heben und nicht, wie beide von vornherein wirklich, sie seitlich an die Wand drücken. Auf dieses letztere Verhalten, wirklich einmal naive Statik, wenn schon schimpansische und äußerst primitive, komme ich weiter unten zurück.)

<small>Man kann meinen, Grande ahme nach, was sie von Chica abgesehen hat; das ist, wenn man mit dem Nachahmen der Schimpansen erst näher bekannt ist, als eine recht unwahrscheinliche Behauptung anzusehen. Im übrigen bringt Grande das Verfahren als echten Lösungsversuch vor, und daran würde sich auch nichts ändern, wenn sie es doch übernommen haben sollte; der Schimpanse ahmt unsäglich schwer etwas nach, ohne daß es ihm irgendwie einleuchtet.</small>

Ist von einer flachgestellten Kiste nicht anzukommen, so dreht der Schimpanse oft nach einem Blick hinauf die Kiste in Steilstellung. In derselben Richtung liegt eine weitere echte Verbesserung, die nur wieder den Fehler hat, den Anforderungen der Statik nicht zu genügen: Das Tier steht auf einer Kiste und hat vor sich bereits eine zweite steil darauf gesetzt, aber ein Blick zum Ziel zeigt, daß die Distanz noch zu groß ist. Dann wird immer und immer wieder die steilgestellte Kiste aus ihrer Gleichgewichtslage heraus und in ,,Diagonalstellung" gedreht (vgl. Skizze 10), ja das Tier bemüht sich fortwährend und ernstlich, den so noch mehr erhöhten Baugipfel zu besteigen. Offenbar kann sich dieser Lösungsversuch dauernd erhalten und immer wiederkehren, weil dabei die Kiste unter den stützenden Händen zwar beweglich ist — das sind die Kisten schließlich doch in fast allen Fällen —, aber doch ohne Anstrengung des Tieres (in einem labilen Gleichgewicht) gewissermaßen ,,steht". Mit einer erstaunlichen Hartnäckigkeit und Sorgfalt brachte besonders Grande Jahre hindurch diesen guten Fehler stets von neuem vor.

An diese beiden Fälle ist ein dritter anzureihen, in dem es sich zwar nicht eigentlich um das Bauen, wohl aber um das Gebiet der Statik handelt: Chica sucht das Springstockverfahren mit dem Bauen zu kombinieren, und beginnt entweder ihr rasendes Klettern von dem Bau aus, während die Stange daneben auf dem Erdboden aufsteht, oder sie setzt auch diese auf die Kisten auf, wenn der Bau hierzu einigermaßen fest genug ist — was natürlich wieder nicht optisch festgestellt wird. Liegt nun die oberste Kiste mit der Öffnung

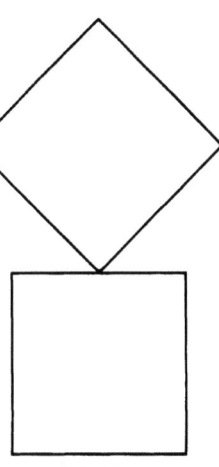

Skizze 10

nach oben gekehrt, so ragen am höchsten hinauf die schmalen Kistenränder; also setzt Chica ihre Stange nicht in die offene Kiste hinein und auf deren Grund, sondern mit aller Sorgfalt so hoch wie möglich, d. h. auf eine Stelle des Kistenrandes, der vielleicht 15 mm breit ist. Zum Glück rutscht die Stange stets von der schmalen Kante herunter, ehe Chica noch recht zu klettern angefangen hat; es könnte sonst doch einmal einen schlimmen Sturz geben. Sie selbst aber tut alles, um diesen zu verwirklichen, und setzt immer wieder die Stange auf den Rand. Auch hier entsteht aus dem Verstehen in einer Hinsicht (Höhe und Annäherung an das Ziel) und vollkommener Ahnungslosigkeit in anderer (Statik) ein guter Fehler.

Das Aufstellen einer Leiter ist der Anforderung nach dem Aufbauen von Kisten so verwandt, daß es hier behandelt werden soll. In beiden

Fällen ergibt sich, wenn die Verwendung der Werkzeuge an und für sich bereits aufgekommen ist, die spezielle Art, sie gebrauchsfertig zu machen, als eine davon ganz unabhängige Aufgabe der Werkzeugherrichtung und der Statik. Der Leitergebrauch des Schimpansen lehrt jedoch zwei Punkte scharf beachten, die beim Kistenbauen nicht ohne weiteres auffallen.

Als Sultan die Leiter (anstatt einer Kiste oder eines Tisches [vgl. oben S. 34]) zum erstenmal verwendet, sieht sein Umgehen mit ihr sehr merkwürdig aus: anstatt sie an die Wand anzulehnen, in deren Nähe das Ziel am Dache hängt, richtet er sie genau unter dem Ziel, frei auf dem Boden, senkrecht auf und versucht so, an ihr in die Höhe zu klettern. Wenn man das Tier und seine sonstigen Gewohnheiten schon kennt, sieht man sofort, als was die Leiter hier verwendet wird, nämlich als Springstange. Das Tier bemüht sich, dieses längliche, hölzerne Gebilde ebenso zu verwenden wie sonst Stöcke und Bretter. — Als das durchaus nicht gelingt, wird das Verfahren geändert: Sultan lehnt die Leiter wirklich an die benachbarte Wand (*a*), aber vollkommen abweichend vom menschlichen Verfahren so, daß der eine Holmen in vertikaler Richtung der Wand anliegt, während die Leiterebene senkrecht von der Wand (*a*) fort in den Raum steht. So besteigt er die Leiter. Da das Ziel in der Nähe einer Zimmerecke aufgehängt ist, und deshalb das aufsteigende Tier die andere Wand (*b*) dicht vor sich hat (vgl. die Skizze 11), so gelingt es ihm, beim Besteigen der unteren Sprossen die Leiter und sich im Gleichgewicht zu halten, indem es den einen Arm gegen diese gegenüberstehende Wand stützt. Ehe jedoch das Ziel erreicht ist, kippt die Leiter, und nachdem Sultan mehrere Male mit ihr zu Boden gefallen ist, bleibt er eine Weile mißmutig liegen. Dann begibt er sich von neuem an die Arbeit und findet nach längerem Probieren eine Stellung, der uns wohlbekannten ähnlich, bei der er aufsteigen und das Ziel abreißen kann. Aber noch hierbei wie bei dem Probieren vorher entsteht der Eindruck, als wolle er durchaus nicht auf die menschliche Art hinaus, die Leiter anzustellen, sondern darauf, sie der Wandfläche möglichst anzufügen und doch dabei noch einigermaßen unter dem Ziel mit ihr zu bleiben; aber die erste Tendenz ist sehr stark, beim Probieren zeitweise ganz überwiegend, und

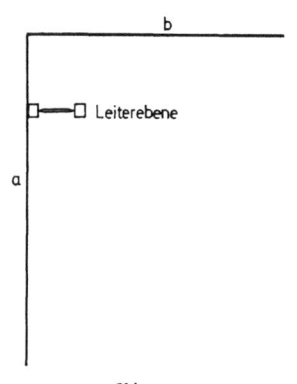

Skizze 11

so steht die Leiter, wie er sie am Ende mit Erfolg verwendet, für unsere statischen Bedürfnisse noch viel zu steil.

Grande, die ganz schlechte Turnerin, gibt sich nicht gern mit der Springstange ab, und deshalb verwendet sie die Leiter zum erstenmal — sie war nicht bei Sultans Versuch zugegen — in ganz anderer Weise. (3. 2.) Das Ziel hängt wieder einer Raumecke nahe am Dach. — Grande holt die Leiter heran, lehnt sie quer, also so, daß ein Holmen seiner ganzen Länge nach auf dem Boden ruht, an die Wand und sucht vom oberen Holmen aus springend das Ziel zu erreichen. — Sie kennt erst seit wenigen Tagen die Verwendung von Kisten; wie sie hier, als in der gleichen Situation die Kiste fehlt, die Leiter hernimmt und quer unter das Ziel setzt, sieht man sofort, daß sie die Leiter als eine Art schlechte Kiste benutzt, die gegen die Wand gelegt werden muß. — Schon beim nächsten Versuch aber richtet sie die Leiter auf, und zwar jetzt, ganz ähnlich wie Sultan, in der Weise, daß ein Holmen, etwas schräg nach oben gerichtet, der Wand fast anliegt, während die Leiterebene senkrecht zu dieser in den Raum hineinragt. Dabei bekommt die angestützte Holmenecke oben an den etwas rauhen Wandbrettern genügend Reibung, um die Leiter gerade noch zu halten; als aber Grande vorsichtig die Sprossen hinaufsteigt, rutscht sie doch mit der Leiter ab. Trotzdem versucht sie es immer wieder mit der gleichen Stellung, bis einmal die Holmenecke oben auf einem minimalen Vorsprung (sicherlich durch Zufall) genügend Halt findet, und das Tier auf der Leiter, die nach unsern Begriffen nahezu in der Luft steht, genügend hinaufklettern kann, um das Ziel abzureißen. — Ein Vierteljahr später (14. 5.) wiederholte ich den Versuch mit Grande: Sie richtet die Leiter fast genau in der eben beschriebenen Stellung an der Wand auf, nur stärker von der Vertikalen abweichend. Wieder ist die Vorsicht und Präzision zu bewundern, mit der das Tier gefährliche Bewegungen der Leiter durch Verlagerung des Körpergewichtes fortwährend ausgleicht; denn wie früher wird die Leiter nur an der einen oberen Holmenecke von der Wand irgendwie festgehalten, der Vorgang sieht schon beinahe metaphysikalisch aus.

Sultan bleibt noch 1916 bei demselben Verfahren. Da auch Chica diese Stellung bevorzugt, und es nur dazwischen (weniger häufig) vorkommt, daß die Leiter mit ihrer Ebene ganz oder nahezu an die Wand gedrückt wird, so ist diese Art, sie aufzurichten, kaum zufällig. Ebensowenig ist es ein Zufall, daß die unter Menschen übliche Leiteraufstellung auch nach langem Probieren niemals vollkommen — klar und einfach von vornherein (als echte Lösung) nicht ein einziges Mal — vorkam.

Aus diesen Beobachtungen ergibt sich:

1. Sieht man zunächst von dem Bemühen Sultans ab, die Leiter als Springstange zu benutzen, so zeigt sich in allem Weiteren, daß der Schimpanse unzweifelhaft doch einen ganz bescheidenen Anfang von Statik besitzt, und daß deshalb oben aus gutem Grund nur von dem fast absoluten Fehlen dieser naiven Wissenschaft die Rede war. Schon Grande und Chica heben ihre Kiste, die zu niedrig steht, nicht in die freie Luft, sondern sie pressen sie etwas seitlich erhöht an die Wand. Ebenso suchen Sultan, Grande und Chica einen Kontakt Leiter—Wand herzustellen, sobald das Bedürfnis nach Festigkeit rege wird, aber zunächst einen nur optischen Kontakt, und deshalb kommt ihnen beim weiteren Herumprobieren, das zumeist doch nötig ist, nicht sehr viel darauf an, ob wirklich und praktisch Berührung vorliegt: Wenn die Leiter nur „an der Wand" irgendwie stehenbleibt. Selbst beim Springstockverfahren zeigt sich dasselbe: Es fällt doch keinem der Tiere ein, eine Springstange, die zu kurz ist, einfach erhöht in die Luft, oder eine zweite (vgl. Rana, S. 89f.) zur Verlängerung frei darüberzuhalten; immer muß das Ende irgendwo aufstehen, zum mindesten (Rana) optisch anliegen. Und so zeigt noch das gefährliche Unternehmen Chicas, die die Spitze ihrer Stange auf die schmale Kante der offenen Kiste setzt, nicht nur statische Unklarheit, sondern eben durch die Sorgfalt, mit der sie gerade diese präzise Bewegung ausführt und ihren Stab nicht blindlings in die Luft steckt, ein deutliches statisches Bedürfnis.

Aber das Andrücken der Kiste an eine vertikale Wand erweist auch wieder, wie wenig über optischen (und hier noch Druck-) Kontakt hinaus dies Bedürfnis entwickelt ist, und das Anstellen der Leiter, das zwar deutlich darauf gerichtet ist, optische Angliederung (oder wie man das nennen will) zwischen Leiter und Wand zu erzeugen, und insofern kein reines Probieren ist, weicht doch, gerade weil dieser eine optische Faktor allein klar wirksam wird, von den Anforderungen unserer Statik beträchtlich ab. Die Leiter, die mit einem Holmen oder mit ihrer Fläche der Wand anliegt, ist optisch in stärkerem Kontakt mit dieser als eine Leiter, die (in der unter Menschen gebräuchlichen Stellung) nur an vier Punkten, den Holmenden, mit Wand und Boden Kontakt hat und statisch recht fest liegt, dem Schimpansen aber vermutlich wenig „befestigt" und fast im Leeren hängend vorkommt, ganz wie uns die von ihm bevorzugte Stellung. — Leider kommt es andrerseits nicht zur vollständigen Ausnutzung des optischen Faktors: Auch beim Aufbauen von Kisten spielt wohl der optische Kontakt eine gewisse Rolle, aber in Wirklichkeit wird er niemals in dem höheren Sinn einer festen

Zusammengliederung von Gestalten angestrebt, welche ja schon eine starke Annäherung an unsere (sehr in diesem Sinn orientierte) naive Statik ergeben müßte, und selbst der „Kontakt im Groben" wird schon halb außer acht gelassen, wenn höhere Kisten seitlich weit über ihre Grundlage hinaus in die Luft ragen. Wahrscheinlich besteht eine Tendenz, wo in einem Verfahren größere Klarheit doch nicht erreicht wird, auch die möglichen Spuren zugunsten des „Probierens" zu vernachlässigen. Nicht ebenso schlecht steht es mit dem Leiteraufrichten: Das Zusammen „Homogene Wand = Einfache Gesamtform der Leiter" übersieht der Schimpanse wohl besser als ein Zusammen zweier Kisten; hier ist etwas von Kontaktstatik nicht zu verkennen, wenn schon sie mit unserer Statik nicht übereinstimmt und objektiv recht unpraktisch ist. — Daß beim Aufstellen der Leiter gerade der eine Holmen an die Wand gelegt wird und die Leiterebene frei in den Raum hineinsteht, rührt vermutlich davon her, daß die Tiere das Werkzeug doch auch auf das Ziel am Dach gerichtet halten wollen; wären die ersten Leiterversuche mit dem Ziel an der Wand gemacht worden, so hätte sich am Ende das Andrücken der Leiterfläche an die Wand (unter dem Ziel) ganz durchgesetzt[1]).

Da in dieser Schrift von Theorie so wenig wie möglich die Rede sein soll, so sei nur kurz darauf hingewiesen, daß die Lebensweise des Schimpansen der Ausbildung einer Statik geradezu hinderlich ist. Wir wissen[2]), daß auch beim Menschen die feste Orientierung des Sehraumes um eine absolute Vertikale, ein festes Oben und Unten gesehener Gestalten, welches Umkehrungen als starke Änderungen wirken läßt, in den Kinderjahren erst allmählich zustande kommt. Die Hypothese, daß diese (normale) absolute Raumlage[3]) ein Produkt unserer konstanten aufrechten Kopfhaltung ist, erscheint recht einleuchtend, ganz einerlei, ob man darin des nähern einen Einfluß der „Erfahrung" sehen will, oder (wie Verfasser) geneigt ist, eine unmittelbare physiologische Dauerwirkung der Gravitation und der optischen Getaltreize (bei dieser Kopfhaltung) auf gewisse Teile des arbeitenden Nervensystems anzunehmen. In jedem Fall wird es mit der Ausbildung dieser absoluten Raumorientierung schlechter bestellt sein, wenn man, wie der Schimpanse, den Kopf beinahe ebensoviel in anderen Stellungen hält wie in der vertikal aufgerichteten. Bedenkt man nun, wie sehr unsere Statik von der absoluten Vertikalen (und Horizontalen), dem festen Oben und Unten, allgemein einer festen Orientierungslage, abhängt — auch das Kind hat, solange dergleichen überhaupt nicht vorhanden ist, keine Statik im Sinn des Erwachsenen —, so sieht man leicht, daß der Schimpanse unter sehr ungünstigen Bedingungen für die Ausbildung von Statik lebt.

Um so mehr sind seine Lebensumstände geeignet, die Funktionen von Labyrinth und Kleinhirn zu üben, das Tier körperlich gewandt zu machen, derart, daß auch noch die schlechtesten Schimpansenturner die menschliche Konkurrenz nicht zu scheuen brauchten. Und so kommt in dem speziellen Fall hinzu, daß beim Aufbauen der Kisten, wie beim Leiteraufstellen ein rechter Ansporn zur Ausbildung von Statik

---

[1]) Neuere Versuche hierüber blieben unklar.
[2]) W. Stern, Ztschr. f. angew. Psychol. 1909. — F. Oetjen, Ztschr. f. Psychol. 71, 1915.
[3]) M. Wertheimer, a. a. O. S. 93 ff.

fehlt, weil für den Schimpansen eben Bauten ausreichend besteigbar sind, denen sich nicht leicht ein Mensch anvertrauen würde.

Die angeführten Momente sind freilich nicht allein an dem Mangel schuld: Wenige Beobachtungen an den Tieren belehren schon darüber, daß eine viel allgemeiner wirkende Behinderung darin liegt, wie der Schimpanse, ganz abgesehen von der Fixierung der Raumlage, sich Gestalten und Strukturen gegenüber verhält. (Vgl. das letzte Kapitel.)

2. Kommt man noch unerfahren mit den Tieren zusammen und will sie irgendwie prüfen, so liegt es sehr nahe, ein zu speziellen Zwecken und mit Berücksichtigung vieler Umstände vom Menschen ausgebildetes Werkzeug, Leiter, Hammer, Zange u. dgl., den Schimpansen zu überlassen mit der Fragestellung, ob sie diese Instrumente wohl verwenden. Und ferner: Sieht ein unerfahrener Zuschauer die Tiere mit einer Leiter z. B. umgehen, so ist er leicht über den Entwicklungsgrad und die Intelligenz des Schimpansen erstaunt, wie er da das menschliche Werkzeug verwendet. Demgegenüber muß man sich durchaus klarmachen, daß das Tier nicht eigentlich eine „Leiter" gebraucht in der Bedeutung, die das Wort für den Menschen hat, und in die eine bestimmte Funktionsart (Statik) ebensowohl eingeht wie eine bestimmte Gestalt, — und daß für den Schimpansen, der im allgemeinen nur recht grobe Totaleigenschaften und nur die einfachsten Funktionen von Dingen übersieht, eine Leiter vor einem starken Brett, vor einer Stange, vor einem Baumteil, die er alle ähnlich verwendet, gar nicht sehr wesentliche Vorzüge hat[1]). Gebraucht er aber diese Gegenstände als Werkzeuge und ähnlich, wie er mit der Leiter umgeht, so macht der Zuschauer von der Leistung nicht viel Aufhebens, und zwar weil er sich durch das äußerlich Menschliche im Gebrauch gerade einer „wirklichen Leiter" blenden ließ und dieser Anschein gesteigerter Menschlichkeit durch die Verwendung so unmenschlicher (aber für den Schimpansen äquivalenter) Werkzeuge durchaus nicht ebenso hervorgerufen wird. Man muß sich hier, wie stets bei der Untersuchung des Schimpansen, davor hüten, den äußeren Eindruck von Menschenähnlichkeit (womöglich vom Werkzeug her induzierter) mit dem Niveau der Leistung, dem Grad der Einsicht zu verwechseln. Beides geht gar nicht immer einander parallel. Ich möchte, um ganz klar werden zu lassen, wie das gemeint ist, als Beispiel anführen, daß ich keinen Wertunterschied zwischen der Leiterverwendung des Schimpansen und seinem Springstockverfahren

---

[1]) Obwohl auch er sicherlich sieht, daß es „verschiedene Dinge" sind, und, wie diese ganze Schrift zeigt, nicht etwa nur diffuse „Erlebniskomplexe" durchmacht (vgl. Volkelt, Vorstellungen der Tiere [1914], — wo niedere Tierformen betrachtet werden). Freilich haben die Dinge des Schimpansen auch nicht alle Eigenschaften unserer Dinge.

anerkennen kann, und höchstens einen ganz geringen zwischen dem Anstellen einer Leiter unter dem Ziel und dem Anlegen eines kräftigen Brettes in der gleichen Lage. Die Leiter und das Brett werden ähnlich benutzt und leisten (wegen der greifenden Füße) nahezu dasselbe, während sie für den Menschen ganz verschiedenwertig sind; die Kletterstange (im schimpansischen Sinn) ist für die meisten Menschen sicher ein miserables Werkzeug, für den Schimpansen ist sie womöglich brauchbarer und besser als die Leiter. Die Menschenähnlichkeit kann also hier gar nicht als Maßstab dienen.

Dafür muß man immer auf die Funktion ausgehen, in der das Tier den Gegenstand verwendet, muß herausfassen, was es davon wirklich übersieht; und wenn man erst weiß, welcherart die Funktionen sind, innerhalb deren der Schimpanse verstehen kann, was ein Gegenstand funktionell wert ist, so wird man lieber in diesem Gebiet einfachster, schlichter Zusammenhänge genau untersuchen, was das Tier klar leistet und wie es dabei auf seine Lösungen kommt, als es mit komplexen Artefakten des Menschen zusammenzubringen, in die eine große Anzahl feiner funktioneller Gesichtspunkte sozusagen hineingearbeitet ist: denn so steht es bei näherem Zusehen bereits mit Leiter, Hammer, Zange usw. Das Tier wird jedesmal die Hälfte dessen, was dem Menschen an dem Instrument wichtig ist, vollkommen unbeachtet (und unverstanden) lassen, und zum Teil einen verworrenen, unklaren Eindruck machen, weil es das Werkzeug nicht „ordentlich" gebraucht, zum Teil imponierend menschlich aussehen, weil es gerade mit „Leiter, Hammer, Zange" umgeht. Sowohl für die Einschätzung des Schimpansen seiner Entwicklungsstufe nach wie für die intelligenztheoretischen Pläne, die man mit solchen Untersuchungen verfolgen kann, fallen die Versuche schärfer aus, sind sie wertvoller, wenn man die komplex-funktionellen Werkzeuge des Menschen nicht als Situationsglieder verwendet, sondern nur Material der schlichtesten Art und der einfachsten funktionellen Eigenschaften; andernfalls verwirrt man die Tiere und — sich selbst als Beobachter. Nur solange das Gebiet einfacher Intelligenzleistungen gegenüber der anschaulichen Umwelt nicht einmal oberflächlich untersucht ist, kann übersehen werden, daß man sich über die schlichtesten Funktionen vom einsichtig zu erfassenden Typus orientieren muß, ehe man Tiere mit ganzen Problemansammlungen auf einmal zusammenbringt.

Etwas anders liegen die Dinge, wenn man zu einer neuen Fragestellung übergeht: Kommt es nicht mehr in erster Linie darauf an, zu untersuchen, was der Schimpanse ohne Hilfe einsichtig zu behandeln vermag, ist man hierüber erst einigermaßen orientiert, dann kann man in weiteren Versuchen feststellen, inwieweit er funktionell komplexere Gebilde (und Situationen überhaupt) verstehen lernt, wenn man ihm jede mögliche Hilfe dabei gibt. Auch wir haben ja nicht alles, was wir jetzt einsichtig behandeln, eines Tages erfunden, sondern genug davon unter sehr starken Hilfen gelernt, und so wäre es für später eine sinnvolle Frage: Lernt der Schimpanse die Leiterstellung des Menschen verstehen? Erfaßt er, wenn man ihm hilft, schließlich genau, was eine Zange funktionell bedeutet?

Anhang. Gemeinsames Bauen. Als die brauchbaren Tiere das Auftürmen von zwei Kisten schon kannten, wurde ihnen insgesamt häufiger Gelegenheit gegeben, auf dem Spielplatz nach einem hochangebrachten Ziel hinzubauen; mit der Zeit wurde eine rechte Lieblingsbeschäftigung daraus. Man darf sich jedoch das „gemeinsame Bauen" nicht als ein regelrechtes Zusammenarbeiten vorstellen, bei dem womöglich die Rolle des einzelnen streng im Sinne von Arbeitsteilung festgelegt wäre. Es geht vielmehr so zu: Ist das Ziel angebracht, so blickt alles in der Umgebung suchend umher, und gleich danach trabt das eine Tier auf eine Stange, das andre auf eine Kiste zu, oder was sonst geeignet aussieht; von allen Seiten ziehen sie mit Material heran, die meisten das ihrige am Boden hinzerrend, Chica oft eine Kiste hoch auf den Armen tragend oder eine Bohle auf der Schulter wie ein Arbeitsmann. Mehrere Tiere wollen zugleich hinauf, jedes bemüht sich in diesem Sinne und verhält sich so, als ob es allein jetzt zu bauen hätte oder die vorhandenen Anfänge sein Bau wären, den es selbst fertigstellen möchte. Hat ferner ein Tier zu bauen angefangen, und andre bauen dicht daneben auch, wie das nicht selten vorkommt, so wird im Bedarfsfalle eine Kiste der Nachbarn fortgenommen, unter Umständen auch ein Kampf um ihren Besitz ausgefochten. Daß Schlägereien die Arbeit vielfach unterbrechen, ist ja ohnedies verständlich, da, je höher der Bau, um so mehr jeder oben stehen will. Der Erfolg ist meistens, daß das Streitobjekt eben durch den Streit vernichtet wird, nämlich bei der Beißerei umfällt, und da es nun gilt, von vorne anzufangen, so geben Sultan, Chica und Rana nach einer Weile oft genug den Kampf und die Arbeit auf, während Grande, älter, stärker und geduldiger als die drei, allein übrig zu bleiben pflegt. Auf diese Weise hat sie, obwohl die ungeduldigeren Tiere Sultan und Chica ihr an Intelligenz deutlich überlegen sind, allmählich die größte Übung im Bauen erworben.

Daß ein Tier dem andern hilft, kommt recht selten vor, und wenn es der Fall ist, muß wohl beachtet werden, in welchem Sinne es geschieht. Da Sultan im Anfang den andern deutlich voraus war, und ich deshalb gerade jene bauen lassen wollte, so mußte das kluge Tier oft beiseitesitzen und zusehen. Auf einer der Abbildungen (Tafel IV) ist leicht zu erkennen, wie sehr er (das Tier rechts unten) dabei aufmerkt. Läßt man nun ein klein wenig locker, wird das Verbot nicht fortwährend streng erneuert, so bewirkt es zwar noch, daß er nicht

Tafel VII

wagt selbst zu bauen, als dürfe er das Ziel erreichen, aber er kann es bei seinem aufmerksamen Zusehen bisweilen nicht lassen, schnell Hand anzulegen, wenn eine Kiste zu fallen droht, sie zu stützen, wenn das andere Tier gerade eine entscheidende und gefährliche Anstrengung macht, oder sonst mit einer kleinen Bewegung im Sinne des fremden Bauens einzugreifen (vgl. die Abbildung Tafel VII, die einem kinematographischen Film entnommen ist: Sultan hält die Kiste fest, wie sie beim Aufrecken Grandes wackelt). Einmal kam es bei einer solchen Gelegenheit (Verbot, selbst zu bauen) sogar vor, daß er — als Grande zwei Kisten aufeinandergestellt hatte, noch nicht ankam und sich nicht gleich zu helfen wußte, — seine stille Zuschauerrolle nicht mehr durchführen konnte, eine dritte Kiste aus etwa 12 m Entfernung schnell heranbrachte bis dicht neben den Bau, und darauf wie selbstverständlich wieder als Zuschauer niederhockte, obwohl er weder durch Worte, noch durch Bewegungen des Beobachters von neuem an das Verbot erinnert wurde[1]). Nun darf man diesen Vorgang wie alles, was in gleicher Richtung liegt, nicht mißverstehen: Was Sultan zu dergleichen treibt, ist nicht der Wunsch, dem andern Tier zu helfen, zum mindesten nicht dieser als Hauptursache. Wie man ihn vorher dahocken sieht, jede Bewegung des andern beim Bauen mit den Augen und oft mit kleinen Bewegungsansätzen von Hand und Arm verfolgend, ist gar kein Zweifel, daß der Vorgang ihn sachlich aufs Höchste interessiert, und daß er ihn um so mehr gewissermaßen „innerlich mitmacht", je kritischer der Verlauf gerade ist: Die „Hilfe", die er dann für Augenblicke einmal wirklich leistet, ist nichts als eine Steigerung des schon fortwährend angedeuteten „Mitmachens", so daß Interesse am andern Tier höchstens ganz sekundär dabei mitwirken könnte, vollends bei dem recht egoistischen Sultan. In dem zweiten Teil dieser Prüfungen wird gezeigt, wie weit diese Art des „Mitmachens" gehen kann und wie es beim Zusehen geradezu als ein Zwang über das Tier kommt. (Vgl. auf Tafel VII vorn das lebhafte Gebaren Konsuls in dem Moment der größten Spannung; auf dem laufenden Kinematogramm ist derartiges natürlich besser zu verstehen). Wir alle kennen ja Ähnliches: Versteht ein Mensch eine Art Arbeit aus langer Übung sehr gut, so ist es schwer für ihn, ruhig zuzusehen, wie ein anderer ungeschickt dabei verfährt; „es kribbelt ihm in den Fingern", einzugreifen und „die Sache zu machen". Auch wir sind meistens weit davon entfernt, nur aus reiner Nächstenliebe dem andern die Arbeit erleichtern zu wollen (unsere Gefühle gegen ihn pflegen sogar momentan kühl zu sein),

---

[1]) Über „Hineinlegen" und „Anthropomorphismus" habe ich mich bereits genügend geäußert. Hier liegt wiederum gar nichts Mehrdeutiges vor.

ebensowenig suchen wir einen äußeren Vorteil für uns in der Arbeit, diese selbst zieht uns mächtig an. Bisweilen scheint es mir, als wäre der Schimpanse uns in solchen kleinen Zügen, die ja nicht zu intellektualistisch behandelt werden dürfen, noch ähnlicher als auf dem Gebiet der Intelligenz im engeren Sinn. (Ein schönes Beispiel ist das Weitergeben erduldeter Strafe an ein auch sonst unbeliebtes Tier: so sehr häufig Sultan gegen Chica.)

Mitunter sieht das Verhalten der Tiere einem Zusammenarbeiten in dem gebräuchlichen Sinne des Wortes ähnlich, ohne daß man doch ganz überzeugt wird. Die Kleinen haben eines Tages (15. 2.) einem erhöhten Ziel gegenüber bereits viele Lösungsansätze vorgebracht, ohne es zu erreichen. In einiger Entfernung steht ein schwerer Käfig aus Holz, den sie bis dahin noch nie in solchen Versuchen verwendet haben. Jetzt wird endlich Grande auf ihn aufmerksam; sie rüttelt an ihm, um ihn auf das Ziel zuzukippen, bekommt ihn aber nicht vom Boden in die Höhe, da tritt jedoch Rana hinzu und packt so zweckmäßig wie möglich neben Grande an, und beide sind im Begriff, den Käfig richtig anzuheben und zu kippen, als auch noch Sultan hinzuspringt und, an der Seite zugreifend, sehr eifrig „mithilft". Keines der Tiere allein könnte die Kiste vom Fleck bringen; unter den Händen der drei, deren Bewegungen genau zusammenstimmen, nähert sie sich dem Ziel in schnellem Tempo; doch ist sie noch ein Stück entfernt, als Sultan plötzlich auf sie hinaufspringt und mit einem zweiten kräftigen Sprung durch die Luft das Ziel herabreißt. — Die andern erhielten keinen Arbeitslohn, aber sie hatten auch gar nicht für Sultan gearbeitet, und er anderseits hatte allen Grund, schon aus einiger Entfernung den Sprung zu machen. — Sicherlich versteht Rana bei den ersten Bewegungen Grandes an der sonst noch nicht verwandten Kiste sofort, um was es sich handelt, auch sie sieht nun die Kiste als Werkzeug und greift im eigenen Interesse zu, gleich darauf ebenso Sultan. Da alle dasselbe wollen und die Kiste in Bewegung dem neu Hinzukommenden seine Art des Zugreifens unmittelbar vorschreibt, so kommt die Kiste (Last) schnell vom Fleck.

Zu dem Verhalten Sultans, wenn er andere bauen sieht und selbst von der Konkurrenz ausgeschlossen ist, bilden die folgenden Vorkommnisse wahrscheinlich Seitenstücke.

Da dasselbe Tier den andern im allgemeinen voraus ist, darf es mitunter dabei sein, wenn jene ihm schon geläufige Versuche machen; es sieht dann sehr aufmerksam zu wie beim Bauen, darf aber nicht selbst mitwirken. Handelt es sich nun um eine Prüfung, bei der das andere Tier jenseits eines Gitters sitzt, diesseits (vom draußen hockenden Sultan aus gemeint) das Ziel am Boden liegt und für den Prüfling Schwierigkeiten bestehen; sich einen Stock zu verschaffen, so beobachtet er eine Weile ruhig, wie das andere Tier sich mit untauglichen Mitteln zu behelfen sucht. Dann verschwindet er, kehrt aber bald mit einem Stock in der Hand zurück, mit dem er abseits vom Ziel, jedoch dem Gitter nahe, Sand scharrt oder auch durch die Gitterstäbe hineinstochert. Will das andere Tier den Stab ergreifen, so zieht Sultan ihn wie neckend und spielend schnell zurück, und so ergibt sich ein Hin und Her, bei dem doch, wenn kein besonderes Verbot dazwischen kommt, der Stock schließlich in den Händen des Prüflings bleibt.

In einem Versuch, wo der Prüfling den fehlenden Stock durch Losbrechen aus einem Kistendeckel herstellen konnte, stand die Kiste dem Gitter nahe. Sultan saß draußen und blieb lange Zeit ganz ruhig, während das andere Tier seine Aufgabe nicht löste; am Ende aber rutschte er dem Gitter immer näher, und, als er ganz nahe heran war, warf einige vorsichtige Blicke nach dem Beobachter, faßte hinein und brach ein etwas lockeres Brett aus dem Kistendeckel; der weitere Verlauf war genau wie im vorigen Beispiel.

In beiden Fällen (wie beim Bauen) hat das Gebaren Sultans nichts von Nächstenliebe; vielmehr hat man durchaus den Eindruck, daß er den Vorgang, obwohl selbst nicht beteiligt, gut versteht, und da er den Versuch kennt, schließlich geradezu etwas in der Richtung der Lösung tun muß, als diese dauernd ausbleibt.

Daß er wirklich den Vorgang, die ungelöste Aufgabe, auf das andere Tier bezieht, zeigte sich einmal ganz klar, als ein Versuch gemacht wurde, Chica das Doppelrohrverfahren beizubringen. Ich stand dabei draußen vor dem Gitter; neben mir hockte Sultan und sah sehr ernsthaft zu, indem er seinen Kopf langsam kratzte. Als Chica gar nicht verstand, was ich von ihr wollte, gab ich die beiden Rohre schließlich Sultan, um ihn das Verfahren zeigen zu lassen. Er nahm die Rohre, steckte sie schnell ineinander und zog nicht etwa das Ziel zu sich heran, sondern schob es ein wenig träge auf das andere Tier am Gitter zu. (Wenn Sultan großen Hunger hat, wird er sich vermutlich nicht so verhalten.)

Entschieden häufiger als helfen in irgendeiner Form ist sein Gegenteil. Tercera und Konsul bauen nicht, sie sitzen vielmehr gewöhnlich auf einem erhöhten Platz in der Nähe und sehen anfangs ruhig zu, wie die andern tätig sind. Ist aber das Bauen erst recht im Gange, so zeigen sie ihr Verständnis für den Vorgang oft in überraschender Weise. Sie schleichen, besonders gern, wenn der Baumeister hoch oben in schwankender Stellung arbeitet, hinter seinem Rücken heran und werfen den ganzen Bau mitsamt dem Tier darauf durch einen kräftigen Stoß zu Boden, um dann in größter Eile zu flüchten. Besonders schön hat das stets Konsul gemacht, der ein Meister in grotesken Gebärden war[1]); mit einem Ausdruck komischer Wut, stampfend, mit drohenden Augen und schwingenden Armen, wie beim Angriff, pflegte er hinter dem ahnungslosen Erbauer seine Tat vorzubereiten. Dergleichen läßt sich schwer beschreiben; ich habe Zuschauer gesehen, denen die hellen Tränen vor Lachen über die Wangen liefen.

Die Gefühlspsychologie dieses Falles ist etwas schwierig zu übersehen, einfacher erscheint die des folgenden, der ebenfalls mehrfach beobachtet wurde. Ein Tier hat seinen Bau schon weit gefördert, als ein zweites, etwa die gefürchtete Grande, sich in der unverkennbaren Absicht nähert, den fremden Fleiß auszunützen; erscheint ein Kampf nicht ratsam, so macht sich das erste Tier doch nicht einfach davon, sondern setzt sich auf eine Kante der oberen Kiste und rutscht nun — ganz im Gegensatz zu den sonst beim Absteigen üblichen Bewegungen — derartig seitwärts ab, daß dabei der Bau notwendig umstürzen muß. Auch hierauf folgt eilige Flucht und bei dem Geprellten großer Zorn[2]).

---
[1]) Konsul ist im Oktober 1914 eingegangen.
[2]) A. Sokolowsky hat im Hagenbeckschen Tierpark eine Anzahl von Anthropoiden beobachtet („Beobachtungen über Menschenaffen", 1908). Einige in seinem Bericht erwähnte Intelligenzleistungen der Tiere finde ich von anderen Forschern angezweifelt. Nun ist es richtig, daß ein Psychologe seine Ausdrucksweise im Beschreiben hier und da etwas vorsichtiger wählen, auch zurückhaltender im Ergänzen von nicht Beobachtetem sein würde; aber die Tatsachen im groben kommen mir nach den Erfahrungen bis zu diesem Kapitel nur wahrscheinlich vor, und der Autor

6. UMWEGE ÜBER SELBSTÄNDIGE ZWISCHENZIELE

In einigen der beschriebenen Fälle von primitiver Werkzeugherstellung ist der „Umweg" schon recht groß. So verbringt Sultan beträchtliche Zeit mit dem Abnagen von Holz an dem einen Ende des Brettes, das er in ein Rohr einfügen möchte, und doch ist Abnagen von Holz am Ende eines Stockes eine Tätigkeit, die für isolierende Betrachtung ganz ohne Sinn gegenüber dem Ziel bleibt. In Wirklichkeit gelingt auch diese Art der Zerstückelung dem Beobachter des Versuchsverlaufes gar nicht so leicht; er sieht vielmehr „Nagen, Nagen, Probieren an der Rohröffnung, Nagen, Probieren usw." als eine in sich sachlich zusammenhängende Abfolge. — Was wird aus den Prüfungen, wenn man noch einen Schritt weiter geht? In dem Fall einfacher Werkzeugherrichtung und so in unserm Beispiel ist der äußere Zusammenhang des Bruchstückes „Herstellen" (Abnagen) mit dem weiteren Verfahren (Ineinanderstecken, Verwendung) noch einigermaßen eng dadurch, daß die Nebenaktion unmittelbar an dem Werkzeugmaterial angreift. Sucht man nun die Handlungsglieder, äußerlich genommen, noch weiter zu verselbständigen, so kommt man auf Versuche, in denen das Tier vor das ursprüngliche Ziel (oder Endziel) ein vorläufiges, andersartiges Zwischenziel einschalten muß. Dieses ist selbst auf indirektem Wege zu erreichen, soll anders das Endziel nachher zugänglich werden. Und anderseits: Betrachtet man den Verlauf bis zu dem Moment, wo das Zwischenziel erreicht ist, ganz für sich, ohne Rücksicht auf das Weitere, so hat dieser erste Umweg mit dem Endziel nun noch weniger zu tun und scheidet sich äußerlich als eine besondere Handlung ab. Die Erfahrung lehrt, daß wir den Eindruck einsichtigen Verhaltens besonders stark dann haben, wenn in einzelnen Teilen so weit vom Endziel abführende, aber im ganzen sachlich notwendige „Umwege" in geschlossener Form gemacht werden.

(26. 3.) Sultan sitzt am Gitter und kann mit einem kurzen Stäbchen, das ihm zur Verfügung steht, das draußenliegende Ziel nicht erreichen; ebenfalls draußen, etwa 2 m seitlich vom Ziel, aber näher als dieses, ist der Gitterebene parallel ein längerer Stock niedergelegt; auch er kann mit der Hand nicht ergriffen werden, wohl aber mit dem kurzen

---

hat sehr gut erkannt, daß der Anthropoide unter geeigneten Umständen durchaus einsichtig verfährt. — Vergessen wir auch nicht, daß Sokolowsky wohl zuerst angeraten hat, die Anthropoiden sollten (bei den Mängeln aller Gelegenheitsbeobachtung) in besonderen Instituten nach den Gesichtspunkten experimenteller Psychologie untersucht werden.

Stäbchen herangezogen werden (vgl. Skizze 12). Sultan bemüht sich mit dem kurzen Stock das Ziel zu erreichen; als das nicht gelingt, reißt er vergeblich an einem Stück Draht, das aus dem Gitternetz seines Raumes hervorsteht. Nach einigem Herumschauen — in solchen Versuchen kommt es fast jedesmal zu längeren Pausen, in denen die Tiere ihre Augen die ganze Umgebung abwandern lassen — nimmt er plötzlich wieder sein Stäbchen, geht damit zu der Gitterstelle, der der lange Stock gegenüberliegt, kratzt diesen schnell mit dem Stäbchen heran, ergreift ihn, geht auch schon zur Stelle gegenüber dem Ziel zurück und zieht dieses heran. Von dem Augenblick an, wo die Augen des Tieres den 2 m seitlich liegenden Stock treffen, bildet der Verlauf eine einzige geschlossene Abfolge ohne Hiatus, und obwohl das Heranziehen des langen Stockes (Zwischenziel) mit dem kurzen eine Handlung ist, die in sich selbständig und abgeschlossen sein könnte, zeigt doch die Beobachtung, daß jenes Verfahren mit einem Ruck aus dem Zustand der Ratlosigkeit (Suchen mit den Augen) entspringt, welcher unzweifelhaft auf das Endziel zu beziehen ist, und daß es nachher in die Schlußhandlung (Heranziehen des Endzieles) ohne Absetzen übergeht.

(12. 4.) Nueva wird in der gleichen Situation geprüft; der kleine Stock ist auf ihrer Seite des Gitters genau dem Ziel gegenüber niedergelegt, der große draußen etwas näher als das Ziel, ungefähr $1^1/_2$ m seitlich von diesem entfernt. Da Nueva schon schwer krank und recht appetitlos ist, gibt sie bald jede Bemühung auf, als sie das Ziel mit dem kurzen Stock nicht erreichen kann. Wie aber einige besonders schöne Früchte hinzukommen, nähert sie sich dem Gitter wieder und blickt um sich; ihre Augen haften bald auf dem größeren Stock, sie nimmt den kleineren, zieht den anderen damit in Reich-

weite, und mit ihm sofort auch das Ziel. — Der Verlauf könnte nicht klarer und einheitlicher sein.

Grande wurde erst viel später geprüft. (19. 3. 16.) Sie langt mit dem kurzen Stab vergeblich nach dem Ziel, kümmert sich dann für eine Weile nicht um den Versuch, kommt wieder, langt hinaus wie vorher, sitzt danach einen Augenblick ruhig am Gitter, immer noch gegenüber dem Ziel. Auch als ihr Blick auf den größeren Stock seitlich fällt, verharrt sie, ihn fixierend, weitere Momente regungslos, springt dann aber plötzlich auf, geht an die Gitterstelle ihm gegenüber, zieht den großen mit dem kleinen Stock und sofort auch mit jenem das Ziel heran.

Auch dieser Versuchsverlauf ist alles andre als selbstverständlich. Die Prüfung wird wenige Minuten später wiederholt; doch liegt der größere Stab jetzt an der Stelle dem Gitter gegenüber (nur näher), wo vorher das Ziel sich befand, und dieses an dem früheren Platz des langen Stockes (nur weiter). Grande bemüht sich doch wieder vergeblich mit dem kurzen Stäbchen und wird bald gleichgültig, als sie nicht ankommt; ans Gitter gerufen, hockt sie dem Ziel gegenüber nieder, sieht ruhig um sich, bis ihre Augen auf dem großen Stock Halt machen, und löst dann die Aufgabe wie vorher. — Es ist stets ein Zeichen von Schwierigkeit der Anforderung, wenn schnelle Wiederholung des Versuches nicht auch schnelle Wiederholung der eben gefundenen Lösung zur Folge hat.

Bei der Prüfung von Chica kam ein Versuchsfehler vor. Mit dem kleineren Stock um das Ziel bemüht, erblickt sie den größeren, läßt jenen fallen, greift nach diesem und erreicht ihn wirklich, mit ihm sofort das Ziel. — Beim zweiten Male liegt der lange Stock weiter fort; unter dem Einfluß des ersten Versuchs wird er sogleich mit dem kurzen Stabe herangezogen usw.

Viel besser zeigen die eigentlich schwachbegabten Tiere den Wert der Leistung. — Tschego (1. 4. 14) arbeitet angestrengt mit Decke, Strohhalmen, Strohbündeln sowie mit dem kurzen Stäbchen, das von vornherein dem Ziel gegenüberliegt, hat aber bei der großen Entfernung keinen Erfolg. Der lange Stock, der wenig seitwärts auf freiem Grund so auffällig wie möglich daliegt und mit dem kurzen Stab ohne Mühe zu erreichen wäre, wird nicht einen Augenblick in die Situation einbezogen, und die Lösung erfolgt nach stundenlangem Warten noch nicht, so daß der Versuch abgebrochen werden muß. — Durchaus negativ verlief auch eine Wiederholung im Frühjahr 1916.

Könnte man bei Tschego etwa noch sagen, sie habe den langen Stab nicht „bemerkt", so sorgt wieder Rana dafür, daß auch dies Bedenken fortfällt. (19. 3. 16.) Sie langt ungeschickt[1]) mit dem

---
[1]) Zwischen Intelligenz und Handfertigkeit scheint beim Schimpansen Korrelation zu bestehen.

kurzen Stock nach dem Ziel, geht dazwischen seitwärts an die Gitterstelle dem langen Stock gegenüber und **greift nach diesem**. Ihr ganzes Verhalten kann als Äquivalent der beiden Sätze gelten: Mit dem kurzen Stock erreiche ich das Ziel nicht — — Da liegt draußen ein langer Stab, bis zu dem meine Hand nicht hinauslangen kann. Nicht für einen Moment scheint der kurze Stab, der gewissermaßen an das Endziel gebunden ist, als Werkzeug für die Nebenaufgabe gesehen werden zu können. Schließlich wird eine Hilfe gegeben: Um es dem Tier leichter zu machen, den kurzen Stab vom Endziel zu lösen und auf den langen Stock zu beziehen, lege ich, während Rana gerade nicht hinsieht, jenen vom Endziel seitwärts fort und näher an den langen Stab heran; dies Verfahren wird fortgesetzt, bis der kleine Stock dem großen schließlich ganz nahe kommt. **Trotzdem geht Rana, sobald sie den kurzen Stab wieder ergriffen hat, mit ihm zurück an die Gitterstelle dem Ziel gegenüber** und bemüht sich weiter vergeblich, dieses mit dem untauglichen Werkzeug zu erreichen: der Umweg „Kurzer Stab—Langer Stab—Endziel" kann offenbar bei diesem Tier nicht zustande kommen. Wie manches Huhn immer wieder gegen das Hindernisgitter anrennt, jenseits dessen das Ziel liegt, obwohl eine kleine Umwegkurve es ohne weiteres zu diesem hinführen würde, — genau ebenso langt Rana immer wieder mit dem kurzen Stock nach dem Endziel hinaus, obwohl nach der Hilfe das „Umwegverhalten" durch ein Minimum von äußerer Arbeit geleistet wäre. Man hat geradezu den Eindruck, als würde der kurze Stab von einer unsichtbaren, aber intensiven Kraft in die primäre kritische Distanz „Ziel—Gitterstelle gegenüber" hineingezogen, und käme deshalb für die sekundäre kritische Distanz „Langer Stab—Gitter" gar nicht in Betracht. —

Jenseits des Gitters liegt wieder das Ziel; im Raum des Tieres ist, weit vom Gitter entfernt, ein Stock am Dach befestigt, und eine Kiste steht abseits. Das Ziel kann mit dem Stock, dieser selbst nur mit Hilfe der Kiste erreicht werden. Sultan (4. 4. 14) beginnt seine Tätigkeit mit der schon bekannten Torheit und zieht die Kiste ans Gitter dem Ziel gegenüber. Nachdem er dann eine Weile mit ihr im Raume umhergefahren ist, läßt er sie stehen, fängt besonnener an, überall (offenbar nach einem Werkzeug) zu suchen und sieht jetzt erst den Stock am Dach. Sofort ist er wieder an der Kiste, zieht sie unter den Stock, steigt auf, reißt ihn herunter, eilt mit ihm ans Gitter und holt das Ziel heran. Von dem Augenblick, wo seine Augen beim Suchen auf den Stab fallen, ist der weitere Verlauf vollständig klar und in sich abgeschlossen; die Zeit, die dabei verläuft, beträgt höchstens eine halbe Minute, mit Einrechnung des eigentlichen Stockgebrauches.

Chica (23. 4.) kommt auf diese Lösung zuerst nicht, obwohl der Stock in ihrer Gegenwart am Dach befestigt und später noch einmal in ihrem Beisein berührt und bewegt wird, so daß sie auf ihn aufmerksam werden muß. — (2. 5.) Der Stock wird wieder am Dach angebracht, während Chica zusieht. Merkwürdigerweise beachtet sie ihn gar nicht, versucht mit einem schwachen Pflanzenstengel anzukommen, bemüht sich dann, ein Deckelbrett von der Kiste loszubrechen, und nimmt endlich Stroh zum Hinauslangen nach dem Ziel. Danach erlischt ihr Interesse an der Aufgabe, sie spielt mit Tercera, die ihr Gesellschaft leistet — der Stock am Dach ist wie nicht vorhanden. Als aber nach einer Weile jemand in der Nähe laut ruft und Chica erschreckt auffährt, trifft ihr Blick zufällig gerade auf den Stock; ohne weiteres geht sie auf ihn zu, springt ein paarmal nach ihm und erreicht ihn leider, da in der Nähe eine kleine Bodenerhebung den Sprung erleichtert. Hier fällt (wie bei Sultan) auf, daß der Stock als Werkzeug gesehen und als solches heruntergeholt wird, obwohl einige Zeit vergangen ist, seitdem das Tier sich zuletzt um das Ziel bemühte, — bei Chica beträgt diese Zeit (durch Spiele mit Tercera ausgefüllt) etwa 10 Minuten — und doch tritt die energische Bemühung um den Stock, als ihr Auge auf ihn trifft, ganz unvermittelt auf, nicht etwa nach erneuter Vergegenwärtigung der Aufgabe durch Anschauung, durch ein Hinblicken nach dem Ziel. Gleich danach wird der Stock an einer andern Stelle des Daches angebracht, wo er sicher nicht im Sprunge erreicht werden kann; die Kiste bleibt, wo sie war, mitten im Raum. — Geradezu unermüdlich springt Chica unter dem Stock, ohne ihn abreißen zu können. Die Kiste kommt währenddessen unzweifelhaft nicht in Zusammenhang mit dem Stab; denn Chica hockt sogar wiederholt auf ihr nieder, wenn ihr der Atem ausgeht, und macht doch nicht die mindeste Bewegung, als wolle sie sie unter den Stock ziehen. Weshalb das nicht geschieht, wird sofort klar, als Tercera, die natürlich die ganze Zeit hindurch gleichgültig auf der Kiste liegt, aus irgendeinem Grunde heruntersteigt: sofort greift Chica zu, schleppt die Kiste unter den Stock, steigt auf und reißt ihn herunter. Als sie ihn aber jetzt in Händen hält, ist sichtlich für einen Augenblick das Hauptziel entschwunden; denn sie steht einige Sekunden, wie sie von der Kiste heruntergestiegen ist, den Rücken nach dem Gitter (und dem Ziel) gekehrt und sieht ratlos auf den Stock. Doch kehrt die Orientierung wieder, ehe das Tier durch Wahrnehmung dabei unterstützt wird: plötzlich dreht sich Chica schnell um und eilt auch schon — ich möchte sagen, aus der Drehbewegung heraus, jedenfalls so, daß beide Bewegungen unselbständige Bestandteile einer und derselben Aktion sind — auf Gitter und Ziel zu. — Man darf kaum annehmen, Chica habe die Kiste schon als Werkzeug (gegenüber dem Zwischenziel Stock) gesehen, solange Tercera noch darauf lag; nach dem sonstigen Verhalten der Tiere zu urteilen, hätte sie in diesem Fall unter großem Bitten und Klagen, unter Ziehen an Händen und Füßen die Freundin zu entfernen gesucht, mindestens ein Versuch, die Kiste zu bewegen, wäre auf jeden Fall trotz der Belastung gemacht worden (vgl. auch oben S. 44, wo es sich um eine ähnliche Situation und sogar dieselben beiden Tiere handelt); erst die von Tercera freigegebene Kiste wird überhaupt als Werkzeug gesehen, nicht der Sitz, auf dem jene hockt. — Der Versuch zeigt weiter, daß hartnäckige Bemühung um das Zwischenziel, obwohl hervorgerufen durch den Wunsch nach dem Endziel, dieses einigermaßen verdrängen kann, so daß nun nach Verlauf der Nebenhandlung eine Stockung eintritt. Anderseits kann die Ent-

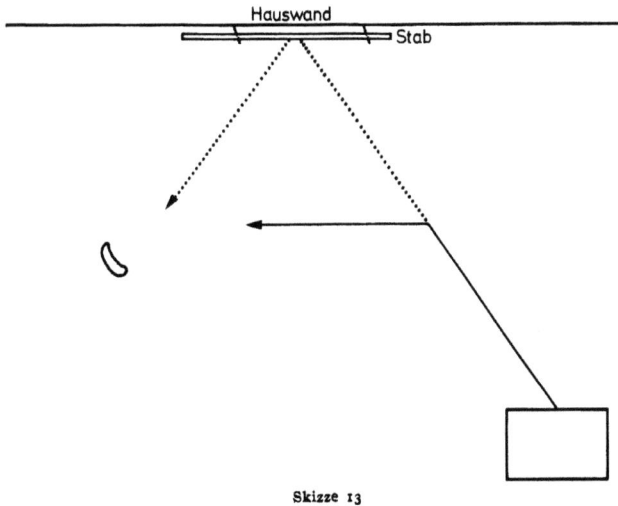

Skizze 13

wicklungsstufe des Schimpansen kaum besser gekennzeichnet werden, als es durch die Art geschieht, wie Chica sich wieder in die Gesamtaufgabe zurückfindet: Seit geraumer Zeit ist sie auf das Nebenziel konzentriert, wirft dazwischen nicht einmal einen Blick auf das Hauptziel und erlangt dann doch nach einigen Sekunden der Ratlosigkeit wie mit einem Rucke die Orientierung wieder, während sie dem Hauptziel den Rücken zukehrt und nichts Äußeres jenen Ruck veranlassen kann, außer etwa der Stock in ihrer Hand; aber dessen Bild allein ist dazu natürlich auch nicht imstande (vgl. hierzu das Verhalten Sultans in dem Versuch mit der unsichtbaren Kiste S. 37).

Weit merkwürdiger gestaltete sich das Verhältnis von Haupt- und Nebenziel bei der gleichen Prüfung, aber Koko als Versuchstier. (31. 7. 14.) Er ist mit Halsband und Seil wie früher auf einen Kreis von etwa 4 m Radius eingeschränkt, außer Reichweite liegt das Ziel am Boden, über Reichhöhe ist an einer glatten Wand der Stock angebracht und die Kiste steht abseits (vgl. Skizze 13). Der Versuch beginnt unzweifelhaft als klare Lösung; denn Koko ergreift sofort die Kiste und zieht sie geradeswegs auf den Stock an der Wand zu, dessen Funktion ihm ja genau bekannt ist. Zum Unglück muß er aber auf diesem Wege an dem Ziel vorbei, und als er die Stelle passiert, wo dieses seitlich am Boden liegt, biegt er plötzlich in scharfem Winkel von seiner geraden und gar nicht mißzuverstehenden Bahn ab, auf das Ziel zu und benutzt die Kiste als eine Art Stock, indem er ihr ferneres Ende auf die Früchte fallen läßt und dann zieht; er hat sogar Erfolg mit dieser Methode. — Bei Wiederholung des Versuches geschieht genau dasselbe: Wieder wird die Kiste aus ihrer Anfangslage auf geradem Wege dem Stocke zu befördert, und dabei der Sinn der Tätigkeit noch durch fortwährendes Hinblicken nach diesem Zwischenziel deutlich genug angegeben; beim Passieren der Endzielregion aber scheint das Tier geradezu seitlich fort und nach dem Endziel hingedreht zu werden, während von diesem Moment an der Stock an der Wand durchaus keine Beachtung mehr findet.

Am folgenden Tage entwickelt sich das beschriebene Verhalten zu einer Torheit der von Sultan her bekannten Art. Die abermals im Anfang richtig auf den Stock zu geschleppte Kiste kann nicht am Endziel vorbeigebracht werden, sondern Koko wird wie vorher auf dieses hin abgelenkt; anstatt sie aber als Stock zu verwenden, was noch durchaus sinnvoll ist, schiebt er sie jetzt möglichst auf das Ziel zu, steigt darauf und bemüht sich, oben hockend anzukommen, als handle es sich um ein hoch angebrachtes Ziel, während doch in der vorliegenden Situation die Kiste nur als Hindernis wirkt, das Tier noch mehr vom Ziel entfernt. Indessen wird die vollkommene Torheit, wirkliches Besteigen und Greifen nach dem Ziel, nur für Augenblicke vollzogen, und das Interesse wendet sich von neuem dem Stock an der Wand zu. Nachdem aber einmal die Kiste auf den Abweg gekommen ist, bleibt sie, anscheinend an das Endziel gebannt, stehen; wenigstens gibt sich Koko die größte Mühe, den Stab zu erreichen, ohne daß doch dabei die Kiste in Funktion käme. — Besonders gegenüber dem Versuchsanfang wirkt dies Verhalten so überraschend, daß geprüft werden muß, ob vielleicht die Kistenfunktion wie schon früher einmal plötzlich verlorengegangen ist. — Der Stock wird entfernt, an seine Stelle das Endziel gebracht: Koko reckt sich einen Augenblick nach diesem auf, holt dann schnell die Kiste heran, steigt hinauf, kommt nicht gut an, springt hinunter, korrigiert sehr schön und sicher die Stellung, steigt abermals hinauf und erreicht das Ziel. — Danach konnte die Kiste nur eben nicht von dem End- oder Hauptziel loskommen, ebensowenig wie vorher an ihm vorbei, obwohl sie da sogar schon auf dem Wege zum Nebenziel war. Denn ganz und gar muß die Deutung ausgeschlossen werden, als verstehe Koko die Kiste nur gegenüber Früchten, nicht auch andern Zielen gegenüber zu verwenden; schon der Anfang des Versuches, wo ja die Situation sofort im Sinne „Kiste unter den Stock setzen!" wirkt, zeigt klar, daß die Schwierigkeit so äußerlicher Art nicht ist: Es muß vielmehr auf die „Wertigkeit" von End- und Nebenziel im Verhältnis zueinander ankommen, derart, daß das „stärkere" Endziel die Nebenaktion nach dem „schwächeren" Nebenziel hin von diesem ab und auf sich selbst zu lenkt, während der richtige, aber sehr indirekte Weg über das Nebenziel zum Endziel zwar aufkommen kann (erster Versuchsanfang), aber in dem Augenblick wie durch Kurzschlußwirkung zerstört wird, wo (beim Passieren der Endzielregion) das Hauptziel gefährlich nahe ist[1]). — In dem oben beschriebenen Versuch mit Rana wird der kurze, unmittelbar verfügbare Stock so absolut an das Endziel gefesselt, daß er für das Nebenziel auch nicht einen Augenblick frei ist; dem entspricht hier, daß die Kiste gegenüber dem Ziel wie beschlagnahmt stehenbleibt, während Koko sich vergeblich nach dem Stock an der Wand aufreckt. (Auch Rana greift nach dem langen Stabe nur mit der freien Hand.)

(6. 8.) Wieder verläuft der Versuch im Anfang ähnlich; die Kiste wird dem Endziel möglichst genähert und als Stock benutzt, für Augenblicke auch sinnloserweise bestiegen, nachdem das Tier erst durch Mißerfolge in Wut geraten ist. Die Erregung wird allmählich immer größer, Koko geht dazu über, die Kiste nach Kräften zu prügeln und zu stoßen; dann läßt er sie wieder und wendet sich dem Stock an der Wand zu. Nachdem er sich mehrmals vergeblich hinaufgereckt hat — die Kiste hängt am Endziel oder der kritischen Distanz fest wie früher —, stellt er schließlich die Arbeit ganz ein. Da der Versuch als aussichtslos erscheint, wird er für einige Minuten unterbrochen und Koko währenddessen allein gelassen. Als der Beobachter wiederkehrt, steht die Kiste unter dem Nagel, der den Stock an der Wand festhielt, der Stock liegt am Boden, dort wo vorher das Ziel war, und dieses verschwindet gerade in Kokos Mund. — Sofort wird die ursprüngliche Situation wiederhergestellt, und Koko

---

[1]) Schon in der Einleitung machte ich auf die theoretische Wichtigkeit von Fehlern aufmerksam.

löst die Aufgabe, ohne einen Moment zu zaudern oder wie früher abzuirren. — Das ist der zweite Versuch, wo ich nach langem Warten gerade die Lösung nicht gesehen habe. Daß diese im vorliegenden Fall später oder früher einmal gelingen würde, war nach dem Versuchsbeginn mit Sicherheit zu erwarten; und da Koko während der Zeit meiner Abwesenheit (etwa 3 Minuten) vollkommen isoliert war, muß er ohne äußere Hilfe auf die Lösung gekommen sein; überdies zeigt die Wiederholung, daß das Verfahren nunmehr durchaus klar beherrscht wird.

Tags zuvor war eine Art Umkehrung des Versuchs ohne weiteres geglückt: Das Ziel hängt an der Wand, ein Stock liegt in der Nähe, eine Kiste steht außer Reichweite. Da Kokos Arme recht schwach sind, gelingt es ihm nicht, mit dem Stab das Ziel herunterzuschlagen; deshalb geht er nach einer Weile mit dem Stock auf die Kiste los, greift sorgfältig mit der Spitze des Stabes in die (nach oben offene) Kiste hinein, wirft sie nach sich zu um, so daß er nun mit den Fingerspitzen ankommt, zieht sie heran, bringt sie unter das Ziel usw.

Bemüht man sich, den Umweg durch noch mehr Nebenaktionen weiter zu erschweren, so wird die Tendenz, aus dem Umweg heraus auf direktere Wege oder wenigstens direktere Richtungen abzugleiten, naturgemäß noch stärker.

Die Anordnung bleibt dieselbe, nur wird die Kiste mit Steinen gefüllt. Sultan (11. 5.) sucht einen Augenblick im Raum umher, wird auf den Stock am Dach aufmerksam, sieht ihn starr an, geht zur Kiste und zieht sie mit aller Kraft auf den Stab zu. Da sie kaum von der Stelle kommt, bückt er sich, schaut zur Seite hinein, nimmt einen Stein heraus, trägt ihn unter den Stab, stellt den Block aufrecht an die Wand, besteigt ihn aber nach einem Blick hinauf doch nicht. (Hier ist der Stein, der nur aus dem Ziel dritter Klasse [der Kiste] heraussollte, von dem nächstübergeordneten angezogen worden; in diesem Fall bleibt die Abkürzung sinnvoll.) Gleich darauf schleppt er denselben Stein ans Gitter, dem Endziel gegenüber, und sucht ihn zwischen den Stäben hindurchzuschieben; offenbar soll der Stein in Stabfunktion verwendet werden; aber wenn schon sonst der Form und Länge nach tauglich, geht er doch nicht durch das Gitter hindurch. — Der weitere Verlauf ist dann klar und einfach: Sultan wendet sich wieder der Kiste zu, nimmt einen weiteren Stein heraus, zieht die noch immer (von zwei Blöcken) beschwerte mit Mühe unter den Stock, stellt sie steil, wobei die letzten Steine zufällig herausfallen, nimmt den Stock ab, kommt sofort mit ihm ans Gitter und erreicht das Ziel. — Dasselbe wäre von vornherein geschehen, wenn nicht die kürzeren, aber weniger guten Wege sich so leicht ausbildeten und dabei den guten, aber allzu indirekten Umweg wenigstens zeitweilig zerstörten.

Im ganzen entsteht der Eindruck, als wäre ein Fortschreiten in der Richtung dieser Versuche nicht angebracht: Konnte man in den angeführten Beispielen noch übersehen, was mit den Tieren vorging, so würde doch eine weitere Komplizierung dieser Art vermutlich zu einem Abirren nach dem andern führen und so am Ende veranlassen, daß das beobachtete Verhalten von einem bloßen Herumprobieren nur schwer zu unterscheiden wäre. Hat man erst viele Intelligenzprüfungen an den Schimpansen vorgenommen, so lernt man dies unklare Grenzgebiet mit einer wahren Scheu vermeiden.

7. „ZUFALL" UND „NACHAHMUNG"

Die bisher beschriebenen Versuche zeigen im allgemeinen einen recht einfachen und der Form nach gleichartigen Verlauf. Da die des nächstfolgenden Kapitels etwas anderer Art sind, erscheint es angebracht, schon vorher gewisse Betrachtungen anzustellen, welche Sinn und Tatsachenwert des Mitgeteilten gegen geläufige Einwände schützen. Dergleichen wäre nicht nötig, wenn es sich hier um Feststellungen einer hochentwickelten Erfahrungswissenschaft wie der Physik handelte, in der der Sinn von Beobachtungsgruppen nicht lange vollkommen strittig bleiben kann: Fest und klar steht ein System nicht mehr verlierbaren Wissens da, mit welchem so oder so das Neue sich zusammenschließen muß. Niemand kann verkennen, daß wir in der höheren Psychologie von einem so glücklichen Zustande weit entfernt sind. Anstatt einigermaßen reichen und sicheren Wissens sehen wir hier sehr allgemein gehaltene und ihrem Sinn nach zumeist recht ungefähre Theorien entwickelt, die mit Strenge bis ins einzelne auf einen vorliegenden Fall anzuwenden selbst dem Anhänger nicht leicht befriedigend gelingt. Um so energischer ist der Anspruch einer jeden von diesen Meinungen, sie enthalte das Deutungsprinzip für sehr ausgedehnte Erscheinungsgebiete, und der lockere Zusammenhang mit der konkreten Erfahrung, damit eben das Ungefähre der Behauptungen, erschweren es auf das äußerste, durch Feststellung von Tatsachen einen Streit zu entscheiden, der fast noch ein Glaubenskampf ist. Dabei kann es nicht fehlen, daß der Wert solcher tatsächlicher Feststellungen im Kurse sinkt: Sie sind alle zu singulär, zu individuell, als daß sich die Aufmerksamkeit von allgemeinsten Prinzipien ihnen sollte länger zuwenden können. Zugleich sorgt das Ungefähre dieser Prinzipien auf der einen, die Schwierigkeit einer wirklich zuverlässigen Beobachtung auf der andern Seite dafür, daß fast ein jeder jedes erklären kann. Ist also an sich das Interesse an den allgemeinen Behauptungen schon größer als an den Tatsachen, so müssen diese unter solchen Umständen schließlich wie wertlos erscheinen; sie lassen sich ja doch beliebig deuten.

In dieser Schrift soll keine Theorie einsichtigen Verhaltens entwickelt werden. Da aber zu entscheiden ist, ob beim Schimpansen einsichtiges Verhalten überhaupt vorkommt, so müssen zum mindesten Deutungen diskutiert werden, die nicht angenommen werden könnten, ohne daß zugleich die Beobachtungen jeden Wert für die aufgeworfene Frage verlören. Wenigstens einer ganz willkürlichen Behandlung des Mitgeteilten wird damit vorgebeugt, der unmittelbare Sinn der Versuche tritt sozusagen fester und widerstandsfähiger hervor, und vielleicht wird es einmal möglich, ihn von sich aus gelten zu lassen, anstatt ihn gleich in dem Lösungsmittel allgemeiner und ungefährer Prinzipien zum Verschwinden zu bringen.

Eine schon früher erwähnte Deutung besagt: Da das Tier die Lösung der Aufgabe in der allgemeinen Form eines „Umwegverhaltens" vorbringt, das es nicht als feste Reaktion für jeden einzelnen Fall in den ursprünglichen Anlagen der Art mitbekommen hat, so erwirbt es selbstverständlich die neue komplexe Verhaltensweise. Die einzige mögliche Entstehungsweise hierfür ist die aus Bruchstücken, Teilen des Verlaufes, die einzeln dem Tier ohnehin natürlich sind; solche „natürliche" Impulse geschehen viele, eine gewisse Auswahl unter ihnen, die im Spiel des Zufalls auch einmal vorkommt, stellt aneinandergereiht den wirklichen Verlauf dar, und da der praktische Erfolg oder der ihm entsprechende angenehme Gefühlszustand in noch nicht näher erklärter Weise die Wirkung hat, die vorausgehenden Aktionen in späteren Fällen ähnlicher Art reproduzierbar zu machen, so ist mit der Entstehung auch die Wiederholbarkeit solcher Leistungen erklärt.

Wie bei den meisten dieser allgemeinen Theorien ist hiermit für manche Fälle in der Tierpsychologie sicherlich etwas geleistet. Wo man angesichts der Erfahrung zweifeln könnte, pflegen zwei Hilfsprinzipien hinzugezogen zu werden: Nach dem ersten muß die allgemeine Durchführung einer sonst so bewährten Theorie der Anerkennung widerstrebender Tatsachen und der Ausbildung entsprechender neuer Gedanken vorgezogen werden, und zwar der wissenschaftlichen Sparsamkeit zuliebe. Nach dem zweiten wäre die Neuentstehung eines solchen Verhaltens als Ganzen, auf direktem Wege aus der Situation heraus, geradezu ein Wunder, welches, als den Grundlagen unseres naturwissenschaftlichen Erkennens widersprechend, a limine auszuschließen sei. — Eine nähere Erörterung dieser Hilfssätze muß hier unterbleiben. Der zweite behauptet die Unlösbarkeit einer wissenschaftlichen Aufgabe, deren Lösung noch niemand recht versucht hat: Weshalb so ängstlich? Der erste drückt das (gegenwärtig sehr verbreitete) Mißverständnis eines richtigen erkenntnistheoretischen Satzes aus, nach welchem **ein dem Abschluß nahes** (also halbideales) wissenschaftliches System sich auf die knappste Form, die strengste Einheitlichkeit zusammenzieht. Beide Sätze haben kein Kontrollrecht gegenüber der Erfahrung, und wo es zu einem Gegeneinander mit Beobachtungen kommt, da weichen **jene** aus, nicht diese.

Wie man sieht, enthält der angeführte erkenntnistheoretische Satz gar nichts davon, daß eine Wissenschaft im Alter von wenigen Jahrzehnten um jeden Preis mit dem Minimum von Gesichtspunkten auskommen soll, das sie in dieser frühesten Jugend schon gewonnen hat; auch nähert man sich wirklich jenem Idealzustand keineswegs am schnellsten, wenn man gewaltsam den „kürzesten" Weg zum Einheitsziel erzwingen will, nämlich arme Anfänge zu endgültigen Prinzipien proklamiert, und den Tatsachen schuldig bleibt, was man in der Theorie spart.[1])

Es handelt sich nunmehr darum, den Inhalt der angeführten Theorie in einer Form darzustellen, die ihr Verhältnis zu den mitgeteilten Intelligenzprüfungen so klar wie möglich hervortreten läßt. Die Bruchstücke der „Lösung", die das Tier der Theorie nach auch „natürlicherweise" und durch Zufall produziert, seien a, b, c, d, e; außer diesen und zwischen ihnen (auch ohne sie) treten im allgemeinen beliebige andere F, Y, K, R, D usw. in buntem Durcheinander auf.

Erste Frage: Wird a zurückgelegt mit Rücksicht darauf, daß b, c, d, e hinterdreinkommen soll und so alle zusammen eine Verlaufskurve ergeben, die dem sachlichen Aufbau der Situation adäquat ist? Keineswegs, denn indem a auftritt, hat es mit den b, c, d, e ebensowenig zu tun wie mit F, Y, K usw., die auf a ebensogut folgen können und es im allgemeinen auch in beliebiger Permutation tun werden; die Succession wird ja als so zufällig angesehen wie die der Gewinnzahlen im Roulette. Was von a gilt, ist sofort auf alle übrigen „natürlichen" Bruchstücke zu übertragen: sie alle sind — mit einer Ausdrucksweise, die sich über das Niveau einer bloßen Analogie erheben läßt und das ganze Problem in Zusammenhang mit dem zweiten Hauptsatz der Thermodynamik bringt — **vollkommen inkohärent**, stellen in etwas vergrößertem Maßstab einen Fall „**molekularer Unordnung**" dar. Wird daran das mindeste geändert, so ist der Sinn der Theorie verletzt.

Zweite Frage: Wenn das Tier später den Verlauf a, b, c, d, e als Leistung erworben hat, beginnt es **dann** mit a, läßt es auf a sofort

---
[1]) Vgl. hierzu „Nachweis einfacher Strukturfunktionen usw." Abh. d. Preuß. Akad. d. Wiss. 1918, Phys.-math. Kl. Nr. 2, S. 40 f.

befolgen usw., weil diese Teile in dieser Aufeinanderfolge als Ganzes der sachlichen Situationsstruktur entsprechen? Unzweifelhaft nicht: Es geht von a zu b über usw., nur weil aus seinem Vorleben nachwirkende Bedingungen es zwingen, auf das a das b folgen zu lassen, auf b dann c usw.

Danach ist die einzige Art, wie nach dieser Theorie die sachlichen Umstände der Situation, ihr Aufbau, bei Entstehung des neuen Verhaltens wirken, ein rein äußerliches Zusammentreffen der objektiven Umstände und des zufällig bewegten tierischen Körpers; die Situation wirkt, grob gesagt, wie ein Sieb, das nur manches von dem hindurchläßt, was daraufgeworfen wird. Sieht man von dieser für unsern Zusammenhang nicht sehr interessanten Wirkung der objektiven Situationsteile ab, so ergibt sich: **Nichts von dem Verhalten des Tieres erfolgt hier von vornherein aus sachlichen Bezügen der Situationsglieder zueinander, der Aufbau dieser Situation an sich hat keinerlei Kraft, ihm gemäßes Verhalten direkt zu veranlassen.**

Eine durch die Situation unmittelbar veranlaßte Einschränkung der „natürlichen" Reaktionen hat man nach der Theorie anzuerkennen: einen Drang, sich in der ungefähren Zielrichtung zu halten[1]). Um dieses gewöhnlich als Instinktäußerung bezeichnete Grundmotiv spielen die wirklichen Einzelbewegungen herum, deren räumlicher Bereich dadurch enger wird, ohne daß im übrigen an der Zufälligkeit etwas geändert würde. Da die gerade Richtung zum Ziel (im wörtlichen Sinn) bei Prüfungen wie den hier angestellten noch nicht viel leistet, oft sogar der Situation inadäquat ist, so brauche ich auf diesen Punkt nicht näher einzugehen, solange es sich nicht um positive Theoriebildung handelt. An und für sich ist die Tatsache wichtig genug, schon deshalb, weil sie ein dem Zufallsprinzip vollkommen fremdes Zusatzmoment bedeutet, das sich unter dem harmlosen Namen „Instinktimpuls" verbirgt. (Vgl. über diese primäre Aktionsrichtung S. 63ff.)

Ich habe bereits zu Beginn angegeben, wie im Fall des Umwegversuches ein Verlauf, der aus zufälligen Bruchstücken äußerlich zu einem Erfolg summiert ist, sich für die Beobachtung scharf unterscheidet von „echten Lösungen". Für diese ist der gestreckte, in sich geschlossene Verlauf, wohl gar durch ein abruptes Einsetzen von dem Vorhergehenden scharf getrennt, in der Regel äußerst charakteristisch. Zugleich entspricht dieser Verlauf als Ganzes dem Aufbau der Situation, den sachlichen Beziehungen ihrer Glieder zueinander. So hat man z. B.: Ziel hinter so geformtem Hindernis auf freiem Grunde — Plötzliches Einsetzen der stockungsfreien und glatten Bewegung durch die entsprechende Lösungskurve. Der Eindruck ist zwingend, daß diese Kurve als Ganzes auftritt, und von vornherein als Produkt optischer Übersicht über den gesamten Situationsaufbau. (Die Schimpansen, deren Gebaren ja ungleich sprechender ist als das etwa von Hühnern, erweisen eigens durch ihr

---
[1]) Bei Geruchstieren: im maximalen Gefälle des „Geruchsfeldes".

Blicken, daß sie wirklich zunächst eine Art Bestandaufnahme der Situation vornehmen; aus dieser Übersicht springt dann das „Lösungsverhalten" hervor.)

Wir wissen bei uns selber scharf zu scheiden zwischen einem Verhalten, das von vornherein der Rücksicht auf die Situationseigenschaften entspringt, und einem andern ohne dies Merkmal. Nur im ersteren Fall sprechen wir von Einsicht, und nur dasjenige Verhalten von Tieren erscheint uns auch als zwingend einsichtig, das in geschlossenem glatten Verlauf von vornherein dem Situationsaufbau, der gesamten Feldgestaltung gerecht wird. Danach ist dieses Merkmal: **Entstehen der Gesamtlösung in Rücksicht auf die Feldstruktur** als Kriterium der Einsicht anzusetzen. Der Gegensatz zu der oben angeführten Theorie ist absolut: Waren dort die „natürlichen Teile" unter sich und mit dem Situationsaufbau inkohärent, so wird hier durchaus Zusammenhang[1]) der „Lösungskurve" in sich und mit der optisch gegebenen Situationsgesamtheit gefordert.

Wer geneigt ist, die vorstehenden Ausführungen als umständlich vorgetragene Trivialitäten anzusehen, den kann ich nur auffordern, die Literatur zur Psychologie von Mensch und Tier ein wenig zu durchblättern. Diese Trivialitäten verdienen eine gründliche Unterstreichung; denn erstens werden sie keineswegs immer klar erfaßt, sondern vielfach nur durch einen Schleier von allgemeinen Prinzipien gesehen[2]), und zweitens gilt der letzte Teil, Einsicht betreffend, manchen Forschern nicht als selbstverständlich, sondern als eine Art Wunderglauben. Ein solcher soll hier durchaus nicht vorbereitet werden, und nichts von dem Gesagten erfordert ihn im mindesten.

Wie man es sich zu denken hat, daß die Feldstruktur im ganzen, die Beziehungen der Situationsglieder zueinander usw. für eine Lösung maßgebend werden, gehört in die Theorie; hier ist nur auszuschließen, daß das beobachtete Verhalten der Tiere nach jener Auffassung gedeutet werde, nach welcher die Lösung ohne Rücksicht auf den Situationsaufbau, aus zufälligen Teilen, also uneinsichtig zustande kommen müßte.

In den Versuchsbeschreibungen dürfte klar genug hervorgetreten sein, daß es für eine Deutung in dieser Richtung an dem notwendigsten, nämlich einer Zusammensetzung der Lösungen aus zufälligen Teilen fehlt. Der Schimpanse hat überhaupt nicht die Eigenheit, wenn er in die Versuchssituation eintritt, beliebige zufällige Be-

---

[1]) Die Physiker haben kein Wort, das hier ganz paßte. „Kohärenz" (positiv) wird nicht gern außerhalb der Lehre von den Schwingungsvorgängen gebraucht.

[2]) E. Wasmann (z. B. Die psychischen Fähigkeiten der Ameisen. 2. Aufl. 1909. S. 108ff., bes. S. 108, Anm. 2) hat den Kontrast scharf hervorgehoben. Doch leugnet er einsichtiges Verhalten bei Tieren absolut und deutet weiter eine logizistische Theorie des einsichtigen Verhaltens (Intelligenz) beim Menschen an, die ich ablehnen muß. — O. Selz (Die Gesetze des geordneten Denkverlaufs I, 1913) behandelt das reproduktive Denken des Menschen von einem dem meinigen recht verwandten Standpunkt aus.

wegungen zu machen, aus denen sich unter anderm eine unechte Lösung addieren könnte; man sieht sehr selten, daß er im Versuch etwas vornimmt, was gegenüber der Situation an sich zufällig wäre, es müßte sonst das Interesse vom Ziel fort und auf andere Dinge hingelenkt sein. Solange die Bemühung um das Ziel andauert, pflegen vielmehr — wie beim Menschen in ähnlicher Lage — alle voneinander ohne weiteres abscheidbaren Verhaltensetappen in sich geschlossene Lösungsversuche zu sein, deren jedem die zufällig aneinandergereihten Teile fehlen, und vorzüglich gilt das von der zum Ziel führenden Lösung selbst: Oft zwar folgt diese auf eine Spanne der Ratlosigkeit oder der Ruhe (nicht selten des Überschauhaltens), aber in den als echt und beweisend angesehenen Fällen kommt sie nie in einem Durcheinander blinder Impulse, sondern als eine in sich geschlossene, stetige Handlung zustande, deren nur gedankenmäßig vom Beschauer zu isolierende Teile realiter sicher nicht unabhängig voneinander auftreten. Daß aber in einer so großen Anzahl von „echten" Fällen, wie beschrieben wurden, gleich diese der Situation adäquaten Verhaltenseinheiten als ganze und doch aus bloßem Zufall auftreten sollten, ist eine ganz unstatthafte Annahme, die gerade auch die Theorie nicht machen darf, ohne aufzugeben, was sie selbst für ihr Meritum hält.

An mir selbst und an andern habe ich gesehen, daß besonders aufklärend über den Schimpansen die erwähnten Pausen der Ruhe wirken. Ein hiesiger Fachgenosse kam, wie die meisten von dem allgemeinen Wert jener Theorie für die Tierpsychologie überzeugt, um die Anthropoiden zu sehen. Ich wählte Sultan als Versuchstier für eine Demonstration. Er machte einen Lösungsversuch, einen zweiten und dritten; aber nichts machte auf den Besucher so großen Eindruck wie danach eine Pause, in der Sultan langsam seinen Kopf kratzte und übrigens nichts bewegte als die Augen und leise den Kopf, während er die Situation ringsum auf das genaueste betrachtete. —

Auf Fragen wie diese kann man am besten Antwort geben, wenn man das, was für die vorliegenden Fälle allgemein behauptet wird, eigens zur Beobachtung bringt und sich damit durch Anschauung zum Urteil befähigter macht. Für eine solche Prüfung taugliches Verhalten der Tiere ist im Rahmen der Versuche ja vorgekommen, als es sich um Kistenbauten handelte. Hier ergab sich in der en bloc genommen klaren Lösungsrichtung „Höhere Kiste darüber" ein im übrigen so gut wie vollkommen uneinsichtiges Hin und Her mit einer Zufallslösung als Endresultat; das geschah so oft und bei allen geprüften Tieren so übereinstimmend, daß ich behaupten kann, die von jener Theorie allgemein angesetzte Verlaufsart genau zu kennen. **Um so nachdrücklicher ist zu betonen, daß zwischen diesem offenbar vom Zufall beherrschten Gebaren und dem als echt beschriebenen Verhalten in klaren Lösungen der** schärfste Gegensatz besteht. Noch dazu haben jene Versuchsbeschreibungen gezeigt, wie ungern sich der Schimpanse zunächst auf ein Verfahren einläßt, dessen allgemeiner Umriß ihm als echte Lösung kommt, dessen nähere Ausführung er aber so gut wie ganz probierend, also dem Zufall überlassen, versuchen muß; und so wären die Tiere auch auf derartiges Probieren gar nicht geraten, wenn nicht ein im Groben echter Lösungsversuch sie in eine Lage gebracht hätte, deren spezielleren Bedingungen sie dann nicht gewachsen waren. Insofern widerspricht die Tatsache, daß die Tiere hier einmal blinde Bewegungen machen, durchaus nicht der Behauptung, daß in der Regel und bei vernünftigen Versuchsbedingungen[1]) so zufälliges Impulsdurcheinander überhaupt nicht beobachtet wird.

Wo in den Versuchen der Zufall die Lösung hervorgerufen oder begünstigt haben könnte, ist das angegeben. Bei komplexen Versuchsbedingungen (z. B. im folgenden Kapitel) kommen solche Fälle häufiger vor, doch muß von vornherein bemerkt werden, daß selbst dann noch der Verlauf nicht recht jener theoretischen Deutung entspricht. Erstens läßt sich nicht immer verhindern, daß das Tier in der Situation eine Lösung versucht, die zwar nicht zum Erfolg führt, aber doch einen Sinn ihr gegenüber hat; das Probieren besteht dann in Lösungsversuchen gegenüber der halbverstandenen Situation; aus ihnen kann sich leicht durch einen Zufall die wirkliche Lösung entwickeln, d. h. nicht aus zufälligen Impulsen, sondern aus Handlungen, die durch ihren sinnvollen Kern dem Zufall stark nachhelfen. Zweitens kann der glückliche Zufall bei einer Handlung eintreten, die mit dem Ziel gar nichts zu tun hat. Auch hier pflegt es sich nicht um einen sinnlosen Impuls zu handeln — solche produziert, wie gesagt, der Schimpanse höchstens in Zwangslagen —, sondern um irgendeine Art sinnvoller Betätigung, wenn schon nicht gegenüber dem Ziel. So geht es vermutlich her, als Sultan das Zweistockverfahren entdeckt; sein Spielen dabei wird nur ein Philister „sinnlose Impulse" nennen, weil es keinen praktischen Zweck verfolgt. — In beiden Fällen ist gar nicht das Wichtigste, daß überhaupt ein Zufall mitgewirkt hat, sondern was weiter aus dem Versuche wird; denn wir wissen ja vom Menschen her, daß auch ein Zufallserfolg sehr wohl hinterdrein zu einsichtiger Weiterarbeit (eventuell Wiederholung) führen kann, z. B. bei wissenschaftlichen Entdeckungen (vgl. Oerstedt: Strom und Magnetnadel). So ist das Verhalten Sultans, nachdem er einmal die gewohnte Spielerei „Stab in Loch stecken" mit den beiden Rohren ausgeführt hat, von diesem Augen-

---

[1]) Der Fragestellung gemäß werden die Anordnungen möglichst so getroffen, daß nicht leicht Zufallslösungen auftreten können.

blick an genau dasselbe, als hätte er das neue Verfahren in vollkommen echter Lösung gegenüber dem Ziel gefunden; er braucht weiterhin die Doppelrohrtechnik unzweifelhaft einsichtig, und jener Zufall scheint nur wie eine allerdings sehr starke Hilfe gewirkt zu haben, die sofort zum „Verstehen" führte.

Wer nicht genau zusieht, könnte schließlich noch die mehrmals erwähnten groben Torheiten der Tiere als Beweisstücke dafür anführen, daß der Schimpanse doch sinnlose Akte vollbringt, aus deren zufälliger Aneinanderreihung wohl einmal unechte Lösungen hervorgehen dürften.

Der Schimpanse begeht drei Arten von Fehlern: 1. Gute Fehler, von denen unten noch die Rede ist; hierbei macht das Tier nicht eigentlich einen törichten, sondern fast einen günstigen Eindruck, wenn der Beobachter nur erst von der Einstellung auf Menschenähnlichkeit schlechthin abgekommen ist und sich allein auf die Eigennatur des beobachteten Verhaltens selbst richtet. — 2. Fehler aus vollkommenem Nichtverstehen gegenüber den Bedingungen der Aufgabe; so etwas sieht man, wenn die Tiere beim Aufstellen einer höheren Kiste diese aus einer statisch guten in eine statisch schlechtere Lage bringen; der Eindruck, der in solchen Fällen entsteht, ist der einer gewissen unschuldigen Beschränktheit. — 3. Grobe Gewöhnungstorheiten unter Umständen, die das Tier eigentlich übersehen könnte (z. B. Kiste ans Gitter schleppen — Sultan); der Eindruck, den dieses Verhalten hervorruft, ist geradezu widerwärtig, man möchte fast sagen, beleidigend.

Um die dritte Klasse handelt es sich hier, und man erkennt leicht, daß diese Fehler zur Bestätigung der vorgeschlagenen Theorie durchaus nicht geeignet sind. Niemals kommt ein Verhalten dieser Art vor, wenn nicht zuvor und oft auf dem betreffenden Wege eine wirkliche, echte Lösung erfolgt ist. Diese Dummheiten sind nicht zufällige „natürliche" Bruchstücke, aus denen sich primär Scheinlösungen ergeben könnten — ich wüßte keinen Fall, wo diese Auffassung auch nur möglich wäre —, sondern Nachwirkungen früherer echter Lösungen, die häufig wiederholt wurden und damit eine Tendenz erwarben, in späteren Versuchen sekundär ohne viel Rücksicht auf die spezielle Situation aufzutreten. Vorbedingung für solche Fehler scheinen Zustände wie Schläfrigkeit, Ermüdung, Verschnupftheit, aber auch Aufregung zu sein. Als Beispiel: Einem Schimpansen, der der ersten Prüfung überhaupt unterworfen wird, und zwar das jenseits eines Gitters liegende Ziel nicht ohne Werkzeug erreichen kann, wird niemals der „Zufallsimpuls" kommen, eine Kiste ans Gitter zu schleppen und wohl gar daraufzusteigen. Dagegen läßt sich zeigen, daß in der Tat durch fortwährende Wiederholung eines ursprünglich echt gelösten Versuches und die entsprechende Mechanisierung des Verfahrens solche Torheiten begünstigt werden. Nicht selten führte ich interessierten Besuchern ein Experiment vor und wählte der Einfachheit halber zumeist das Öffnen einer Tür, vor deren Angeln draußen das Ziel hängt. Nachdem die Tiere vielleicht zwanzigmal (seit dem ursprünglichen Versuch) die Lösung an einer und derselben Stelle durchgeführt hatten, zeigte sich eine gewisse Tendenz, hoch angebrachte Ziele in der betreffenden Gegend auch dann mit Hilfe der Tür herabzuholen, wenn eigentlich andere Methoden näher lagen und die Verwendung der Tür erschwert oder praktisch unmöglich gemacht war. Falls aber andere Lösungsversuche auftraten, so standen sie nun gewissermaßen unter dem Einfluß oder der Anziehungskraft der Tür, und Chica z. B. machte aus dem Springstockverfahren, das sie in seiner reinen Form vollkommen beherrscht, ganz unnötigerweise eine Kombination von Tür- und Springstockverfahren, die durchaus nicht als Verbesserung wirkte. Ehe die Tür zum erstenmal für einsichtige Verwendung in Betracht gekommen war, hatten sich die Schimpansen in keinem Versuch um sie gekümmert, auch wenn er sich ihr gegenüber abspielte. — Ursprünglich sehr hochwertige Prozesse haben hiernach die unangenehme Eigenschaft, durch häufige Wiederholung auf ein niedrigeres Niveau herabzusinken. Diese sekundäre „Selbstdressur" wird gewöhnlich als ein Vorgang von eminenter ökonomischer Bedeutung angesehen, und sie kann es wohl auch bei Mensch und Anthropoide sein. Aber man sollte nie vergessen, welche erschreckende Ähnlichkeit mit den hier beschriebenen groben Gewöhnungstorheiten der Schimpansen gewisse leere und blinde Wiederholungen von moralischen, politischen und sonstigen Sätzen zeigen. Auch die waren alle einmal mehr, nämlich die „Lösung" in einer stark gefühlten oder gedachten Situation; später aber kommt es auf die Situation nicht so genau mehr an, auf den inneren Sinn auch nicht.

Damit dürfte genügend klargestellt sein, daß diese sinnlose Reproduktion ursprünglich echter und guter Lösungen durchaus nichts mit der theoriegemäßen zufälligen und wirren Produktion „natürlicher" Impulse zu tun hat.

Im übrigen halte ich es für das Beste, die vollständige Liste der Torheiten einfach vorzulegen:

1. Sultan baut zwei Kisten übereinander, wo vorher das Ziel war, nicht wo es eben hängt; das Tier ist vollkommen erschöpft (8. 2. 14).
2. Sultan schleppt eine Kiste an die Gitterstelle, der das Ziel draußen gegenüberliegt, und dreht sinnlos bald die, bald jene Fläche nach dem Gitter (oder nach oben?);

holt mehr Kisten und setzt wie zum Bauen an. Seit etwa vier Wochen hat das Tier fortwährend Versuche mit Kisten gemacht; die Hälfte der Schuld fällt auf den Versuchsleiter (19. 2. 14).

3. Sultan im gleichen Versuch zieht den Beobachter heran und steigt auf seinen Rücken, als wäre das Ziel hoch angebracht; er springt sofort wieder herab und läßt die oben S. 102 beschriebene Lösung folgen (19. 2. 14).

4. Sultan schleppt eine Kiste ans Gitter, dem draußen das Ziel gegenüberliegt (20. 4. 14).

5. Grande begeht die gleiche Torheit (14. 5. 14).

6. Grande (fernes Ziel jenseits des Gitters) schleppt in ihrem Raum sinnlos Steine hin und her, in Nachwirkung wiederholter Versuche, in der ihr Steine als Schemel dienten, und zwar in demselben Raum (19. 6. 14).

7. Koko schiebt die Kiste in Richtung entfernter Früchte und braucht sie dabei vorübergehend nicht als Stock (wie Tags zuvor), sondern als Schemel; das Tier ist sehr aufgeregt (1. 8. 14).

8. Koko macht die gleiche Torheit in großem Ärger (6. 8. 14).

Angedeutet wird etwas Ähnliches in einem Fall, wo Sultan, als das Ziel hoch hängt, auf die nächste, jedoch gut 3 m entfernte Tür zugeht, den Türflügel anfaßt, ihn aber unter einem Blick nach dem Ziel wieder losläßt und sich andern Methoden zuwendet. Hier ist er nahe daran, sinnlos zu reproduzieren, wird aber durch Einsicht in den Situationsaufbau daran gehindert (13. 3. 16).

Wenn Rana immerfort mit winzigen Stäbchen zum Springen ansetzt, so ist dieser Fall kaum hierherzurechnen; mit Rana geht sozusagen ihr Gehirn durch, und natürlich wäre es schön, wenn sie so springen könnte. Dies Tier wird dergleichen andeuten, auch wenn es genau sieht, daß die Ausführung nicht möglich ist.

Das ist alles; die Fälle sind fast sämtlich schon in den Versuchsberichten erwähnt. Daß sie den Schwerpunkt des Beobachteten bestimmten, wird niemand behaupten.

Die primäre Ursache der Erscheinungen (Mechanisierung) braucht nach dem Obigen nicht stets zu äußerlich auffälligen Wirkungen von der Form grober Torheiten zu führen. Jede Lösung, die öfters unter den gleichen Umständen, also ihnen adäquat wiederholt worden ist, geht schließlich in einen etwas veränderten Zustand über und wird vielleicht sogar in diesem ihrem ursprünglichen Milieu nicht mehr ganz so einsichtig, wenn schon auch weiterhin objektiv adäquat vorgebracht. Ich muß sagen, daß mir im allgemeinen die Art, wie sich die Schimpansen bei der zehnten und elften Wiederholung einer Lösung verhalten, weniger gefällt als ihr Gebaren beim ersten und zweiten Mal. — Durch viele schnell hintereinander folgende Versuche an und für sich schon, besonders aber durch häufige Wiederholung derselben, verdirbt man etwas am Schimpansen. Ich habe vielleicht in der Eile des Forschenwollens diese Möglichkeit nicht immer genügend bedacht.

Die Wirkung, von der die Rede ist, stellt übrigens eine Art Umkehrung von dem dar, was die besprochene Theorie als Erfolg von Wiederholungen ansieht. Nach ihr wird der Verlauf, der sich durch Zufall ausbildet, durch Übung glatter und echten Lösungen ähnlicher. Das mag da gelten, wo die Theorie zutrifft: die echten Lösungen der Schimpansen werden durch häufige Wiederholung jedenfalls nicht innerlich wertvoller, wenn schon sie natürlich auch schneller auftreten u. dgl.

Für denjenigen, der die Versuche selbst angesehen hat, haben Erörterungen wie die bisherigen einen ganz leichten Anflug von Komik. Hat man z. B. selbst beobachtet, wie Tschego bei dem ersten Experiment ihres Lebens (vgl. S. 45) stundenlang nicht darauf kommt, die hindernde Kiste aus dem Wege zu schieben, und immer nur vergeblich hinausgreift oder ruhig dahockt, schließlich aber, in Gefahr, um ihr Futter zu kommen, das Hindernis plötzlich packt, es zur Seite schiebt und so in einem Augenblick die Aufgabe löst, dann erscheint eine „Sicherung dieses Tatbestandes gegen Mißdeutungen" fast pedantisch Aber der lebendige Eindruck läßt sich eben nicht wiedergeben, und manche Frage kann gegenüber den Worten eines Berichtes erhoben werden, auf die nach eigener Anschauung gewiß niemand kommen würde. Immerhin wird vielleicht gerade nach den vorstehenden Erörterungen die Beschreibung eines weiteren Versuches als Probebeispiel besonders instruktiv sein, der sich zugleich durch Einfachheit und durch sein klares Verhältnis zu verschiedenen Theorien auszeichnet.

Jenseits des oft erwähnten Gitters aus vertikalen Stangen ist in einiger Entfernung eine schwere Kiste aufgestellt; an ihr wird das eine Ende einer starken Schnur befestigt, die Schnur selbst wird schräg zum Gitter so niedergelegt, daß das freie Ende zwischen den Gitterstäben hineinreicht. Etwa halbwegs von der Kiste bis zum Gitter ist eine Frucht in die Schnur hineingeknotet (vgl. Skizze 14); sie

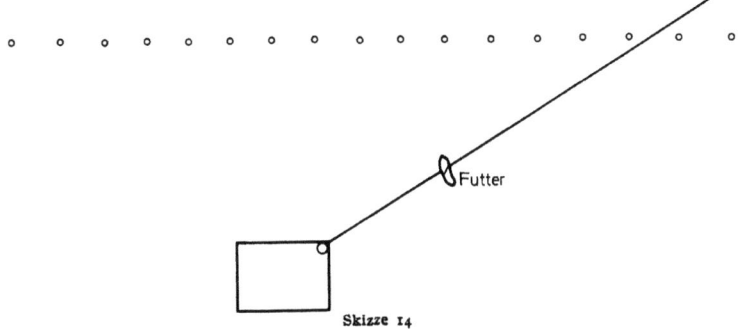

Skizze 14

ist vom Gitter aus nicht ohne weiteres erreichbar, wohl aber, wenn die Schnur senkrecht zum Gitter gerichtet wird. (19. 6. 14.) Chica zieht zunächst in Richtung der Fadenlänge, und zwar so stark, daß das gezerrte Brett der Kiste bricht, die Schnur frei wird und das Ziel herangezogen werden kann. — Die Kiste wird durch einen schweren Stein ersetzt, um diesen also die Schnur herumgebunden. — Da die einfache Lösung nicht mehr möglich ist (Ziehen), nimmt Chica den Faden in die eine Hand, gibt ihn draußen herum der andern, die durch das folgende Gitterintervall hinausfaßt usw., in fortwährendem Weitergreifen und Weiternehmen, bis sie die Schnur etwa rechtwinklig zum Gitter gerichtet hat und das Ziel in der geringen Entfernung ohne weiteres greifen kann.

Grande scheint zuerst den Faden nicht zu sehen, der grau auf grauem Grunde liegt, schleppt (vgl. S. 142) sinnlos Steine hin und her in Nachwirkung früherer Versuche, bemüht sich, einen Eisenstab von der Wand loszumachen, den sie vermutlich als Stock verwenden möchte, und sieht endlich den Faden; von diesem Augenblick an ist der Verlauf genau derselbe wie bei Chica, eine stockungsfreie Lösung.

Rana zieht zunächst zweimal in Richtung der Fadenlänge, und wechselt dann plötzlich die Richtung vollständig, indem sie versucht, den Strick an die Stelle zu ziehen, die dem Befestigungspunkt gerade gegenüberliegt (vgl. die Skizze 15); dabei steht sie selbst diesem Punkt gegenüber, sieht fortwährend auf das Ziel hin und zerrt zugleich parallel der Gitterebene am Fadenende. Auch diese vergebliche Bemühung erfolgt zweimal in voneinander getrennten Verhaltensetappen und wird dann, wieder plötzlich, durch die vollkommene Lösung ersetzt genau wie bei Chica und Grande. — Dieser Versuch zeigt, daß die Aufgabe aus zwei Teilen besteht: einem grob-geometrisch-dynamischen: „Seil senkrecht zum Gitter richten, so daß das Ziel sich dabei nähert" und dem feineren Spezialproblem, das durch die Gitter-

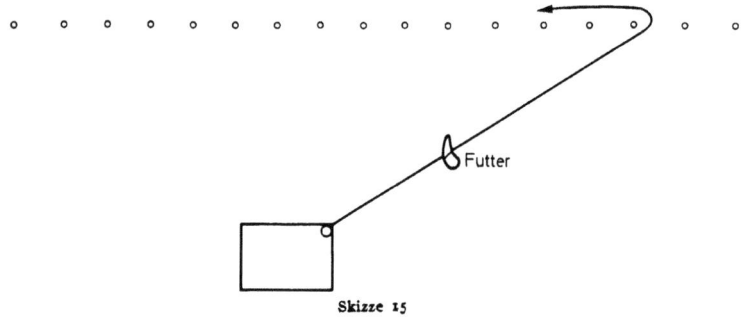

Skizze 15

struktur aufgegeben wird. Die beiden Teile sind von Chica und Grande zugleich gelöst, Rana kommt bald auf die Lösung des ersten, hinterdrein erst auf die des zweiten.

Sultan zieht einen Augenblick wie Rana (vgl. Skizze 15) und löst gleich danach die Aufgabe wie die andern vollständig. Es wird hieraus ganz klar, daß die Lösung der grob-dynamischen Aufgabe auftreten kann ohne Rücksicht auf die spezielle Durchführungsform (das zweite Problem), auf welches erst der Mißerfolg aufmerksam zu machen scheint. Ähnliche Verhältnisse haben wir bei den Kistenbauten angetroffen.

Tercera ist nicht zur Anteilnahme zu bewegen; Tschego und Konsul beweisen, falls es nicht ohne weiteres klar sein sollte, daß die Lösung nicht selbstverständlich ist; denn beide bringen es durchaus nicht über das einfache Ziehen in der Strickrichtung hinaus.

(21. 6.) Der Versuch wird mit Chica wiederholt, so aber, daß der Faden diesmal nach der andern Seite gedreht am Boden liegt. Das Tier zieht gar nicht erst in der Eigenrichtung des Fadens, sondern sofort setzt das Weitergeben und -greifen des Fadens am Gitter entlang ein, diesmal, der Anordnung entsprechend, in der entgegengesetzten Richtung, bis das Ziel mit der Hand zu erreichen ist. — Danach habe ich es nicht für nötig gehalten, diese Umkehrung auch mit den andern Tieren vorzunehmen.

Nach früheren Darlegungen dürfte kaum mehr ein Hinweis darauf erforderlich sein, daß Versuche wie der eben beschriebene besser über den Schimpansen Auskunft geben als die üblichen Tierprüfungen mit komplizierten Türverschlüssen u. dgl.; ebenfalls dürfte einleuchten, daß ein so einfaches und übersichtliches Experiment das ganze Problem, um das es sich handelt, schon in sich einschließt.

Wer noch der Meinung sein sollte, solche einfache Lösungen seien selbstverständlich, hätten mit der Intelligenzfrage nichts zu tun, den kann ich nur auffordern, die Art und Weise wirklich streng und exakt anzugeben, in der diese Versuchsverläufe zustande kommen. Ich fürchte, kein einziger Psychologe ist zur Zeit dieser Leistung fähig.

Ich trenne zwischen den beiden Aufgabenteilen, welche, wie wir sahen, selbständig sind, und betrachte hier nur die grob-dynamische Aufgabe und Lösung, die einfach durch das Schema (Skizze 16)

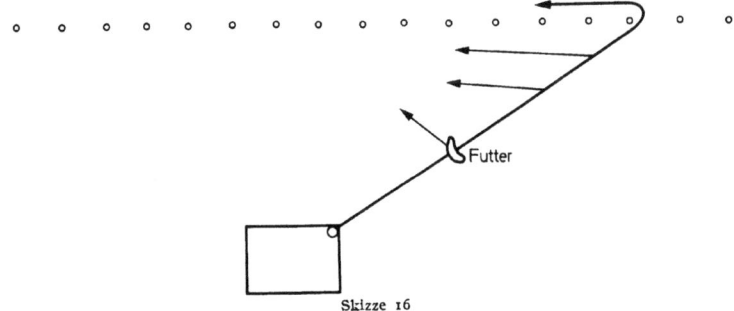

Skizze 16

gekennzeichnet werden kann, indem ich außer acht lasse, wie im ersten Moment dieser Lösung das Tier die Pfeilbewegung wirklich im einzelnen realisiert (sofort unter Berücksichtigung des Gitters oder nicht).

Kommen die Tiere der besprochenen Theorie gemäß zur Lösung? Danach müßten wir erwarten, in allen Fällen eine große Impulsmenge auftreten zu sehen, die bei einigen der Schimpansen vielleicht zufällig die richtigen „Bruchstücke" in richtiger Reihenfolge enthielte. In Wirklichkeit ist Grande das einzige Tier, das überhaupt etwas Sinnloses vornimmt, und zwar in Form einer Gewöhnungstorheit, als sie die in der Aufgabe liegenden Möglichkeiten noch gar nicht recht überschaut hat; beim Erblicken des Seiles setzt dann eine ganz neue Verhaltensetappe und gleich auch vollkommen klar die Lösung ein. Die realiter dem Ziel gegenüber (mit Ausnahme von Grande auch ohne diesen einschränkenden Zusatz) stattfindenden Handlungen — „Impulse" sieht man bei Eidechsen wohl, selten bei Schimpansen — sind im ganzen nur zwei:

1. Ziehen in der Seilrichtung, also ein sinnvoller Vorgang, dessen praktische Durchführbarkeit in einem Falle Chica beweist; man (und besonders der Schimpanse) kann nicht ohne weiteres sehen, wie fest der Strick an Kiste oder Stein hält.

2. Ziehen am Seil oder stetiges „fließendes" Weitergeben des Seiles von einer Hand in die andere — in beiden Fällen in der Lösungsrichtung (Pfeile der Skizze).

Nicht bei einem einzigen Tiere wurde auch nur etwas wie ein Übergang zwischen beiden Aktionsrichtungen, geschweige eine ganz fremde dritte usw. Richtung beobachtet. Wo zuerst die primitivere Richtung (im Sinne der Fadenlänge) auftrat, geschah doch der Sprung zur andern ganz abrupt.

Ich denke, ein jeder müßte fühlen, daß hier ein recht deutlicher, wenn schon merkwürdiger Befund vorliegt, und daß dieser mit den Anforderungen jener Theorie von sich aus überhaupt nichts zu tun hat. Sollen wir ihn um des sogenannten Prinzips der Sparsamkeit willen noch drücken und drängen, ob er sich nicht doch der Theorie fügen will? — Der Beobachter hat hier den zwingenden Eindruck, daß für die Tiere unmittelbar aus der optischen Übersicht über den Situationsaufbau die Lösungsversuche 1 und 2 als ganze (aber jeder durchaus für sich) herausspringen. Eine gewisse wissenschaftliche Einstellung, die man schließlich auch als Prinzip, nämlich als „Prinzip der maximalen wissenschaftlichen Fruchtbarkeit" formulieren könnte, würde dazu führen, die theoretischen Erwägungen gerade an diesen Charakter der Beobachtungen anzuknüpfen und nicht um jeden Preis mit der Zufallstheorie diesen Charakter eliminieren zu wollen.

Danach läge ein Anlaß, noch länger diese Theorie zu erörtern, nicht mehr vor, wenn uns das Vorleben der geprüften Schimpansen von ihrer Geburt bis zum Augenblicke des Versuchs genau bis ins einzelne bekannt wäre. Das aber ist leider durchaus nicht der Fall; und wenn deshalb auch ausgeschlossen ist, daß im Versuch die Lösungen durch Zufall zustande kommen, so bleibt vielleicht doch die Möglichkeit, daß sie sich früher im Sinne der Theorie zufällig ausbildeten, sich wiederholten und glätteten und als scheinbar echte Lösungen jetzt produziert werden.

Es ist immer schwierig, gegen Argumente zu kämpfen, die sich nicht im Gebiete des praktisch Feststellbaren halten: In diesem Falle aber kann aus der Überschreitung der Erfahrungsgrenzen nicht einmal eine Schwäche des Arguments abgeleitet werden, denn natürlich haben die geprüften Schimpansen unkontrolliert schon mehrere Jahre als lebhafte Tiere im Busche der Westküste zugebracht und sind auch dort mit manchen Dingen zusammengekommen, wie sie ähnlich in einer Anzahl der Versuche verwandt wurden. Eine Überlegung darüber, ob dieser Umstand die Tragweite und den Tatsachenwert der Versuche beeinflußt, ist also auf jeden Fall erforderlich.

Dabei sind jedoch zwei Punkte streng zu beachten, damit nicht der Gegenstand der Diskussion verschwimmt:

1. Wenn die Tiere mit einzelnen Gegenständen oder Situationen schon vor den Versuchen zu tun gehabt haben, so hat das unmittelbar noch keinen Bezug auf unsere Frage. Nur dann, wenn in dieser Vorzeit genau nach der Theorie, in Zufall und Selektion durch Erfolg, in sich sinnlose, aber praktische Bewegungsketten von der äußeren Form des hier beobachteten Verhaltens sich ausgebildet haben sollten, nur dann besagt die „frühere Erfahrung" etwas gegen die Bedeutung der Versuche. So bin ich weit davon entfernt, behaupten zu wollen, daß die im zweiten Kapitel geprüften Tiere vor dem Versuche nie einen Stock od. dgl. in der Hand gehabt haben, halte es im Gegenteil für selbstverständlich, daß das bei jedem Schimpansen von einem gewissen, sehr geringen Alter an schon der Fall gewesen ist; er wird im Spiel einen Ast ergriffen, auf dem Boden gekratzt haben u. dgl. Ganz dasselbe sieht man ja bei kleinen Kindern von noch nicht einem Jahre häufig genug; auch diese haben also „Erfahrungen" mit Stöcken gemacht, ehe sie diese als Werkzeug zum Heranziehen sonst nicht erreichbarer Dinge benutzten. Wie aber hieraus gar nicht folgt, daß sie sich die Werkzeugverwendung im reinen Spiele des Zufalls und vollkommen uneinsichtig andressieren und mit 2, 4, 20 Jahren uneinsichtig reproduzieren werden, ebensowenig folgt das für die Schimpansen daraus, daß der Versuchsstab nicht der erste ist, den sie in die Hand nehmen.

2. Es handelt sich in dieser Schrift durchaus nicht darum, nachzuweisen, daß der Schimpanse ein Wunder von Klugheit ist[1]), im Gegenteil ist ja schon mehrfach die enge Begrenzung seiner Leistungen (verglichen mit denen des Menschen) sehr merklich geworden. Nur

---

[1]) Man sieht sich heutzutage gezwungen, in einer ernsthaften Schrift festzustellen, daß die Schimpansen bisher z. B. keinerlei Hinneigung oder Begabung für das Studium von vierten Wurzeln oder von elliptischen Funktionen zeigen.

ob überhaupt einsichtiges Verhalten bei ihm vorkommt, ist zu entscheiden, und die Beantwortung dieser prinzipiellen Frage ist vorläufig viel wichtiger als eine genaue Bestimmung vorhandener Intelligenzgrade. Auf der andern Seite liegt auch der Zufallstheorie, wie sie hier als allgemeines Erklärungsprinzip zu besprechen ist, nicht daran, etwa nur die Zahl als Intelligenzleistungen anzusehender Versuchsverläufe herabzudrücken, sondern um zu gewinnen, muß die Theorie sämtliche Versuche ohne Ausnahme auf ihre Weise deuten, und sie hat schon verloren, wenn allenfalls ein Teil der Beobachtungen sich ihren Anforderungen gemäß zurechtlegen läßt, aber die übrigen eine solche Deutung nicht erlauben. Ist das letztere der Fall und die Allgemeingültigkeit des Prinzips durchbrochen, so wird schließlich auch das Verlangen minder groß sein, Verhaltensweisen, die sich allenfalls noch in das Theorieschema hineindrängen ließen, aber von ihrer Eigennatur aus zu einer solchen Umdeutung durchaus nicht einladen, doch als eingeübte Zufallsprodukte auszulegen.

Die Vergangenheit der Tiere bis zu den Versuchen ist nicht völlig unbekannt. Wenigstens seit Anfang des Jahres 1913 wurden sie genau beobachtet, und etwa ein weiteres Halbjahr rückwärts können wir jede Übung für eine Reihe von Versuchssituationen dadurch für ausgeschlossen ansehen, daß die Tiere fortwährend auf allerengste Käfigräume ohne „Dinge" darin beschränkt waren (in Kamerun, auf der Reise, in Teneriffa). Nach Mitteilung meines Vorgängers E. Teuber war der Umgang mit Werkzeugen während des Beobachtungsjahres vor diesen Versuchen nicht über einfachen Stockgebrauch ohne besondere Komplikationen (Armverlängerung und Springstockverfahren) bei Sultan und Rana, gelegentliches Werfen mit Steinen, sowie einen Fall von Werkzeugherstellung in dem oben (S. 73) beschriebenen Sinn (Sultan zerlegt den Schuhreiniger) hinausgekommen.

Auf jeden Fall ist der folgende Umstand wichtig: Handelt es sich um die prinzipielle Entscheidung, von der oben die Rede war, so darf in einer Erklärung nach dem Sinn der Theorie natürlich nicht die geringste Spur von Einsicht vorkommen, auch nicht an dem verstecktesten Platz und nicht unter der harmlosesten Verkleidung. Da also bis ins kleinste alles aus wirklich zufälligen Elementen der in jedem Fall möglichen Permutationen aneinanderzureihen und zu üben war, bis es als scheinbar geschlossener und einsichtiger Verlauf in den Versuchen auftreten konnte, so wird im allgemeinen nicht eine frühere Gelegenheit in ähnlichen Situationen, sondern eine größere Reihe von Wiederholungen solcher Gelegenheiten anzunehmen sein, damit jemand überhaupt ernstlich sagen könne: dieser und der, oder vielmehr alle hier beobachteten Verläufe haben ihren Ursprung und ihre Entwicklung den Prinzipien der Theorie gemäß durchgemacht.

Oben habe ich behauptet, die allgemeinen Prinzipien der höheren Psychologie hätten vielfach die Tendenz, uns die Dinge selbst, um die es sich handelt, eher zu verdecken als zu klären. Ein Beispiel: Sagt man, die objektiv zweckmäßige Verwendung eines Stockes als Werkzeug zum Heranholen sonst nicht erreichbarer Gegenstände habe sich im Spiel des Zufalls und der selektiven Wirkung des Erfolgs ausgebildet, so klingt das sehr exakt und befriedigend. Sieht man aber etwas genauer zu, so mindert sich die Zufriedenheit mit dem allgemeinen Prinzip rasch, falls man dabei mit der Bedingung „ohne eine Spur von Einsicht" wirklich Ernst macht. Nehmen wir z. B. an, das Tier habe zufällig ein Stäbchen ergriffen zu einer Zeit, wo ein sonst nicht erreichbares Stück Futter in der Umgebung liegt. Da für das Tier keinerlei innere Verbindung zwischen Ziel und Stab besteht, so haben wir es weiter allein dem Zufall zu verdanken, wenn es unter einer sehr großen Anzahl von möglichen Fällen den Stab in die Nähe des Zieles bringt; denn wir dürfen ja durchaus nicht ohne weiteres annehmen, daß diese Bewegung auf einmal als ganze erfolgt. Mit einem Ende in der Nähe des Zieles angekommen, kann der Stab, der für das Tier noch gar nichts mit dem Ziel zu tun hat — das Tier „weiß nichts davon", daß es objektiv dem Erreichen des Zieles etwas näher gekommen ist —, ebensogut fallen gelassen, wie zurückgezogen, wie nach allen Richtungen einer Kugel mit dem Tier als Mittelpunkt gestreckt werden, und der Zufall hat nun hart zu arbeiten, bis aus den Möglichkeiten dieser Art die eine herauskommt, daß das Stabende hinter dem Ziel niedergesetzt wird. Diese Lage des Stabes aber sagt dem Tiere ohne Einsicht wieder nichts; es können nach wie vor die verschiedensten „Impulse" auftreten, und der Zufall dürfte nahezu am Rande seiner Kräfte angekommen sein, wenn das Tier gerade hierauf zufällig eine Bewegung macht, die vermöge des Stockes das Ziel ein wenig nähert. Auch dies aber versteht das Tier durchaus nicht als eine Besserung der Situation; denn es sieht ja überhaupt nichts ein, und der erschöpfte Zufall, welcher alles zu leisten hat, was dem Tiere selbst versagt ist, muß doch noch verhüten, daß der Stock jetzt fallen gelassen, zurückgezogen wird od. dgl., muß bewirken, daß das Tier die richtige Bewegungsrichtung in weiteren zufälligen Impulsen beibehält. — Man kann sagen, es gäbe sehr verschiedene Impulsserien (Permutationen), die z. B. als letzte Elemente: „Stock hinter Ziel" und danach „objektiv passenden Impuls" enthalten. Das ist richtig, und die Möglichkeiten, die dem Zufall offenstehen, wenn er die große Arbeit leisten soll, werden dadurch zunächst ein wenig zahlreicher. Und doch wird ihm nichts damit erspart; denn bei weitem die Mehrzahl dieser Permutationen enthalten natürlich objektiv ganz sinnlose Teile, die nur so aneinandergereiht auftreten, daß die Reihe zuletzt bei den angegebenen Elementen mündet. Wenn deshalb die ersten glücklichen Fälle, in denen diese Elemente den Abschluß bilden, solche objektiv unsinnigen Komponenten enthalten, so muß der Zufall durch eine sicherlich sehr große Anzahl weiterer einigermaßen günstiger Fälle die entsprechende Arbeit nachliefern, bis ein vollkommen glatter, durchaus einsichtig aussehender Verlauf unter Hilfe der (zunächst vermutlich äußerst seltenen) Erfolge zustande kommt; denn wie der Stockgebrauch hier zum erstenmal beobachtet wird, enthält er in keinem Fall eine vollkommen falsche Komponente, selbst wenn (wie bei Koko) Schwäche der Arme und Ungeschicklichkeit etwas hindernd wirken.

An dieser Stelle wird wohl eingewendet werden, der Drang nach dem Ziel, das allgemeinere „Instinktmotiv" in dessen Richtung, sei außer acht gelassen. Dazu ist zu sagen: Erstens nehmen wir der Theorie gemäß natürlich an, daß dieser „Instinkt" vollkommen blind sei, daß das Tier nicht etwa irgendwie verstehe, daß es sich in dieser Richtung seinem Ziel nähert — denn andernfalls würde die Theorie sich selbst untreu —; zweitens besteht dieser Instinkt nach der Theorie für den Körper des Tieres, für die Innervationen von dessen Gliedern, nicht etwa für den Stock, den es zufällig in der Hand hält. Deshalb frage ich: Wenn das Tier, jenem Impuls folgend, den Arm (objektiv) in der Richtung des Zieles zum Greifen bewegt, wie soll es dabei den seinem Instinkt fremden Stock in der Hand behalten und nicht im Gegenteil diese Hand, wie sicher sonst, zum Greifen öffnen, also den Stock fallen lassen? Denn immer hat ja der Stock (für das Tier) gar nichts mit dem Ziel zu tun. Sollte es ihn aber gegen diese Anforderung der Theorie trotzdem in der Hand behalten, so ist das, weil jede Spur von Einsicht fehlt, auf sehr verschiedene Weise möglich; quer in der Mitte gefaßt, so daß der Stock frontalparallel und seitwärts gerichtet ist, am äußeren Ende gefaßt und das andere Ende irgendwie rückwärts (auf das Tier zu) gekehrt, nach oben gegen den Himmel und nach unten senkrecht zur Erde, in den verschiedensten Grifflagen usw. usw. Denn wenn nichts gegeben ist als der Körperimpuls in der (objektiven) Zielrichtung und zufällige Reaktionen — der Erfolg kommt erst nach einer glücklichen Permutation frühestens zur Wirkung —, dagegen Einsicht vollkommen ausgeschlossen bleibt, dann ist jede Haltung des Stockes der andern gleichwertig, die Schranken der

Haltungsmöglichkeiten sind allein muskulär, und der Zufall, der schon gegen die Theorie den Stock in der Hand gelassen hat, hat noch reichlich zu tun, bis er einige Male die richtige Haltung hervorgebracht, dann allmählich im Verein mit den Zufallserfolgen die falschen Elemente ausgeschaltet hat und bis eine einsichtige Handlungsweise hinreichend imitiert ist.

Man könnte endlich weiter einwenden, es brauche ja nicht der erste Erfolg mit einer derartigen Aktion auf einmal zu entstehen, sondern allerhand Unterteile könnten sich zuerst zufällig ausbilden und diese dann später leichter zur Gesamtaktion vereinigt werden. — Diese Überlegung hilft jedoch in Wirklichkeit auch nicht weiter; denn die den angeblichen Teilaktionen entsprechenden Permutationen können wohl einmal auftreten, aber sie können sich nicht zu festzusammenhängenden Teilverläufen zusammenschließen — was allein helfen würde — weil der „Erfolg" fehlt, der nach der Theorie dieses Aneinanderhängen der einzelnen Impulse besorgt. Was macht es, wenn das Tier vom Zufall einmal bis dahin gebracht wird, daß der Stock mit einem Ende hinter dem Ziel aufgesetzt ist? Das ist kein Erfolg im Sinne der Theorie, solange, dieser entsprechend, dem Tier jede Spur von Einsicht fehlt, und so muß entweder der Zufall noch ein übriges tun und sofort glücklich zu Ende permutieren, bis das Ziel und das Tier sich treffen, oder aber: der Zufall irrt gleich danach auf objektiv ganz unangebrachte Impulse ab; dann besteht — nach der Theorie — durchaus keine Tendenz, die einmal vorgekommene Permutation bis „Stockspitze hinter Ziel" jemals zu wiederholen.

Die Zufallstheorie wird vielfach anderen Erklärungsversuchen vorgezogen, weil man sie für besonders exakt, für ausgezeichnet mit den Anforderungen naturwissenschaftlicher Denkweise übereinstimmend hält; gerade deshalb würden es gewiß viele gern sehen, wenn nicht allein der Stockgebrauch, sondern alle beobachteten Leistungen auf die angegebene Art gedeutet würden. So wenig nun gegen die Theorie zu sagen ist, wo wirklich der Zufall mit Leichtigkeit einen Erfolg produzieren kann (z. B. wenn ein in engem Kasten eingesperrtes Tier blind nach außen drängt und in den ungeordneten Bewegungen dieser Art u. a. auf einen Hebel drückt, der die Tür öffnet), so schlecht sind doch ihre Aussichten bei der Erklärung von Versuchen wie den hier beschriebenen gerade vom naturwissenschaftlichen Standpunkt aus.

Die naturwissenschaftlichen Gedanken, mit denen man hier in Konflikt kommt, sind dieselben, welche Boltzmann zu der bisher umfassendsten und bedeutendsten Formulierung des zweiten Hauptsatzes der Thermodynamik Anlaß gaben. Danach gilt es in der Physik (und theoretischen Chemie) als unmöglich, daß innerhalb ihres Gebietes aus zufälligen (voneinander unabhängigen), ungeordneten und gleich möglichen Bewegungselementen[1]) von großer Zahl im Verlauf der Permutationen eine gerichtete, einheitliche

---

[1]) Besser und genauer in der Physik: „Zustandselementen". Es würde zu weit führen, wollte ich hierauf näher eingehen. Vgl. z. B. Planck, Acht Vorlesungen über theoretische Physik, 1910.

Totalbewegung zufällig zustande komme. Es ist bei der Brownschen Molekularbewegung z. B. nicht möglich, daß ein suspendiertes Partikelchen, welches zufällig und unordentlich hin und her geschoben wird, plötzlich ein Dezimeter in gerader Richtung forttransportiert werde; geschieht es, so ist unzweifelhaft eine „Fehlerquelle", d. h. eine nicht den Zufallsgesetzen folgende Beeinflussung eingetreten. Ob es sich nun um die Brownsche Molekularbewegung oder um die behaupteten zufälligen Impulse eines Schimpansen handelt, das macht hier keinen prinzipiellen Unterschied aus; denn die Grundlagen des zweiten Hauptsatzes (nach Boltzmann) sind so allgemeiner Natur und so notwendig über die Thermodynamik hinaus auf Zufallsgebiet gültig, daß sie auch auf unser (angebliches) Material, die „Impulse", Anwendung finden. Wer uns deshalb ein Spielen mit Analogien vorwürfe, der müßte sicherlich die Grundgedanken Boltzmanns (und Plancks) mißverstanden haben. — Richtig ist dagegen, daß ein quantitativer Unterschied zwischen dem thermodynamischen Fall und dem unsern besteht: In welchem Grade unwahrscheinlich (bis praktisch vollkommen unmöglich) das Auftreten einer speziellen Permutation ist, das hängt von der Zahl oder der Größe der unabhängigen Elemente ab, welche permutiert werden. Man sieht ohne weiteres, daß in dieser Hinsicht die „Unmöglichkeiten" der Thermodynamik von denen des Tierversuches (wie beschrieben im Fall des Stockgebrauches) nicht ganz erreicht werden, da wir es hier mit weniger Gliedern (möglichen Impulsen) zu tun haben, die im Vergleich mit dem Gesamtverlauf noch relativ groß sind. An der Richtung der Überlegung und der prinzipiellen Bedenklichkeit des theoriegemäß Behaupteten wird freilich hierdurch nichts geändert, wenn man nur fest dabei bleibt, nicht zufällige Kräfte auszuschließen, und deshalb die einzelnen Fälle mit ihren ungeheuren Anforderungen so durchzudenken, wie es oben für den Stockgebrauch geschehen ist.

<small>Weder die allgemeine Zielrichtung des „Instinktimpulses" noch die Weiterbildung in „Selektion durch Erfolg" ändern an dem ungünstigen Stand der Dinge etwas; jene nicht aus dem oben angegebenen Grunde, diese nicht, weil sie zunächst fortwährend des nicht recht möglichen guten Zufalls bedarf, um überhaupt Gelegenheit zur Arbeit zu bekommen.</small>

Da ähnliche Überlegungen bei entwicklungsgeschichtlichen Fragen von Bergson, auch schon von E. v. Hartmann angestellt wurden, und in der vitalistischen Literatur eine große Rolle spielen, so halte ich folgende Bemerkung für angebracht: E. v. Hartmann sieht es für unmöglich an, daß der Vogel durch Zufall zu seinem Nest komme, und schließt, daß „das Unbewußte" hier Werkmeister sei; Bergson hält die zufällige Zusammenordnung der Elemente eines Auges für allzu unwahrscheinlich und läßt deshalb den „Élan vital" das Wunder vollbringen; die Neovitalisten und Psychovitalisten sind ebenfalls vom Darwinschen Zufall nicht befriedigt und finden überall im spezifisch Lebendigen „zielstrebige Kräfte" von der allgemeinen Art des menschlichen Denkens notwendig, welche allerdings dessen Eigenschaft, erlebt zu werden, nicht aufweisen. — Zu den angeführten Denkrichtungen hat diese Schrift nur die eine Beziehung, daß hier wie dort eine Zufallstheorie abgelehnt wird. Aber der Übergang von der Ablehnung einer solchen zu der Annahme einer der genannten Lehren gilt fast als obligatorisch, und deshalb hebe ich ausdrücklich hervor, daß die Alternative gar nicht heißen muß: Zufall oder Agentien jenseits der Erfahrung. In dieser Gegenüberstellung steckt der fundamentale Irrtum, daß alle Vorgänge in der unbelebten Natur als Zufallsgesetzen unterworfen angesehen werden müßten, während doch große Gebiete schon der Physik mit dem Zufall gar nichts zu tun haben. So gewiß nicht alle Physik Lehre von der ungeordneten Wärmebewegung ist, so sicher braucht man von einer Betrachtung wie der oben gegen die Zufallstheorie angestellten durchaus nicht zu der Annahme erfahrungsfremder Agentien überzugehen. Vom Standpunkt der Physik aus erscheint es als geradezu überraschend, daß man hier von einem Entweder-Oder zu sprechen pflegt, wo doch noch ganz andere Möglichkeiten vorliegen [1]).

Ich glaube, gezeigt zu haben, daß die Zufallstheorie durchaus nicht in jedem Fall als exakt schlechthin gelten kann, und daß bei Leistungen von der Art der hier beschriebenen an den Zufall aufs Geratewohl beliebige Anforderungen gestellt würden, während doch gerade die Naturwissenschaft ein solches gutes Zutrauen nicht über gewisse Grenzen hinaus ohne weiteres erlaubt. Es empfiehlt sich, danach noch einmal einen Blick auf die Versuche selbst zu werfen.

Wir haben nach der Theorie in keinem Fall den ersten, sondern — da der Verlauf (vgl. Stockgebrauch), an „Impulsen" gemessen, relativ komplex und doch vollkommen glatt ist — stets einen Fall sehr hoher Ordnungszahl vor uns. Der objektiv passende Gebrauch einer Kiste od. dgl. als Schemel dürfte sich z. B. kaum unter weniger als, sagen wir, 50 Wiederholungen ausbilden können. So oft mindestens müßte ein hochangebrachtes Ziel für die Tiere nicht einfacher erreichbar und zu gleicher Zeit gerade eine Kiste oder ähnliches vorhanden gewesen sein. Man bedenke nur, wie unwahrscheinlich es allein schon ist, daß das Tier in jener Situation das Werkzeug überhaupt anfaßt

---

[1]) Vgl. meine Schrift „Die physischen Gestalten in Ruhe und im stationären Zustand" (Braunschweig 1920).

oder gar bewegt, so lange jede Spur von Einsicht fehlt. Je mehr man die Betrachtung des Falles verschärft — wie das dringend zu wünschen ist —, desto mehr wird man geneigt sein, für die Ausbildung des Verhaltens im Zufall weit höhere Mindestzahlen für notwendig zu erachten.

Dieselbe nähere Betrachtung der einzelnen Fälle ergibt aber auch, daß zumeist nicht einmal die allereinfachste Vorbedingung für ein so ausgedehntes Zufallsspiel erfüllt ist. Wie oft konnte ein Schimpanse unter seinen normalen Lebensbedingungen überhaupt in die Lage kommen, z. B. für ein hochhängendes Ziel, also vermutlich eine Baumfrucht, eines Schemels zu bedürfen? Über und vor allem Werkzeuggebrauch steht als Lösungsmethode für den Schimpansen der Umweg im wörtlichen Sinn; immer, wo ein solcher uns auch nur entfernt möglich erscheint (und auch über diese menschliche Grenze hinaus), gibt es für diese Tiere überhaupt kein Zaudern und gewiß keine sonstigen „Impulse"; sie schlagen den Umweg sofort ein. Zu Beginn der Versuche war es geradezu meine Hauptarbeit, ihnen dies leichte Verfahren unmöglich zu machen (vgl. oben S. 8f). Handelt es sich nun um Bäume — und wo sonst soll im Kameruner Wald etwas hoch hängen? —, so behaupte ich, daß es für die Schimpansen kaum etwas gibt, was sie nicht auf irgendwelchen Umwegen erreichen könnten. Man muß einmal gesehen haben, wie selbst noch ein schlechter Schimpansenturner (wie z. B. Sultan, den ich bisweilen frei draußen hatte) von einem Baum zum andern springt, scheinbar fällt, rutscht usw., wie er sich in dünnes Gerank eines Baumes, das keinen rechten Ast, nur Laub und feinste Zweige enthält, ohne weiteres hineinfallen läßt und doch immer, für Bruchteile einer Sekunde hineinpackend, genügend gebremst wird, um glücklich weiter zu schwingen, springen, und fallen, bis er an einem festen Platz, und wo er will, wieder zur Ruhe kommt. Daß die Tiere also irgend ausreichende Gelegenheit gehabt hätten, unter Ausschluß der ihnen natürlichen Turnumwege zum Durchpermutieren anderer „Impulsvielheiten" gezwungen zu werden, muß ich (für den Fall der Kistenverwendung) durchaus verneinen. Sie kommen natürlicherweise überall ohne Schemel an, und erst der experimentierende Mensch bringt sie in Lagen, wo solche Umwege ausgeschlossen sind oder (durch Verbote) als ausgeschlossen gelten. Ähnliches ist zu sagen über den Gebrauch des Stockes zum Heranziehen sonst nicht erreichbarer Gegenstände (in Teneriffa wurde dergleichen an Tschego nicht vor dem Versuch beobachtet, Nueva und Koko wurden geprüft, kaum, daß sie angekommen waren), von dem Fortrücken einer Kiste, die am Gitter im Wege steht (in Freiheit macht der Schimpanse natürlich sofort Umwege um Steinblöcke oder dicke Baumstämme), und da eine Anzahl weiterer Versuche die passende Verwendung von Stock und Kiste voraussetzt, so fehlt auch ihnen aus demselben Grunde die für ausreichende Permutation erforderliche Vorgeschichte.

Noch einmal: Allerhand Gegenstände sind den Tieren vor den Versuchen schon irgendwie bekannt geworden. Aber von dem Anfassen eines Stockes bis zu seiner „wie einsichtigen" Verwendung ist ein gewaltiger Abstand. — Sollte man ferner die Theorie aufgeben und fragen, ob nicht z. B. Nueva schon einmal in einsichtigem Spielen mit dem Stock einen Stein umhergeschoben habe, so ist freilich in so veränderter Problemlage die Antwort nicht sicher. Denn mit auch nur wenig Einsicht wird natürlich manches leicht möglich, was aus reinem Zufall niemals hervorgehen könnte. Ich wäre sogar sehr geneigt, die Frage mit Ja zu beantworten, da, wie ich täglich sehe, im Spiel der Tiere, bei dem sie sehr wohl verstehen, was sie machen, Ähnliches nicht selten ist.

Sollten gegenüber diesem Gedanken Zweifel bleiben, so scheinen sie mir durchaus nicht mehr erlaubt gegenüber der Behauptung, daß in einigen Fällen das Tier entweder im ersten Versuch zum ersten Male überhaupt mit der betreffenden Situation zusammenkommt, oder aber höchstens ganz vereinzelte Fälle derart schon erlebt haben kann. Ein Beispiel gibt der oben beschriebene Modellversuch. Wer will ernstlich behaupten, daß eines der Tiere schon vor dieser Prüfung in einer ähnlichen Lage war? Beschränkt auf den Raum hinter einer Ebene (Gitter), schräg heranlaufend ein außen befestigtes Seil und in dessen Mitte ungefähr eine Frucht eingeknotet, so daß nur eine bestimmte Drehung des Seiles das Ziel erreichbar macht? Wenn schon der Versuch einfach ist, — so etwas dürfte den Tieren vorher noch nicht begegnet sein, und doch bringen vier von ihnen unabhängig voneinander die prinzipielle Lösung plötzlich vor. Niemals vor dem Versuch dürfte auch den Angeln einer Tür gegenüber ein Ziel gehangen haben, und doch wird diese mit einem Male scharf angesehen, gleich darauf in klarer Lösung geöffnet. Sehen wir von der Frage ab, wie Sultan auf die Kistenverwendung überhaupt kommt, so bleibt doch die andere: Was veranlaßt ihn, die belastenden Steine herauszunehmen, als eines Tages der betreffende Versuch gemacht wird? Wo soll er Gelegenheit zum blinden Permutieren in dieser Situation gehabt haben? Sicherlich nur ganz vereinzelt und nicht entfernt genügend oft für die Theorie kann es ferner vorgekommen sein, daß Nueva mit zu kurzem Stock das Ziel nicht erreichen konnte und nun gerade ein längerer zufällig so nahe lag, daß er mit dem kürzeren — natürlich immer alles in Zufallsimpulsen — herangeholt werden konnte usw. usw.

Es ist wahrhaftig eine unnatürliche Anstrengung, gegen eine Erklärungsweise, zu der in den Beobachtungen nicht die geringste Anlaß vorliegt, so weitläufig zu argumentieren. Auf den Charakter eben dieser Beobachtungen, der mehr besagt als alle solche Argumente, mache ich zum Schluß noch einmal in seinem Gegensatz zu den Anforderungen der Theorie aufmerksam:

1. Die Tiere sollen sich früher zufällig solche Lösungen andressiert haben; ein **äußerst geläufiges** Übungsprodukt wird angeblich beobachtet und sieht dieser höchsten Geläufigkeit wegen genau aus wie eine einsichtige Lösung. Aber die besten, klarsten Lösungen, die ich beobachtet habe, traten vielfach ganz plötzlich auf, nachdem das Tier sich zu Anfang des Versuches und in einzelnen Fällen für Stunden vollkommen hilflos gezeigt hatte. Wer den ersten Versuch Tschegos (Kiste am Gitter im Wege) oder den ersten Kistenversuch Kokos (Verwendung als Schemel) für die Wiederholung eines lange geübten sinnlosen Dressurproduktes ansehen will, tut das sicherlich **gegen den unmittelbaren Eindruck**, den das beobachtete Verhalten hervorruft.

2. Die Tiere sollen einen Verlauf durch Erfolgsselektion aus „Impulsen" so gebildet, gefestigt und geglättet haben, daß sie ihn **in dieser Form** jetzt „fließend" reproduzieren können. Dieser Anforderung entspricht wohl kein einziger beobachteter Versuch, da kaum einer zweimal in ganz gleicher Weise verläuft, vielmehr die einzelnen, in einem von ihnen vorkommenden Hantierungen gewöhnlich stark wechseln: Die Tür wird vom Boden aus wie im Hocken oben darauf aufgedreht, die im Weg stehende Kiste an einer Ecke vom Gitter abgerückt oder über die hintere untere Kante zurückgeworfen. Soll die Kiste unter das Ziel gebracht werden, so sieht man dasselbe Tier sie ziehen, kanten, tragen, wie ihm die Laune kommt usw. **Die einzige Beschränkung, die es dabei gibt, ist der Sinn des Verfahrens.** Gerade deshalb kann man als Beobachter auch beim besten Willen nicht sagen: Das Tier kontrahiert den und den Muskel, macht den und den Impuls. **Das wäre die unsachliche Betonung eines von Fall zu Fall beliebig wechselnden Nebenumstandes.** Man **muß** vielmehr einfach, wenn man sachlich sein will, für die Beschreibung Ausdrücke gebrauchen, die schon sinnvolle Zusammenhänge involvieren: z. B. „**Das Tier entfernte die im Wege stehende Kiste vom Gitter**"; welche Muskeln welche Bewegungen dabei ausführen, ist übrigens vollkommen einerlei.

3. Nicht so beliebig sind weitere **Variationen**, die ebenfalls der Theorie zuwiderlaufen, aber **durch unvorhergesehene Zwischenfälle unmittelbar hervorgerufen werden**, die Antwort auf sie darstellen; diese können ganz **unmöglich alle andressiert sein**. Das Tier führt dann nicht ein andressiertes Programm sinnlos weiter durch, sondern es begegnet der zufälligen Störung durch eine

entsprechende Variation. Dergleichen kann man z. B. häufig beim Stockgebrauch sehen: Es sagt sich so leicht, daß ein Tier mit dem Stock einen Gegenstand heranholt, aber in Wirklichkeit muß es dabei jedesmal anders verfahren, weil auf unebenem Terrain jede Bewegung das Ziel in eine neue Lage bringt, die ihre Behandlung für sich erfordert. Als Sultan zum erstenmal einen Stab mit dem andern heranholte, verlief der Versuch (auf günstigem Boden) recht glatt. Das nächste Mal aber drehte sich der Stab weit draußen beim Heranziehen infolge von Reibung an einem Kiesel und war so nicht mehr zu befördern, da er gerade auf Sultan zu gerichtet lag; das Tier setzte sofort ab, brachte den Stab durch vorsichtige kleine Stöße zunächst wieder in Querlage und zog ihn dann weiter heran. Man kann geradezu sagen, daß in der Mehrzahl der Fälle von Stockgebrauch die Lösung der Hauptaufgabe unterwegs kleine, nicht vorherzusagende Zusatzaufgaben mit sich bringt, und daß der Schimpanse in der Regel sofort die entsprechende Modifikation des Verfahrens eintreten läßt. — Auch hier gibt es natürlich Grenzen — über sie wird im nächsten Kapitel berichtet —, aber es soll ja auch nicht behauptet werden, daß der Schimpanse soviel leistet wie der erwachsene Mensch. Auf der andern Seite wäre es einfach unsinnig, zu behaupten, daß das Tier für alle diese verschiedenen Fälle und Variationen besondere Permutationen von Zufallsimpulsen durchgemacht habe.

4. Der Erfolg soll die objektiv passenden Permutationen aus der Gesamtheit aller, die auftraten, ausgewählt und zu einem Verband vereinigt haben. Aber die Tiere bringen vollständige Lösungsmethoden plötzlich klar und in sich geschlossen als ganze vor, die der Situation in gewissem Sinn durchaus angemessen und doch undurchführbar sind. Nie können sie mit ihnen Erfolg gehabt haben, solche Methoden sind also sicherlich nicht nach dem Schema der Theorie früher eingeübt worden. Ich erinnere daran, wie zwei Tiere eine Kiste, die zu niedrig steht, plötzlich anheben und erhöht an die Wand andrücken; wie mehrere sich bemühen, die Kiste diagonal zu stellen, so daß sie höher hinaufreicht; wie Rana zwei zu kleine Springstäbe übereinander zu einem optisch doppelt so langen vereinigt; wie Sultan auf große Distanz einen Stock mit dem andern bis ans Ziel steuert und dieses so gewissermaßen „erreicht"; im zweiten Teil dieser Untersuchungen wird als ein besonders merkwürdiger Fall beschrieben werden, wie mehrere Tiere, als ein Steinblock sie hindert, den schweren Türflügel aufzudrehen, plötzlich die größten Anstrengungen machen, die schwere Tür über den Stein hinüberzuheben. Wie sollen sie solche „guten Fehler" durch Erfolgsselektion sich andressiert haben?

Nach alledem muß, soviel ich sehe, auch ein Anhänger jener Theorie zu der Erkenntnis kommen, daß die mitgeteilten Versuchsberichte kein Anwendungsgebiet für seine Erklärungsart darstellen. Je mehr er sich bemüht, Wertvolleres als nur eben das allgemeine Schema seiner Theorie vorzubringen, nämlich wirklich durchzudenken und anzugeben, wie die Versuche alle im einzelnen ihm gemäß zu erklären und abzuleiten sind, desto klarer wird es ihm werden, daß er etwas Ungereimtes versucht. Er muß sich nur immer die Bedingung vorhalten, daß auch nicht unter der harmlosesten Form und nicht im kleinsten Detail Einsicht als ein Erfassen von Zusammenhängen in der Situation mitwirken soll.

Wer nicht von vornherein — etwa als wissenschaftlicher Sparer — sicher ist, daß nur jene Theorie auf Tiere angewendet werden darf, den kann ich nur auffordern, einige der Versuchsberichte noch einmal durchzusehen. Wenn er von ihnen auch nur ganz entfernt ein Abbild dessen hat, was die unmittelbare Beobachtung der wirklichen Verläufe allerdings in vollkommen nicht wiederzugebender Weise lehrt, so wird er vielleicht fühlen, daß hier zu der Wirklichkeit außer der Theorie auch schon so ausgedehnte Erörterungen über sie sachlich nicht passen; in dem Maße disparat stehen Beobachtungen und Erklärungsweise einander gegenüber. Leider wird man durch den geringen Kurswert, den psychologische Beobachtungen gegenüber allgemeinen Prinzipien haben, zu solchen wunderlichen und von der Sache selbst durchaus nicht erforderten Diskussionen gezwungen. Ich komme von hier an auf die Theorie nicht mehr zurück und behandle die Versuche nur noch nach den Gesichtspunkten, die sich aus ihnen selbst ergeben.

Mit den Ausführungen über das Zufallsprinzip habe ich nicht zugleich zur allgemeinen Assoziationstheorie Stellung genommen, und schon ganz zu Anfang wurde hervorgehoben, daß die Frage, die in dieser Schrift zu beantworten ist, bejaht oder verneint werden könnte, ohne daß damit über das Verhältnis der Versuche zur Assoziationslehre etwas ausgesagt würde. Dabei bleibt es auch jetzt zunächst. Das Zufallsprinzip will uns für Tiere eine Erklärung aufzwingen, die unzweifelhaft Einsicht ausschließt und berührt damit den Kern der Untersuchung. Die Assoziationstheoretiker wissen und erkennen an, was man Einsicht beim Menschen nennt, und behaupten, sie könnten dergleichen aus ihren Prinzipien ebensogut erklären wie die einfachste Berührungsassoziation (oder Reproduktion). Für tierisches Verhalten folgt daraus höchstens, daß sie dieses, falls es einsichtigen Charakter hat, ebenso behandeln werden, aber durchaus nicht, daß beim Tier notwendig fehlen müßte, was beim Menschen einsichtig genannt zu werden pflegt. Ich kann deshalb eine nähere Erörterung in dieser Richtung vermeiden und will hier nur bemerken, daß erste und unerläßliche Vorbedingung für eine ausreichende assoziative Erklärung einsichtigen Verhaltens folgende Leistung der Assoziationstheorie wäre: Es ist aus dem Assoziationsprinzip streng abzuleiten, was das Erfassen eines sachlichen, inneren Bezugs zweier Dinge zueinander ist (allgemeiner: das Erfassen eines Situationsaufbaues); dabei ist mit „Bezug" ein Zusammenhang auf Grund der Eigenschaften jener Dinge selbst gemeint, nicht etwa ein häufiges „Hintereinander- oder Zugleich-Auftreten". Diese Aufgabe ist deshalb an erster Stelle zu lösen, weil solche Bezüge die elementarste Funktion darstellen, die an spezifisch einsichtigem Verhalten beteiligt ist, und es unterliegt gar keinem Zweifel, daß u. a. diese Bezüge das Verhalten des Schimpansen fortwährend bestimmen[1]). Sie sind also nicht etwa außer „Empfindungen" u. dgl. nur eben auch noch da als weitere assoziierbare Stücke, sondern es läßt sich — man kann es zahlenmäßig tun[2]) — vollkommen streng beweisen, daß sie das Verhalten des Schimpansen, demnach auch seine innere Dynamik, durch ihre charakteristischen Prozeßeigenschaften auf das stärkste mitbestimmen. Entweder die Assoziationstheorie ist imstande, das „Kleiner als", „Weiter entfernt als", „Gerade dahin gerichtet" usw. seinem inneren Sinn nach als Assoziationen aus Erfahrung in vollkommener Klarheit darzustellen — dann ist alles gut; oder aber die Theorie kommt als ausreichende Erklärung nicht in Betracht, wenn sie nämlich jene für den Schimpansen (wie für den Menschen) primär wirksamen Momente nicht abzuleiten vermag: Im letzteren Fall könnte nur eine Mitbeteiligung des Assoziationsprinzips zugelassen werden, und mindestens jene andere Prozeßart, die Bezüge und nicht äußerlichen Zusammenhänge, wäre außerdem noch als unabhängiges Wirkungsprinzip anzuerkennen.

Sehr viel kürzer als die Zufallstheorie läßt sich eine Deutung behandeln, die man nicht selten von Nichtfachleuten zu hören bekommt, die aber niemand recht ernst nehmen wird, der viel mit Tieren experimentiert hat. Konnten die Schimpansen nicht vor den Versuchen einmal ähnliche Lösungsmethoden vom Menschen durchgeführt sehen und ahmen sie nicht einfach solche menschliche Vorbilder nach?

Zunächst ist der Gedanke zu der in dieser Schrift behandelten Frage in klare Beziehung zu bringen: Er darf nur dann in der Form eines Einwandes vorgebracht werden, wenn das „einfache Nachahmen" einen Vorgang ohne jede Spur von Einsicht in das früher Ge-

---

[1]) Ebenso wie (vgl. Selz, a. a. O.) die Reproduktion des Menschen.
[2]) Vgl. Abhandl. d. Preuß. Akad. d. Wiss. 1918, Phys.-math. Kl. Nr. 2.

sehene darstellen soll; denn andernfalls haben wir es statt mit einem Einwand mit einem sehr speziellen Vorschlag zur Deutung vorhandenen einsichtigen Verhaltens zu tun. Ich vermute, daß schon auf diese Klärung des sogenannten Einwandes hin die Neigung, ihn als solchen vorzubringen, einigermaßen gering werden wird. Denn das plötzliche, unvermittelte Vorbringen irgendwann ohne Spur von Einsicht gesehener, relativ komplexer Handlungen, und zwar genau, als ob sie einsichtig wären, würde ja eine Erscheinung darstellen, die meines Wissens in der Psychologie weder des Menschen noch der Tiere bisher jemals beobachtet worden ist, hier also hypothetisch neu eingeführt werden müßte. Und so scheint mir, daß eine Art Denkfehler der folgenden Art vorliegt: Für den erwachsenen Menschen ist im allgemeinen nichts leichter als das, was er einen andern machen sieht oder sah, selbst „einfach nachzuahmen"; vor allem Handlungen wie die hier von Schimpansen ausgeführten „macht" selbstverständlich jeder normale Erwachsene dem andern „sofort nach", wenn ein Anlaß dazu vorliegt; hier kann man in der Tat von „einfachem Nachahmen" sprechen. Dieser Tatbestand nun verführt wohl bei flüchtigem Denken zu dem erwähnten Einwand, indem bei der Anwendung auf den Schimpansen außer acht gelassen wird, daß der nachahmende Mensch natürlich meistens dieselbe Handlung selbst schon lange kennt und jedenfalls, solange sich das Vorbild nicht über gewisse Grenzen hinaus kompliziert, sofort versteht, einsichtig erfaßt, was das Tun des andern bedeutet, inwiefern es etwa eine „Lösung" in der betreffenden Situation ist. Daß es dagegen möglich sei, noch dazu nach längeren Zeiträumen — denn in der Zeit unmittelbar vor solchen Versuchen schließt der Experimentator jede Gelegenheit zur Nachahmung aus[1]) — in keiner Hinsicht und in keinem Teil verstandene komplexe Verhaltensweisen plötzlich als in sich geschlossene, klare Verläufe vorzubringen, nur weil sie früher einmal oder öfters optisch miterlebt wurden, — noch einmal: das hat uns noch keine Erfahrung gezeigt, und wenig Aussicht ist vorhanden, daß sie uns etwas so Merkwürdiges in Zukunft zeigen werde. Wieder aber kommt alles darauf an, daß man streng denkt und nichts, was im Mindesten Verständnis des Gesehenen wäre, bei der angenommenen „Nachahmung" dieser Art mitwirken läßt.

Selbst Tierpsychologen haben wohl nicht immer genau auf diesen fundamentalen Unterschied des als „einfach" bekannten menschlichen Nachahmens und des von Tieren leichthin geforderten geachtet, und so entstand eine gewisse Verwunderung, als sich zuerst im Versuch zeigte, daß es bei Tieren mit dem anscheinend so leichten

---

[1]) Abgesehen von den Fällen, wo gerade das „Nachahmen" untersucht werden soll.

Nachahmen im allgemeinen recht schlecht bestellt ist. Hätte man bedacht, daß der Mensch zunächst in irgendeinem Grade oder Teile verstehen muß, ehe er überhaupt darauf kommt, nachzuahmen, so wäre das Erstaunen vielleicht geringer gewesen; denn die nächstliegende Arbeitsrichtung ist doch hier entschieden: Nachzuprüfen, ob etwa auch das Tier ein gewisses Minimum von Verstehen des Gesehenen aufbringen muß, ehe Nachahmung überhaupt möglich werden kann. In neueren Versuchen amerikanischer Forscher[1]) ist, entgegen den Ergebnissen Thorndikes, mit aller Sicherheit festgestellt worden, daß Nachahmung, wenn auch kümmerlich und schwerfällig, bei höheren Wirbeltieren vorkommt. Die Berichte stimmen gut zu der Annahme, daß im allgemeinen schwere Arbeit, wenigstens etwas an dem Vorbild zu verstehen, von dem Tier geleistet werden muß, ehe die Nachahmung eintreten kann. ,,Einfache Nachahmung!" Jedem, der noch nicht Untersuchungen an Tieren angestellt hat, kann ich nur sagen: Kommt es wirklich einmal vor, daß ein Tier, dem eine Lösung vorgemacht wird, nun plötzlich diese auch ausführen kann, obwohl es vorher ahnungslos war, so hat man in demselben Augenblick unvermeidlich eine wahre Hochachtung vor diesem Tier. Leider ist selbst beim Schimpansen so etwas recht selten zu sehen[2]) und immer nur dann, wenn die betreffende Situation sowie die Lösung ungefähr innerhalb derselben Grenzen liegen, die dem Schimpansen auch für ganz spontane Leistungen gezogen sind. Man sieht, wie erfahrungsfremd ein solcher Einwand ist.

Auch beim Schimpansen (und wohl ebenso bei anderen höheren Vertebraten) kommt das ,,einfache Nachahmen" mit Leichtigkeit zustande, sobald die gleichen Bedingungen wie beim Menschen gegeben sind, d. h. dem Tier das nachzuahmende Verhalten sonst schon geläufig und verständlich ist; gibt es unter solchen Umständen überhaupt einen Anlaß, auf den anderen (Tier oder Mensch) zu achten und interessiert dessen Verhalten, so wird entweder ,,mitgemacht" oder ,,die gleiche Lösung versucht" usw. Was das Nachahmen anbetrifft, scheinen also bei höheren Tieren ganz ähnliche Verhältnisse und qualitative Bedingungen zu bestehen wie beim Menschen. — Daß auch der Mensch sofort nicht mehr ,,einfach nachahmen" kann, wenn er einen Vorgang, eine Gedankenfolge nicht genügend versteht, läßt sich leicht zeigen; ich komme hierauf zurück, wenn über die Nachahmungen des Schimpansen berichtet wird.

Späteren Ausführungen vorgreifend, erwähne ich vorläufig nur kurz, daß etwa vier Arten von Nachahmung beim Schimpansen vorkommen, daß aber nichts von dem Beobachteten auch nur daran denken läßt, die Tiere könnten Wesentliches ihrer beschriebenen Leistungen ,,einfach" und dabei vollkommen uneinsichtig

---

[1]) Berry, The Journal of Comp. Neurol. and Psychol. 18 (1908); Haggerty, ebenda 19 (1909).

[2]) Vgl. Pfungst, Bericht über den 5. Kongreß f. exper. Psychologie 1912, S. 201. Doch geht Pfungst wohl zu weit; auch der Mensch wird im Bedarfsfall vom Schimpansen ,,nachgeahmt", falls er verstanden ist.

„nachgeahmt" haben. So einen Vorgang gibt es beim Schimpansen überhaupt gar nicht.

Im übrigen mögen zur vorläufigen Begrenzung dessen, was in irgendeiner Form von Nachahmung übernommen sein könnte, folgende Bemerkungen dienen:

1. Auf die Frage, ob die Tiere schon einmal ihren Leistungen Ähnliches vom Menschen ausgeführt sehen konnten, ist in manchen Fällen sicherlich mit Ja zu antworten oder vielmehr: Manche Verhaltensweisen müssen die Tiere schon vor den Versuchen gesehen haben, wenn auch dahingestellt bleibt, mit welchem Grade von Aufmerksamkeit. Es ist z. B. nahezu unmöglich, einen Schimpansen in der Gefangenschaft zu halten, ohne daß jemals etwas wie Stockgebrauch in seiner Gegenwart vorgenommen würde. Schon das Reinigen seines Käfigs (Besen u. dgl.) wird, wenn man nicht schon deswegen ein kompliziertes System einführen will, zu ähnlichen Handlungen führen, und wenn man versucht, dem Wärter dergleichen zu verbieten, so kommt man erstens zu spät (denn schon auf dem Schiffstransport oder früher bestand die gleiche Wahrscheinlichkeit), und zweitens ist es für Nichtsachverständige recht schwer, dergleichen wirklich zu unterlassen, weil die mechanisierten Werkzeugverwendungen beim Menschen geradezu ohne sein Wissen auftreten. Das muß man in den Kauf nehmen. — Nicht ebenso leicht kommt Gebrauch von Kisten und ähnlichem als Schemel vor, sehr wahrscheinlich dagegen haben die Tiere vor den Versuchen Fälle von Leiterverwendung gesehen. Inwieweit derartige Vorbilder, auf die nicht sofort eine Gelegenheit, ein Anlaß zur Nachahmung folgt, späteres Verhalten der Tiere beeinflussen können, ist in anderm Zusammenhang zu besprechen; ohne jede Spur von Verstehen scheint, wie ich nochmals hervorhebe, das Zugegensein bei einigen oder vielen Fällen von Werkzeugverwendung die Wirkung Null zu haben[1]).

2. In einer Anzahl von Fällen erscheint jede Art von Nachahmung der Natur der Sache nach als ausgeschlossen:

a) weil die betreffende Aufgabe noch nie in Gegenwart der Schimpansen von Menschen gelöst sein dürfte (man denke an die Benutzung des Türflügels, an die Erleichterung der steingefüllten Kiste, an den oben beschriebenen Versuch mit dem schräg zum Gitter laufenden Faden u. a. m.),

b) weil kein Mensch je auf den Lösungsversuch der Tiere verfallen würde (ich erinnere an den Springstock und an die guten Fehler:

---

[1]) **Absichtliche Unterweisung der Tiere** ist, wie ich mit aller Sicherheit feststellen kann, niemals erfolgt, mit Ausnahme der Fälle, wo ich selbst alles daransetzte, auf diesem Wege etwas zu erreichen.

Wer soll ihnen vorgemacht haben, eine Kiste hoch an die vertikale Wand zu stellen oder zwei Stöcke in rein optischer Lösung zu einem verlängerten zusammenzuhalten usw.?).

Bei alledem ist schon hier zu betonen: Man hat gesagt, der Schimpanse übernehme nie eine Verhaltensweise des Menschen. Das ist nicht richtig. Es kommen Fälle vor, wo selbst der größte Skeptiker zugeben wird, daß der Schimpanse nicht allein von seinen Artgenossen, sondern ebenso vom Menschen neue Leistungen übernimmt.

8. UMGANG MIT FORMEN

In allen Intelligenzprüfungen, welche eine optisch gegebene Situation verwenden, hat der Prüfling, wenn man genauer zusieht, neben anderen Aufgaben die eines Erfassens bestimmter Formen oder (v. Ehrenfels, Wertheimer)[1]) Gestalten zu leisten. Diese Gestaltmomente waren in den meisten bisher beschriebenen Versuchen von der einfachsten Art, so daß der Unbewanderte noch kaum die charakteristischen Eigenschaften von Gestalten an ihnen erkennt: Grobe Distanzen (sehr vielfach), das Zueinander von Größen (z. B. im Doppelrohrversuch der beiden Öffnungen), grobe Richtungen und allenfalls Richtungskomponenten (Modellversuch des vorigen Kapitels, Türflügelversuch u. a.). Immer da aber, wo eine Formaufgabe etwas größere Anforderungen stellte, also da, wo man (untheoretisch) gewöhnlich erst von Formen und Gestalten (im engeren Sinn) spricht, begann der Schimpanse zu versagen und ohne Rücksicht auf das Feinere der Situationsstruktur so zu verfahren, als wären ihm alle Formen nur en bloc, gewissermaßen ohne straffe innere Zeichnung gegeben. Das kam beim aufgewickelten Turnseil, beim aufgewundenen Draht, beim Kistenbau vor. — Nun pflegten bisher die Situationen, in die man Säugetiere von der Katze aufwärts brachte, um ihre Intelligenz zu prüfen, zum größten Teil Formen recht komplexer Art zu enthalten, insbesondere allerhand Türverschlüsse u. dgl. Daß Tiere unterhalb der Anthropoiden diese Anordnungen nicht sofort (wenn überhaupt jemals) verstehen, ist schon nach dem bisher Berichteten geradezu selbstverständlich. Ich kann bei dem Übergang zu schwierigeren Versuchen am Schimpansen so zufällig-kompliziertes Versuchsmaterial nicht verwenden; auch die folgenden Prüfungen sind darauf gerichtet, möglichst die primären Funktionen immer höheren Grades in der Untersuchung zu treffen, welche selbst dem

---

[1]) V. Benussi nenne ich in diesem Zusammenhang trotz seiner schönen Experimente nicht, weil es mir Mühe macht, seine besondere Auffassung der Gestaltfragen (Produktionstheorie) auf die Untersuchung von Tieren zu übertragen.

Experimentator verborgen zu bleiben pflegen, wenn er Versuche über „Aufriegeln", „Doppelverschluß" u. dgl. macht. Die Gesichtspunkte, nach denen eine Prüfung zu entwerfen ist, sind psychologischer, nicht technologischer Natur; wenn ein Tier einen komplizierten Verschluß nicht öffnet oder irgendwie öffnet, so bleibt der Psychologe noch ganz im Dunkeln darüber, was eigentlich es im psychologischen Sinn nicht gekonnt oder auch irgendwie zustande gebracht hat.

In welcher Richtung man fortzuschreiten hat, um höhere und doch noch für Beobachtung und Funktionsverständnis hinreichend klare Versuchssituationen zu finden, lehren die folgenden Erfahrungen:

Tschego macht ihre ersten Stockversuche und holt (2. 3. 14) Früchte mit dem Stab geradeswegs an das Gitter ihres Raumes heran. Nun ist der untere Teil des Gitters noch mit einem dichten, engmaschigen Drahtnetz überzogen, und die Früchte, die das Tier gerade auf sich zu herangezogen hat, kann es jetzt, obwohl sie dicht vor ihm liegen, nicht ergreifen — weder durch die engen Maschen hindurch, noch von oben über das Netz hinweg, da dieses höher ist, als sein Arm hinabreicht. Etwa 1 m seitlich ist das Netz niedriger: Nachdem Tschego einmal vergeblich hinuntergelangt hat, nimmt sie sofort wieder den Stock zur Hand, schiebt das Ziel in klarer, stetiger Bewegung seitwärts auf die niedrige Stelle zu (also von ihrem derzeitigen Platz fort), geht dann schnell selbst hin und kann ohne weiteres die Früchte aufnehmen.

Ganz ähnlich verfährt Sultan (17. 3.). Der Stock ist an ein Seil gebunden und dieses am Rahmen des Gitters festgenagelt. Gegenüber außen liegt das Ziel, aber wieder ist unten das Eisengitter mit dichtem Drahtnetz bedeckt, so daß das Tier darüber hin mit dem langen Stock arbeiten, nicht aber das Ziel erreichen kann, wenn es dieses gerade zu sich herangezogen hat. Sultan nimmt den Stock und schiebt das Ziel seitlich, ebenfalls in bestimmtester Bewegung, auf ein Loch unten im Drahtnetz zu, von wo er mit dem Arm hinaus auf den Boden greifen kann. Sehr aufklärend, besonders für die Zufallstheorie, ist es, daß Sultan nach einer Weile sorgfältigen Schiebens auf jenes Loch zu den Stock fallen läßt, an das Loch herantritt, seinen Arm hinausstreckt, nach dem Ziel faßt, und da er gerade noch nicht ankommt, sofort zum Stock zurückgeht und das Ziel mit ihm dem Loch noch näher schiebt, so daß er nun von der Öffnung aus die Früchte fassen kann.

_{Arbeitete das Tier nicht von der Gitterstelle aus, der das Ziel gerade gegenüberliegt, sondern von vornherein von der Stelle aus, wo es in den beschriebenen Versuchen später mit der Hand hinausgreift, dann würde es hier während des Vorganges seitlich nach dem Ziel hingedreht sitzen, dieses fast gerade zu sich heranziehen und so nicht den beobachteten Umweg machen. Um Sultan an diesem Verfahren zu ver-}

hindern, war der Stab mittels des Seiles so festgelegt, daß der Stockgebrauch nicht etwa von dieser zweiten Stelle aus stattfinden konnte, weil bis dahin das Seil nicht reichte. Wie der wirkliche Versuchsverlauf beschaffen ist, arbeiten die beiden Tiere unter 90° bis 180° von sich fort, wenn wir mit 0° die Richtung Ziel—Tier bezeichnen, auf der sich natürlicherweise der Stockgebrauch abspielt. Es liegt also wie in früheren Umwegversuchen der Fall vor, daß eine Handlung, die für sich betrachtet sinnlos, ja schädlich ist, in der Bindung mit einer zweiten („später Hingehen an die zweite Stelle und dort Ziel erreichen") und nur in dieser Bindung sinnvoll wird: Das Ganze stellt sogar die einzige in Betracht kommende Lösungsmöglichkeit dar. Diesen Sachverhalt habe ich bereits in einem früheren Abschnitt als charakteristisch für Umwege angesehen, dort aber keine Konsequenzen für die Tiere ziehen mögen. Nach den Erörterungen des vorigen Kapitels ist wenigstens die Frage berechtigt: Ein erster Teil a des Versuchsverlaufes („Hinschieben nach einer andern Stelle und vom Tier fort") kann allein nicht einsichtig zustandekommen; denn er ist allein genommen eher schädlich als fördernd; b aber („Hingehen zur zweiten Stelle und Ergreifen des Zieles") kommt noch gar nicht in Betracht — ist es denkbar, daß (a b) als in sich geschlossener Handlungsentwurf aus der einsichtig betrachteten Situation für das Tier (oder einen Menschen) herausspringt? Einen anderen Weg nämlich sehe ich nicht, wenn bereits der Anfang des Verfahrens, isoliert genommen, gar nichts von einer Lösung enthält, ja einer solchen entgegengesetzt scheint, also als isoliertes Stück nicht einsichtig auftreten kann. Auch realiter ist danach ein Ganzes verlangt, welches sozusagen seine „Teile" erst legitimiert, falls ein Verlauf wie der beschriebene einsichtig soll zustandekommen können. Die Gestalttheorie kennt Ganze, die mehr sind als die „Summe ihrer Teile"; hier wird sogar ein Ganzes verlangt, welches zu einem seiner „Teile" in einem gewissen Gegensatz steht, und das erscheint als eine sonderbare Konsequenz. — Wollte man vollends versuchen, das Auftreten einsichtiger Lösungen physiologisch zu verstehen, so würde wohl dieser Tatbestand einen rechten Probierstein für jede theoretische Bemühung abgeben.

Funktionell betrachtet, bringt das beobachtete Verhalten auf zwei relativ einfache Gesichtspunkte. Man kann sagen, das Tier verstehe mit dem Stock als Werkzeug ebenso Umwege zu machen wie mit dem eigenen Körper — diese Möglichkeit tritt in dem Versuch selbst noch nicht rein hervor — und zweitens: beim Stockgebrauch werde in Rücksicht auf eine weitere, ganz andere Handlung (Veränderung der eigenen Körperstellung) verfahren, die erst hinterdrein als Abschlußteil des Verlaufes wirklich auftreten kann. Ich wende mich der näheren Untersuchung der ersten Möglichkeit zu.

Leicht kann es scheinen, als gehöre die Behandlung dieses ersten Momentes nicht hierher, wo die Anforderungen an die Tiere größer werden sollen. Als allerleichteste Form des allgemeinen Prüfungstypus können Umwege auch mit Hunden und in sehr beschränktem Maß selbst mit Hühnern angestellt werden. Mancher wird deshalb meinen, es komme nicht viel darauf an, ob ein Umweg nun mit dem eigenen Körper oder mit einem Werkzeug in der Hand gemacht werden solle; sei im letztgenannten Fall nur der Gebrauch des Werkzeuges an und für sich geläufig, so müsse sich das — von eigenen Bewegungen her wohlbekannte — Umwegemachen geradezu von selbst ergeben. In der Tat möchte das bei logizistischer Auffassung vom Wesen intelligenten Verhaltens vielleicht folgen. Aber es geht hier wie in der höheren Psychologie auch sonst: selbst das einsichtige Verhalten, die Intelligenzleistung, wehrt sich gegen „intellektualistische Deutungen". Jedenfalls ist der Schimpanse sehr weit davon entfernt, ebenso leicht mit Werkzeugen (überhaupt Dingen) Umwege zu machen, die die Situation verlangt, wie er dasselbe in eigener Körperbewegung leistet.

Ich beschreibe Prüfungen in dieser Richtung, die an dem ruhigsten, klarsten Tier, also Nueva, zuerst vorgenommen wurden. — Sie sitzt hinter einem Gitter, vor ihr draußen (45 cm entfernt) steht auf dem Boden eine Vorrichtung von der Form einer (oben offenen) quadratischen Schublade, der eine Seitenwand fehlt; die Kanten sind 38 cm lang, die drei Vertikalwände 6 cm hoch; das „Umwegbrett" ist auf sonst freiem Grunde so niedergesetzt, daß die Seite ohne Vertikalwand (vgl. Skizze 17) vom Tiere fortgekehrt ist (Normalstellung). Bei

o o o o o o o o o o o o

Skizze 17

Z legt der Versuchsleiter das Ziel (Banane) nieder und gibt dann Nueva einen längeren Stab in die Hand (18. 3.). Sie kratzt das Ziel gerade auf sich zu (0°), kann es bald nicht weiterbringen, weil die vordere Vertikalwand im Wege ist, und gerät in großen Kummer; sie klagt und bittet, wird aber in keiner Weise unterstützt. Endlich ergreift sie den Stock von neuem und bemüht sich wieder, unter 0° das Ziel heranzuholen. Mit einem Male ändert sich dann das Verfahren: sie setzt plötzlich den Stock nicht mehr hinter dem Ziel nieder und zieht, sondern vor ihm und schiebt es, mehrmals sorgfältig den Stock von neuem ansetzend, mit aller Sicherheit auf die offene (von ihr selbst abgekehrte) Seite zu, also unter etwa 180°. Dies behutsame und gleichmäßige Schieben hält sich bis nahe an den Rand des Brettes, wo ohne jeden Ruck, ohne Unstetigkeit im Gesamtverhalten des Tieres der Stock einmal hinter das Ziel kommt und dieses um einige Zentimeter (etwa 5) zurückgezogen wird. Der „Umschlag" dauert nur Momente; dann tritt das Fortschieben auf die Öffnung von neuem ganz klar auf, das Ziel wird in gleichmäßigem Weiterarbeiten ruhig vom Brette herunter seitwärts entlang gestoßen und schließlich im Bogen (auf der linken Seite vom Tiere aus; so immer) glücklich herangeholt.

Bei einer Wiederholung nach wenigen Minuten wird sofort der ganze Umweg mit klarem Beginn unter 180° und ohne jeden Fehler zurückgelegt.

Wiederholung am folgenden Tage: Nueva zieht das Ziel zuerst unter 0° näher, kehrt dann, ganz scharf absetzend, die Bewegungsrichtung um, ehe noch die hindernde Vertikalwand wirklich erreicht ist, schiebt also das Ziel über einen großen Teil des Brettes hin gleichmäßig von sich fort, macht für einen Augenblick wie tags zuvor einen Umschlag durch und legt danach die Umwegkurve sorgfältig und glatt zurück. —(Wiederholung nach wenigen Minuten: Klare Lösung ohne jeden Fehler.)

(20. 3.) Das Umwegbrett hat die Fläche 50 qcm, der erforderliche Umweg ist also entsprechend größer. Nueva setzt unter 0° an, wendet (wieder, ohne zuvor die Wand zu erreichen) plötzlich um und befördert mit Ruhe und Sorgfalt das Ziel durch die Umwegkurve bis in Reichweite. — (Wiederholung nach wenigen Minuten: Fehlerfreie Lösung.)

Wiederholung am 28. 3. Beginnt mit 0°, geht abrupt zu 180° über. Als beim Herumziehen des Zieles um die Ecke des Brettes die Seitenwand dem Stocke im Wege ist, schiebt das Tier resolut, aber ruhig das ganze Brett mit dem Stocke zur Seite und arbeitet nun bequem weiter.

Das beschriebene Verhalten Nuevas ist weit klarer als alles, was weiterhin von den anderen Tieren berichtet wird, und doch zeigt es schon deutlich genug, daß sich eine Lösung, wie sie hier allein in Betracht kommt und ja nach primitiverem Verhalten im Anfang auch wirklich ausgeführt wird, nur gegen einen starken Widerstand durchsetzen kann. Unzweifelhaft tritt sie bei Nueva noch durchaus einsichtig auf: so klar setzt sich die neue Bewegungsrichtung (180°) von der ersten (0°) ab, und so gar nicht ist hier von einem diffusen Herumprobieren die Rede. Aber daß es so lange dauert, bis diese Lösung überhaupt gefunden wird, und das Tier nach der ersten Bemühung primitiver Art zeitweise ratlos bleiben kann, daß noch nach sechs Versuchen die Richtung 0° zuerst wiederkehrt, ehe die Lösungsrichtung plötzlich aufkommt, das steht in einigermaßen scharfem Kontrast zu der Selbstverständlichkeit, mit der die Schimpansen auf Umwegen zu einem Ziele hin laufen oder klettern. — Der merkwürdige „Umschlag", der noch beim dritten Versuche (am zweiten Versuchstage) beobachtet wird, erweist ferner, daß es sogar schwer bleibt, das Lösungsverfahren durchzuführen, nachdem es schon mit Bestimmtheit aufgetreten und recht weit gefördert ist. — Diese momentane und räumlich sehr beschränkte Rückwärtsbewegung hat gar nichts von einem Herumprobieren. Am ersten kann ich ihren Charakter durch einen ungefähren Vergleich kennzeichnen: Soll ein Mensch Bewegungen, die ihm sonst keinerlei Mühe machen, mit einem Male ausführen, während er sie in einem Spiegel beobachtet, so kommt es bekanntlich[1]) vielfach zu einem zwangsmäßigen Umschlagen der Aktionsrichtung, weil die normale Zuordnung von Optik und Motorik gestört ist. Wie Nueva für Augenblicke in die normale Richtung, das Ziehen, zurückfällt, hat der Beobachter den Eindruck, daß das Tier selbst erst über die Änderung orientiert wird, nachdem schon ein kleines Stück Weges wirklich unter 0° zurückgelegt ist. In späteren Versuchen kommt nicht allein diese Erscheinung nochmals, sondern sogar eine Steigerung bis ins Paradoxe vor.

Nur noch ein einziges Tier, und zwar der kluge Sultan, brachte es bei Normalstellung des Brettes überhaupt zur Lösung. Wie es dabei zugeht, ist nicht allein durch den unerfreulichen Unterschied gegenüber Nuevas Versuchen bemerkenswert. (18. 3.) Das Brett von 38 qcm wird benutzt, es liegt ein wenig weiter vom Gitter entfernt (55 cm). — Sultan zieht die Banane auf sich zu (0°) und bemüht sich, sie über den Rand zu heben; da sie aber hier gerade wegen der Vertikalwand ganz unerreichbar für die Stockspitze wird, so legt der Beobachter sie an den ursprünglichen Ort zurück; Sultan bewegt sie nun seitlich (etwa 90°) an die Wand, beginnt, als das Ziel diese erreicht hat, mit der Stockspitze zu heben und befördert es wirklich hinaus, so daß es auf freiem Grunde leicht heranzuziehen ist. Der kleine vertikale Umweg (6 cm) über den Rand scheint sich ganz von selbst zu ergeben; sobald die Frucht an der Wand liegt, setzen statt der schiebenden Bewegungen deutlich hebende ein.

Bisher ist die Aktionsrichtung nach der offenen Seite hin noch gar nicht vorgekommen. Ihr Auftreten wird durch einen Zufall veranlaßt, der ganz allgemein als starke Hilfe wirkt. — (Neues Ziel.) Unter den hastigen Bewegungen, die Sultan in diesem Versuch sehr unvorteilhaft von Nueva unterscheiden und durch viele vergebliche Bemühungen nur immer fahriger werden, springt die elastische Frucht vom Brett ein wenig in die Höhe und rollt niederfallend ein Stück in Richtung der offenen Seite fort: sogleich ändert Sultan sein Verfahren, schiebt das Ziel weiter schräg hinaus und zieht es dann im

---

[1]) Wenn ich nicht irre, rührt der Versuch von Mach her.

Bogen zu sich heran. — Ganz dasselbe geschieht bei der nächsten Wiederholung, und zwar arbeitet das Tier zunächst wie völlig unbelehrt in Richtungen zwischen 0° und 90°, bis zufällig bei starkem Druck des Stockes die Banane unter ihm fort und eine Strecke auf den offenen Rand zuschnellt: In demselben Augenblick wechselt auch Sultan sein Verfahren wieder und löst die Aufgabe klar. Allerdings ist sie nun auch dadurch leichter geworden, daß nach der zufälligen Annäherung des Zieles an den Rand die Umwegkurve nicht mehr unter etwa 180° einzusetzen braucht, einer Richtung, die sich in den Versuchen der übrigen Tiere als besonders schwierig erweist (vgl. unten).

(19. 3.) Um die Zufallshilfen zu erschweren, ersetzen wir das kleine Brett durch das von 50 qcm, aber der Verlauf bleibt der gleiche: Sultan versucht, das Ziel seitlich über den Rand zu heben, es springt mehrfach, und als es schließlich einmal bis nahe an die offene Seite fortrollt, geht er abrupt zur richtigen Bewegung über, bringt auch ohne Störung das Ziel durch die Umwegkurve in seinen Besitz. — Bei Wiederholung schlägt er trotzdem noch einmal den Weg zur Seitenkante ein, die Banane springt zwar diesmal nicht bis in die Nähe des offenen Randes, aber doch bis in die Brettmitte zurück, und diese Bewegung scheint geradezu suggestiv zu wirken: Plötzlich arbeitet Sultan unter 180° usw. in vollkommen klarer Lösung. — Im dritten Versuch des Tages endlich bedarf es der Zufallshilfe nicht mehr, und von vornherein wird das Ziel ohne Fehler vom Brett fortgestoßen, dann im Bogen herangezogen.

Nach einer Pause von zwei Monaten (16. 5.) tritt im ersten Augenblick die primitive Richtung (0°), dann scharf abgesetzt die richtige Lösung in fehlerloser Kurve auf.

Wie die Lösung zuletzt vor sich geht, und wie die Zufallshilfen vorher jedesmal benutzt werden, muß ich die Leistung in ihrem Endzustand für einsichtig halten, wennschon es als ganz auffällig wirken muß, daß die Zufallshilfe dreimal das Tier zur vollständigen Lösung veranlassen kann, ohne daß es sie beim jedesmal folgenden Versuch von selbst vorbringen könnte, ja auch nur andeutete. Das erscheint nur möglich, wenn sozusagen eine starke Kraft der Lösung entgegenwirkt, oder genauer gesagt, den Anfang der Lösung (Richtung 180°) schlechterdings nicht aufkommen läßt. Diese zweite Ausdrucksweise ist deshalb besser angebracht, weil ja nur der Beginn in der schweren Richtung durch den Zufall vorgeführt zu werden braucht, so entsteht augenblicklich die ganze Umwegkurve für Sultan. (Das letztere folgt unmittelbar daraus, daß diese Kurve in jedem Fall auch räumlich so „rund" wie möglich verläuft; noch auf dem

Brett bekommt das Ziel nahe der Öffnung die schräg seitliche Bewegungskomponente, welche der weiteren Fortsetzung der Kurve auf freiem Boden, dem „Herumziehen", entspricht.) Über die Natur der Zufallshilfe wären mehrere Annahmen möglich, deren experimentelle Prüfung noch aussteht: Entweder ist es die Nähe des Zieles an der offenen Seite, und zwar nach dem Sprung, welche das Auftreten der Lösung veranlaßt, oder aber die Dynamik dieses Sprunges in der schwierigen Richtung des Kurvenanfanges ist das Entscheidende, oder endlich, es wirkt beides zusammen. Dies letzte halte ich für richtig; nach allen sonstigen Erfahrungen an Tieren und Menschen ist jedoch das wahrscheinlichste, daß die Bewegung selbst mit dem ihr inhärierenden Richtungsfaktor die Hauptkraft darstellt.

Man kann weiter fragen, inwiefern denn dergleichen die vollständige Lösungskurve hervorbringen könne. Hier sind wieder zwei Antworten möglich: Entweder läßt sich ein Assoziationszusammenhang denken, der, im Tier schon vorher bestehend, unter der reproduzierenden Kraft der zufälligen Hilfsbewegung die Gesamtkurve wachruft — oder aber, es gibt sozusagen „autochthone" Möglichkeiten dafür im Tier, daß gegenüber der neuen Totalsituation „Richtungshilfe in der gegebenen Feldstruktur" eine Lösungskurve sich plötzlich ausbildet, deren Entstehung in der ursprünglichen, ruhenden Situation allein durch starke Gegenkräfte durchaus verhindert wird. Die letztere Annahme würde für alle Fälle von klaren Lösungen ohne Hilfe (also z. B. für das Verhalten Nuevas im gleichen Versuch) die Hypothese in sich schließen, daß die Richtungen, Kurven usw. dieser Lösungen autochthon (nicht notwendig „aus Erfahrung hierüber") angesichts der ruhenden Situation entspringen könnten. Nach dem vorgezeichneten Plan dieser Schrift lasse ich die Wahl offen.

Die zahlreichen Versuche mit andern Tieren brauchen nicht so ausführlich wiedergegeben zu werden, da sie von den beschriebenen nur darin abweichen, daß die Schwierigkeit der verlangten Leistung noch auffallender hervortritt. Dieser Umstand kommt auch in einer kürzeren Übersicht und in ihr vielleicht besonders deutlich zum Ausdruck.

Chica.

(18. 3. und 20. 3.) Normalstellung des Brettes

Als Aktionsrichtung wird 0° durchaus festgehalten.

(18. 3.) Das Brett wird so gedreht, wie die Skizze 18 angibt

Chica verfährt so heftig, daß das Ziel federt und der Öffnung zuspringt; sofort tritt die klare Lösung auf.

Bei Wiederholung des Versuchs erfolgt die Lösung erst auf die gleiche Hilfe hin.

(20. 3.) Gleiche Stellung

Aktionsrichtung zu Anfang 0°; auf Fortspringen der Banane folgt sofort klare Lösung. In zwei Wieder-

Zwei Monate später (16. 5.) Normalstellung

holungen klare Lösung von vornherein (vgl. jedoch unten). Aktionsrichtung 0°, das Ziel wird wirklich über den Rand gehoben. Bei Wiederholung erhält sich 0° selbst gegen starke Zufallshilfen; sogar fast vom offenen Rand wird das Ziel unter 0° zurückgeholt. Plötzlich aber tritt ganz scharf abgesetzt die Lösung auf (180° usw.). In zwei weiteren Versuchen wird von vornherein die Umwegkurve richtig eingeschlagen; dabei kommt es jedoch mehrfach zu dem von Nueva her bekannten „Umschlagen" (durchaus nicht Herumprobieren). In einer letzten Wiederholung fällt auch diese Störung fort.

In den Versuchen vom 20. 3. verschafft sich Chica eine recht charakteristische Hilfe: Sie arbeitet nicht mehr wie sonst vom Boden aus, sondern setzt sich auf einen

o   o   o   o   o   o   o   o   o   o^C o   o

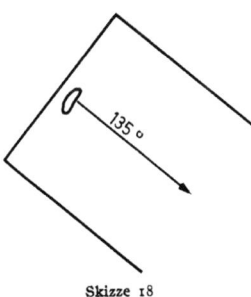

Skizze 18

Querbalken des Gitters in etwa 70 cm Höhe und nicht mitten vor die Anordnung, sondern an den Punkt C (der Skizze). — Man versteht anschaulich sofort, wie das Umwegfahren hierdurch erleichtert wird, nicht nur motorisch.

Grande.
(18. 3. und 14. 5.) Normalstellung

Die Aktionsrichtung ist 0° und hält sich auch gegen Zufallshilfen. Grande prügelt das Brett vor Wut.

(14. 5.) Vierteldrehung links	Grande bleibt bei der primitiven Richtung.
Weitere Vierteldrehung (Öffnung seitwärts)	Die Aufgabe wird sofort gelöst unter 90°.
Vierteldrehung rückwärts	Auch diese Aufgabe wird jetzt vollkommen klar gelöst(Richtung 135°).
Normalstellung	Von vornherein 180° und fehlerfreie Lösung.
Einen Monat später (18. 6.) Normalstellung	Klare Lösung vom ersten Augenblick an.

Grande versucht bisweilen, das Verfahren dadurch abzukürzen, daß sie mit Stock oder freier Hand das ganze Brett ans Gitter zieht. — Die Richtung 90° tritt bei diesem Tier zum erstenmal auf, als das Brett unter rechtem Winkel seitwärts gedreht liegt, unter diesen Umständen aber sofort. Daß die Lösung auf die beiden schwereren Stellungen danach ohne weiteres übertragen wird, obwohl diese ja einen veränderten Bewegungsmodus verlangen, daß dieser Änderung Rechnung getragen wird, erweist die Wirkung „sachlicher Bezüge". — An den Versuch (14. 5.) in Normalstellung wurde ein weiterer unter Vierteldrehung des Brettes nach rechts angeschlossen; sogleich erfolgte die Lösung, sachgemäß mit der Umwegkurve rechts herum (rechts und links hier überall vom Tier aus gerechnet).

Tercera.

(18. 3., 20. 3., 18. 6.) Normalstellung	Die Aktionsrichtung ist konstant 0°, trotzdem Zufallshilfen vorkommen.
(20. 3. und 18. 6.) Vierteldrehung links	Ungeschickte Bewegungen unter 0°, selbst gegen Hilfen; das Tier sieht dumm und faul im Extrem aus[1].
(18. 6.) Weitere Vierteldrehung links (Öffnung seitwärts)	Sofort tritt die Lösung unter 90° vollkommen klar auf.
(18. 6.) Vierteldrehung rückwärts	Tercera beginnt unter 0°, kommt durch Zufallshilfe sofort auf die Lösung (Beginn etwa 135°). In zwei Wiederholungen wird von Anfang an deutlich die Umwegkurve eingeschlagen.

Bei Tercera, die sonst sehr lebhaft ist, aber sofort in eine Art Schlummer verfällt, wenn sie Versuche machen soll, sieht man einen ganz auffallenden Gegensatz zwischen den Stockbewegungen vor Eintritt der Lösung und nach dem kritischen Moment (z. B. nach der Zufallshilfe): Vorher ein recht unklares Fuchteln, werden die Bewegungen klar in demselben Augenblick, wo auch die Lösungsrichtung aufkommt; ungeschickt arbeitet Tercera immer.

Tschego.

(20. 3.) Normalstellung	Aktionsrichtung 0° ohne jede Abweichung.

---

[1] So im Gegensatz zu Rana, die dumm und eifrig zu sein pflegt.

Vierteldrehung links	Die Richtung bleibt lange Zeit 0°, bis Tschego am Ende in größter Wut den Stock auf dem Brett in Splitter schlägt.
Weitere Vierteldrehung links (Öffnung seitwärts)	Tschego bleibt eine Weile bei 0° und geht dann ganz plötzlich zu klarer und sorgfältiger Lösung über (also mit 90° beginnend). Bei Wiederholung ist die Richtung wieder zuerst 0°, schlägt abrupt in die Lösung um.

Bei den Lösungen Tschegos kommt es zu einer bemerkenswerten motorischen Erscheinung: Als das Ziel schon fast an der Öffnung liegt, nimmt das Tier den Stock aus der rechten in die linke Hand, vermutlich wegen Ermüdung, und macht nun einen Augenblick wie selbstverständlich mit der linken Hand die zu den bisherigen symmetrischen Bewegungen, also unter 90° nach rechts hin, so daß die Banane einige Zentimeter zurück in das Quadrat verschoben wird. Dieser Fehler wird zwar sofort korrigiert, tritt aber dann bei jedem Wechsel von der rechten zur linken Hand momentan angedeutet von neuem auf. — Diese Erscheinung hat nichts mit der an Chica und Nueva beobachteten eines Umschlagens aus der neuen in die biologisch primäre Richtung zu tun, sondern dürfte auf jener Koordination der motorischen Funktionen beider Arme beruhen, die auch bei uns vielfach symmetrische Übertragung von einer Körperseite auf die andere vor der gleichsinnigen bevorzugt.

Rana.

(19. 6.) Normalstellung	Arbeitet konstant unter 0°.
Vierteldrehung links	Bleibt bei 0° ohne jede Abweichung.
Weitere Vierteldrehung links (Öffnung seitwärts)	Rana bleibt immer noch eine Weile bei 0°, geht aber nachher doch zur Lösung über. — Bei einer ersten Wiederholung ergibt sich derselbe Verlauf, also Beginn mit 0° und später Übergang zu 90°; bei der zweiten Wiederholung bleibt Rana hartnäckig in der primitiven Richtung und kommt von ihr auch nicht ab, als das Ziel ganz nahe an die Öffnung gelegt wird!

Diese Ergebnisse beweisen klar genug, daß die hier verlangte Leistung unvergleichlich schwieriger ist, als ein gewöhnliches Umwegemachen. Brächten wir irgendeinen der Schimpansen in einen Raum von quadratischem Grundriß, der bis auf eine Vertikalwand vergittert ist, aber im übrigen sich zu dem Körper des Schimpansen an Größe verhält wie das Umwegbrett zur Banane, und stände das Tier zunächst an dem Platz gegenüber Z (vgl. Skizze S. 11), so würde es vielleicht einen Augenblick durch das Gitter hinauszugreifen suchen, aber ganz gewiß auch sehr bald den Umweg unter 180° Anfangsrichtung in glattem Verlauf einschlagen, also in „Normalstellung" die Lösung vorbringen, ohne daß wir einem der Tiere (wie soeben der Mehrzahl) durch Viertel- und Halbdrehungen des Käfigs die Aufgabe erleichtern müßten. Selbst ein ordentlicher Hund leistet ja, wie wir gesehen haben (vgl. oben S. 10), ohne weiteres dasselbe in einer ihm unbekannten, ad hoc hergestellten Umwegsituation. — Der fundamentale Unterschied, der hier zutage tritt, kann trotz der Einfachheit des Versuchs noch durch verschiedene Faktoren begründet werden: Zunächst könnte (vgl. oben) vor allem das Umwegemachen mit einem Werkzeug anstatt mit dem eigenen Körper so viel schwerer sein; ferner aber könnte die Schwierigkeit mit dem Umstand zusammenhängen, daß der Umweg nicht vom Standpunkt des Tieres aus zu einem Ziel, sondern umgekehrt von dem ursprünglichen Ort eines Zieles zum Tier hin gemacht werden muß. Zur Entscheidung der theoretisch wichtigen Frage, welchem Moment die größere Bedeutung zukomme — denn beide wirken wohl zusammen —, wären Umwege mit dem Werkzeug (Stock) vom Tier aus nach einem Ziel hin zu verlangen.

Vollkommen deutlich ist die Erleichterung, die durch seitliche Drehung des Brettes bewirkt wird; schon unter 135° wird die Umwegkurve etwas leichter eingeschlagen (Chica), und sobald die geforderte Bewegung mit etwa 90° einzusetzen hat, kommen sämtliche Tiere früher oder später einmal plötzlich auf die Lösung. Es wird sehr genau zu überlegen sein, welche Erklärung man dieser Abhängigkeit von der „Situationsgeometrie" geben will (vgl. hierzu auch oben S. 11, 26f.). Hierin stimmen die eben beschriebenen Umwege mit gewöhnlichen (in Körperbewegung) überein: Man muß nur anstatt der Schimpansen Hühner als Versuchstiere nehmen, so zeigt sich, daß für sie die Umwege, die in Richtung 180° vom Ziel fort beginnen, in echtem Verlauf geradezu unmöglich sind, und daß mit der Annäherung an 90° die Leistung eher einmal zustande kommt[1]). — Dem menschlichen Zuschauer ist von vornherein klar, daß der Brettversuch unter 135° etwas, unter 90° sehr viel leichter gelingen muß als unter 180° Anfangsrichtung; und diesmal gibt ihm die Erfahrung recht. Worin der Unterschied besteht, wird er nicht so leicht sagen können; vielleicht dürfte er die Umwegkurven in verschiedenem Grade „glatt, direkt" finden. Aber was heißt das psychologisch, und inwiefern bestimmt es die verschiedenen Grade von Schwierigkeit?

---

[1]) Die seitliche Ausdehnung des Hindernisses darf bei Hühnern (90°) stets nur gering sein.

Die auffallendste Erscheinung bleibt auch in diesen Versuchen das plötzliche Auftreten von Lösungen durchaus klaren, in sich geschlossenen Charakters, wenn eine einzige Zufallsbewegung das Ziel einmal in Richtung des Kurvenanfangs ein Stück transportiert; es ist dann, als wenn, wenigstens vorübergehend und für den betreffenden Versuch, ein Bann gebrochen wäre. Nur etwas törichte Tiere lassen sich auch so niemals helfen.

Ich denke, niemand wird geneigt sein, das überaus häufige Auftreten eines günstig wirkenden Zufalls in diesen Versuchen gegen die Betrachtungen des vorigen Kapitels auszuspielen. Tatsächlich ist dies der erste Fall unter den beschriebenen Beobachtungen, wo dergleichen vorkommt, und leicht genug sieht man, daß die Bewegung, die vom Tier aus als Zufall zu gelten hat, physikalisch so häufig vorkommen muß (während in anderen Versuchen so einseitig begünstigende Bedingungen nicht vorliegen): Das Fortspringen der Frucht tritt ein, erstens, wenn das Tier bemüht ist, sie über eine Kante zu heben; fällt sie dabei, wie meistens, von dem schmalen Stab herab, so ist ihre Fallrichtung naturgemäß die vom Tier fort, weil der Stab von der Hand des Tieres her schräg nach unten läuft. Das Fortspringen der Frucht ergibt sich zweitens, wenn das Tier, anstatt den Stock hinter dem Ziel ganz zur Erde zu setzen, ihn in Eile nur von oben darüberlegt, etwas drückt und nun zieht; das Brett ist (im Gegensatz zum Erdboden) glatt, und bei etwas ungeschicktem oder infolge von Erregung zu starkem Druck gleitet der Stock nach vorn ab, die Frucht muß fortspringen.

Wer die Versuchsbeschreibungen aufmerksam durchliest, wird erkennen, daß die Leistungen der einzelnen Tiere in der hier gewählten Reihenfolge abnehmen. (Grande steht deutlich besser da als Tercera durch die Leichtigkeit, mit der sie beim Zurückdrehen des Brettes die Lösung vorbringt.) In dieselbe Reihenfolge: Nueva, Sultan, Chica, Grande, Tercera, Tschego, Rana ordnen sich die Tiere ganz ohne Rücksicht auf diese speziellen Versuche ein, wenn man die Intelligenzabstufung nach ihrem gesamten Gebaren und dem Charakter ihrer sonstigen Leistungen bestimmt. Ich bemerkte erst bei der Niederschrift dieses Abschnittes, daß das Examen mit dem Umwegbrett den Tieren „Klassenplätze" anweist, die ich ihnen vorher längst zugedacht hatte. (Für Tercera wählte ich vorher den Platz zwischen Grande und Tschego mit etwas Unsicherheit, da sie so selten zur ernsthaften Bemühung im Versuch zu bringen ist; aber das Umwegbrett wenigstens gibt mir Recht.)

Koko ist nicht in die Reihe aufgenommen, da die Schwäche seiner Arme ihn sehr bei der Führung des Stockes im Brettversuch behinderte und deshalb die unsicheren Bewegungen schwerer zu beurteilen waren. Unzweifelhaft aber arbeitete er zunächst unter 0° wie alle die anderen, einmal sprang auch ihm das Ziel der Öffnung zu, und er bemühte sich darauf ohne rechten Erfolg, es weiter in der Lösungsrichtung zu befördern. Danach wäre er etwa Sultan gleichzustellen, und dessen Niveau (wie Charakter) kam er wohl auch sonst nahe. Konsul wurde nicht geprüft.

In methodischer Hinsicht ergibt sich, daß man in manchen Fällen über die einsichtige Behandlung von anschaulich gegebenen Situationen in einer Art experimentieren kann, die eine gewisse Annäherung an die Arbeitsart der höheren Wahrnehmungspsychologie bedeutet (Sehen von Raumgestalten, Sehen von Bewegung u. dgl.). Diese Schrift enthält hiervon nur schwache Anfänge, da erst die Tiere durch ihr Verhalten auf solche Möglichkeiten allmählich aufmerksam machten[1]).

Zum Vergleich teile ich einen Versuch mit, in welchem ein Knabe, zwei Jahre und einen Monat alt, genau wie die Schimpansen geprüft wurde. Das Kind kann als mittelbegabt bezeichnet werden. — Es steht in einem vergitterten Raum, wie er vielfach für kleine Kinder verwendet wird; die Wände sind so niedrig, daß sie ihm nur bis an die Brust reichen. Innerhalb liegt ein leichter Stab, außerhalb außer Reichweite das Ziel. Nach kurzer Zeit wird der Stab wie selbstverständlich aufgenommen und das Ziel mit seiner Hilfe herangezogen. Die Geschicklichkeit, mit der dies geschieht, ist deutlich geringer als die des doppelt so alten Sultan, aber größer als die von Rana und Tercera, die mit Sultan ganz ungefähr gleichaltrig sein mögen. — Wie immer der Werkzeuggebrauch entstanden sein mag, er ist tatsächlich vorhanden.—
Am gleichen Tage noch wird der Brettversuch gemacht, und zwar in Normalstellung. — Das Kind ergreift sofort den Stock wieder, verfährt aber so ungeschickt, daß ihm das Werkzeug noch vor Gebrauch aus der Hand fällt. Es setzt ein Bein zwischen den Gitterstäben hinaus auf den Stock, zieht ihn so näher, nimmt ihn aber dann nicht herein, vielleicht weil ihm nicht klar ist, wie der querliegende Stock durch das Gitter hindurch zu bringen wäre. Statt dessen schlägt es mit seinem Gürtel, der niedergefallen ist, nach dem Stock, steht darauf eine Weile traurig da und gibt allmählich dem Beobachter zu verstehen, daß es nach dem Stabe verlangt. Dieser wird ihm gereicht. Der Knabe nimmt ihn, zieht mit ihm das Ziel in Richtung 0° gerade auf sich zu, verharrt hierbei längere Zeit, obwohl das Ziel an die Vertikalwand stößt, und geht schließlich zu der Richtung (von ihm aus) links in die Ecke (etwa 45°) über — der Beobachter hatte es inzwischen wieder an seinen alten Platz gelegt. Nach langen erfolglosen Bemühungen stellt das Kind die Arbeit ein; es nimmt den Stock und wirft ihn auf das Ziel, dann den Gürtel, und auch dieser fliegt hinaus; wären gerade noch mehr handliche Gegenstände da, so würden sie sicherlich desselben Weges gehen — genau wie beim Schimpansen (vgl. oben S. 63f.). — Daß das Kind in eigener Körperbewegung ohne Mühe Umwege macht, wurde gleich danach festgestellt; ein noch weit jüngeres war ja schon früher mit Erfolg in dieser Hinsicht geprüft worden (vgl. oben S. 10).

Die Forderung, beim Umgang mit Dingen von der direkten Aktionsrichtung abzuweichen und dafür die Handlungsrichtung (oder -kurve) an vorliegende Raumformen anzupassen, läßt sich in vielen äußerlich verschiedenen Aufgaben prüfen. Ich gebe noch ein Beispiel, in welchem vor allem die Raumgestalten, auf welche Rücksicht zu nehmen ist, einen anderen Charakter haben.

In der Einleitung wurde ein Versuch beschrieben, in welchem das Tier nur einen Ring (eine Schleife) von einem Aststumpf (einem Nagel) abzustreifen hätte, so würde schon das Ziel zu Boden fallen und hier sofort zu erreichen sein. In Wirklichkeit wurde der Ring (die Schleife) gar nicht beachtet, vielleicht weil der Zusammenhang von Ringbefestigung und sonstiger Situation nicht erfaßt war; das

---

[1]) In Zukunft wird es sich empfehlen, von dem Umwegbrett nur die Vertikalwände ohne die Holzfläche zu verwenden; vielleicht kommt die Umwegkurve leichter auf freiem Grund als über Holz und Grund zustande; auch die harte Kontur Holzbrett—Grund könnte erschwerend wirken.

Tier kam gar nicht so weit, Interesse an der Befestigung finden zu können. Jetzt wird eine Situation hergestellt, in der sich das Tier voraussichtlich sogleich bemühen muß, eine derartige Verbindung zu lösen.

Jenseits eines Gitters liegt außer Reichweite das Ziel. An einem Stabe, mit dem die Tiere das Ziel erreichen könnten, ist eine starke Schnur befestigt; ihr freies Ende trägt einen Metallring von etwa 6 cm Durchmesser, und dieser Ring liegt über einen Nagel gestreift, welcher 10 cm vertikal aus einer schweren Kiste heraussteht. Bei gespannter Schnur reicht der Stab nicht einmal bis ans Gitter, muß also für den Gebrauch notwendig abgenommen werden, und zwar mit einer Bewegung, die unter 90° von der primitiven Aktionsrichtung „Stock direkt ans Gitter" abweicht. Diese Bewegung wird „echt" nur dann zustandekommen, wenn die Tiere die Struktur „Ring über Nagel gestreift" zu erfassen vermögen. Wer noch nicht gesehen hat, wie Schimpansen mit etwas komplexen Raumformen umgehen, kann meinen, leichtere Anforderungen ließen sich gar nicht stellen.

(21. 2. 14.) Sultan reißt am Stock in Richtung des Gitters (und Zieles), kaut und nagt am Strick dort, wo dieser am Stabe befestigt ist, beachtet die Verbindung Ring—Nagel überhaupt erst nach geraumer Weile und hebt jetzt nicht etwa den weit offnen Ring die wenigen Zentimeter in die Höhe, sondern versucht den Nagel abzureißen oder umzubrechen. Die Lösung ist schließlich, daß der Stab selbst etwas oberhalb der Mitte mit großer Anstrengung durchgebrochen und mit dem freien Stück das Ziel erreicht wird!

Bei Wiederholung des Versuches mit einem neuen Stock wird Sultan auf die Bewegungen aufmerksam, die (beim Zerren nach dem Gitter hin) der Ring am Nagel macht; er greift wie prüfend an den Ring und hebt ihn dann in ruhiger, klarer Bewegung ab. — Beim nächsten Versuch muß er doch erst wieder auf das Gitter hinzerren, ehe er sich dem Ring zuwendet und diesen, übrigens wieder in sicherer Bewegung, abstreift.

Grande, Chica, Rana und Tercera zerren zuerst am Stock und bemühen sich dann fortwährend, die Verbindung Seil—Stab zu lösen; bei ihren ungeduldigen Bewegungen verschiebt sich der Ring am Nagel, und es kommt sogar vor, daß er dann abgleitet; aber die Tiere merken das gar nicht in ihrem Eifer, den Stock vom Seil zu lösen, und der Ring kann immer wieder heimlich über den Nagel gelegt werden. Dabei kommt es zu folgendem Extrem: Rana zerrt den Ring zufällig vom Nagel und sitzt nun, immer noch die Verbindung des Stabes mit dem Seil betrachtend, dicht am Gitter, wird aber gar nicht gewahr, daß jetzt der Stock verwendungsbereit ist; der Beobachter legt wieder heimlich den Ring über den Nagel, und gleich danach zerrt Rana von neuem auf das Gitter zu. Als sich derselbe Zufall noch einmal wiederholt und das Seil mit dem Ring frei in der Luft hängt, wird das Tier doch erst nach einer Weile darüber klar, daß der Stock nun frei beweglich und die Verbindung zwischen ihm und dem Seil weiter nicht von Belang ist. Zu einer echten Lösung bringen die genannten Tiere es bei dieser Aufgabe vorläufig nicht.

Da die Schimpansen nur eben den Stock haben wollen und schon der nächste Teil des Ganzen, das Seil, sich als dünn und biegsam zum Zerreißen oder Zerkauen gleichsam empfiehlt, so ist an ihm die Aufmerksamkeit der Tiere in überraschendem Maße hängengeblieben; Bemühungen, in dieser Hinsicht Hilfen zu geben, blieben ohne Erfolg. Deshalb wurde in späteren Versuchen die Seilverbindung ausgeschaltet, der Ring also auf das Stockende genagelt, aber so, daß der größere Teil der Öffnung frei über das Holz des Stockes hinausragte; um Zufallslösungen zu erschweren, ersetzte ich den Nagel des früheren Versuches durch einen Eisenstab, der etwa 35 cm vertikal aus einer schweren Kiste herausstand.

(10. 5.) Rana zerrt in der Richtung zum Ziel an dem Stock und kümmert sich auch jetzt noch nicht um den Ring; da der Stock nicht losgeht, kippt sie schließlich die ganze Kiste mit größter Mühe nach dem Gitter zu um; der Stab fällt dabei ab. — Der Beobachter hat den Eindruck, daß an Stelle des Ringes um die Eisenstange fast beliebige andere Formen von gleicher Totalgröße gebracht werden könnten; das würde für Rana nicht viel ausmachen: so wenig fällt es ihr ein, auch nur einmal hinzusehen.

(14. 5.) Rana zerrt diesmal so stark in Richtung des Zieles, daß die Eisenstange in der Kiste sich etwas schräg legt und der Ring abgleitet; das Tier dürfte kaum wissen, weshalb der Stock mit einem Male frei in seiner Hand ist. — Beim nächsten Mal gibt das Eisen nicht nach, als Rana zieht; sie sieht sich daraufhin die kritische Stelle an, schiebt wirklich den Ring ein Stück nach oben, **beginnt aber gleich danach horizontal zu ziehen wie vorher**; dies plumpe Verfahren wird so lange und so kräftig angewendet, daß schließlich die Nägel, die den Ring am Stabe festhalten, sich aufbiegen und damit den Stab freigeben! [Wenn man sich in solchen Situationen töricht benimmt, so muß man das mit manchem Meterkilogramm Arbeit bezahlen: die hier verwandten Nägel waren sehr stark. Dagegen würde das Abheben des Ringes mit dem Stabe einen minimalen Arbeitsbetrag darstellen, und man sieht schon an diesem

kleinen Beispiel, welche fundamentale Bedeutung es für eine technische Betrachtung des Organismus hat, in welchem Grade der Umgang mit Dingen von klar erfaßten Raumstrukturen aus einsichtig bestimmt wird. Ganz abgesehen von aller Psychologie hat jeder Techniker das größte Interesse daran, aufgeklärt zu sehen, welche Einrichtungen und Prozeßarten eines Organismus (also für den Techniker: materiellen Systems) physikalisch so tiefgreifende Unterschiede bedingen.] — Im folgenden Versuch zerrt Rana überraschenderweise gar nicht am Stock, sondern hebt den Ring ohne weiteres über das Eisen nach oben ab, so daß man meinen sollte, es handle sich um ein verstehendes Verfahren; der Versuch wird sogleich wiederholt, und Rana zieht wieder ganz primitiv seitwärts. In zwei weiteren Fällen folgt auf horizontales Zerren zu Beginn jedesmal schnelles und sicheres Abheben des Ringes.

(11. 5.) Grande wird in der gleichen Situation geprüft. Sie reißt in der Zielrichtung am Stock, ohne die Befestigungsstelle eines Blickes zu würdigen, und kümmert sich dann eine Weile nicht mehr um die Aufgabe. Als andere Tiere draußen gefüttert werden, greift sie von neuem zu, sieht aber diesmal im Moment des ersten Zerrens (wohl zufällig) auf den Ring hin, so daß ihr eine kleine Aufwärtsbewegung (vielleicht 5 cm) nicht entgeht; diese wirkt sofort wie die Zufallshilfe im Brettversuch: Grande tritt heran und hebt mit einer einzigen glatten Bewegung nach oben Ring und Stock ab.

(12. 5.) Chica bringt in zwei Versuchen hintereinander sofort die Lösung vor.

Danach sollte man meinen, die Tiere würden für die Zukunft das einfache Verfahren als gesicherten Besitz beibehalten, und wäre der Ring, der über einen Eisenstab (Nagel) gestreift ist, eine optische Gegebenheit von so einfacher, grober Struktur wie „eine Kiste in der Nähe einer zu überwindenden Vertikaldistanz", so müßten wohl die Tiere von nun an wirklich die Ringbefestigung klar lösen. Das ist jedoch durchaus nicht immer der Fall. Sultan will (19. 5.) eine solche Verbindung (Ring—Nagel) lösen, wirtschaftet aber planlos an ihr herum und reißt schließlich in einer gewaltsamen Bewegung, die gar nicht auf die Natur der Befestigung Rücksicht nimmt und nur durch ihre rohe Kraft Erfolg hat, den Ring herunter. In weiteren Versuchen habe ich dasselbe Tier mitunter den Ring (oder ebenso Seilschleifen) von Nägeln, Stangen, Aststümpfen mit aller möglichen Klarheit abheben, mindestens ebensooft aber auch vollkommen blind an solchen Verbindungen herumreißen sehen. — Grande bringt es später einmal eher zu der Lösung, den Eisenstab, über den der Ring gestreift ist, mit großer Mühe aus seinen Befestigungen herauszuziehen, als zu der schon bekannten und anscheinend so einfachen, den Ring abzuheben. Der Eisenstab wird dann an Stelle des hölzernen Stockes gebraucht; ein anderes Mal aber, wo sie wieder das Eisen herausbricht, geschieht das deutlich nur, um den Holzstab freizumachen; und dabei ist durch einen Zufall der Ring schon so weit am Eisen hinaufgerutscht und hier irgendwie geblieben, daß ein ganz geringes Heben die Lösung bedeuten würde (19. 5.).

Die hier behandelte Frage würde nicht besser beantwortet, wollte man in immer weiteren Versuchen zu erreichen suchen, daß schließlich die kleine Leistung stets auf klare Art vollbracht werde. Durch eine solche Übung würde ja sehr wahrscheinlich die gewünschte Regelmäßigkeit erzielt werden; aber für die Charakterisierung der Tiere erscheint es gerade als bezeichnend, wie sie so eine und dieselbe objektive Gegebenheit einmal blindlings, einmal vollkommen klar behandeln. Denn die nächstliegende Deutung ihres wechselnden Verhaltens dürfte darin bestehen, daß sie stets dann die Lösung klar vorbringen, wenn sie die Struktur der Verbindung klar erfassen, dagegen wüst an dieser herumreißen, wenn sie gerade diese Klarheit nicht erreichen können. Der Ring über dem Nagel (dem Stab) scheint für den Schimpansen einen optischen Komplex darzustellen, der eben noch vollständig „bewältigt" werden kann, falls die Aufmerksamkeitsbedingungen momentan günstig sind, der aber eine starke Neigung hat, in weniger klarer Weise gesehen zu werden, sobald nämlich das Tier es an geeigneter Anspannung von sich aus fehlen läßt. Wir kommen also schwierigeren Strukturen wie „aufgewundenes Seil", „Zueinander von Kistenformen" usw. nahe, die selten einmal dem Tier klar sagen, welche Bewegungen es auszuführen hat. Daß die Tiere sich nicht alle Tage die Versuchssituationen gleichmäßig ruhig und aufmerksam anschauen, wird jeder, der solche Prüfungen vornimmt, nur zu bald bemerken. — Die Kleinheit der Raumformen, um die es sich hier handelt, könnte sehr wohl dazu beitragen, den Tieren die Arbeit des „Klärens" zu erschweren; nicht umsonst sind die bisher beschriebenen Versuche zumeist in Situationen angestellt, deren Teile nicht nur in einfachen, sondern auch in großen Formen zueinanderstehen.

Da vermutlich der behandelte Komplex leicht unklar bleibt, so kann es auch nicht schnell zu einer Mechanisierung kommen, die mit dem bloßen Hinblicken in Richtung des Komplexes schon die passende Bewegungskurve verbände; das wäre nur dann möglich, wenn zunächst die Struktur Ring—Nagel selbst durch gründliche Übung ein für allemal „fest" gemacht und so die Reproduktionsbedingung für einen mechanischen Verlauf geschaffen würde. Solche Gestaltübung dürfte allerdings nach meinen Erfahrungen am Schimpansen möglich sein; aber wir haben hier kein Interesse an solchen Vorgängen.

Die mitgeteilten Beobachtungen zeigen zugleich, daß wir nunmehr das Gebiet verlassen haben, in welchem die Versuche einfache und entschiedene Antworten auf unsre Fragen geben. Es liegt nicht am Experimentieren[1]), sondern an der Natur der Tiere, wenn die Ergebnisse allmählich geringere Klarheit aufweisen; weniger „klar" dürfte es eben auch in der Sehrinde der Tiere und in den sonst beteiligten Großhirnteilen zugehen, sobald die Versuchsbedingungen einen gewissen Grad von Komplizierung erreichen. Hätten wir nicht in optisch einfacheren Situationen die Schimpansen schon einigermaßen kennengelernt, so würden wir es schwer haben, zu ihrem Verhalten hier überhaupt Stellung zu nehmen. Und dabei fangen viele ältere Versuche an Säugetieren mit solchen Situationen als relativ einfachen an; da müssen die Ergebnisse vieldeutig oder bei fortschreitender Komplizierung einseitig negativ ausfallen, ohne daß doch über die prinzipielle Einsichtsfrage wirklich eine Entscheidung erzielt würde.

Variation des Versuches. In reichlich Mannshöhe ist eine 2 m lange Stange so an einer Hauswand befestigt, daß sie rechtwinklig von dieser fort in den freien Raum hinausragt; ein Henkelkörbchen, in dem sich das Ziel befindet, wird mit dem halbkreisförmigen Henkel so weit über die Stange gestreift, daß es etwa 1,20 m von dem freien Ende entfernt hängt. Etwas seitlich liegt am Boden ein langer Stock. (11. 8.) Sultan wird herbeigebracht; er sieht zum Korb hinauf, will am Hausgebälk in die Höhe steigen, wird aber hieran verhindert und bleibt, langsam ringsum blickend, in der Nähe am Boden hocken. Erst einige Sekunden, nachdem seine Augen sich auf den Stab neben ihm gerichtet haben, ergreift er ihn und langt mit ihm nach dem Korb hinauf: Zweimal schlägt er einfach in der Querrichtung, wie seine Stellung es gerade ergibt, blindlings hinauf, dann ändert er die Richtung plötzlich um 90° nach der richtigen Seite und schiebt in vorsichtiger Bewegung, sechsmal sorgfältig ansetzend, den Korb nach dem freien Ende hin, bis er herabfällt.

Grande schleppt in der gleichen Situation von weither eine Kiste herbei, stellt sie unter das Körbchen, steigt hinauf, kommt aber nicht an; sie holt den Stock, läßt ihn aber aus nicht ersichtlichen Gründen sogleich wieder fallen und eilt zu einer zweiten, etwa 15 m entfernten Kiste. Während sie damit beschäftigt ist, diese den weiten Weg entlang zu zerren, und nicht hersieht, wird die erste Kiste fortgenommen und versteckt. Gleich darauf kommt das Tier mit der zweiten an, stellt sie auf, besteigt sie und erreicht wieder nicht den Korb; es sieht

---

[1]) Allerdings bin ich sicher, daß jeder, der nun an ähnliche Aufgaben herangeht, Fehler vermeiden kann, die ich gemacht habe.

sich nach allen Seiten mit dem Ausdruck des Erstaunens um und wendet sich endlich jammernd zum Beobachter. Ohne Hilfe gelassen, greift es wieder zum Stock und schiebt damit, von vornherein richtig und ohne unterwegs eine falsche Bewegung zu machen, den Korb über das freie Ende herunter. — Bei Wiederholung des Versuches wird dagegen für wenige Zentimeter der Weg nach der Hauswand eingeschlagen; dann dreht sich ganz abrupt die Bewegung um 180°, und Grande schiebt das Körbchen in einem Zuge die Stange entlang, bis es herabfällt.

Das Klagen inmitten des Versuches rührt nicht einfach davon her, daß das Tier nicht ankommt; denn das Umsehen vorher ist unzweifelhaft von Erstaunen begleitet, und das Jammern hat etwas entrüsteten Ton. Die andere Kiste wird vermißt, sobald das Bedürfnis nach einem zweiten Bauelement sich fühlbar macht.

Die zu Anfang dieses Abschnittes erwähnten Versuche enthalten außer dem Umwegemachen bei der Behandlung von Dingen noch ein anderes Prinzip: Das Ziel wird durch Werkzeuggebrauch in eine Lage gebracht, in der es nachher erst durch Ortsbewegung des eigenen Körpers erreicht werden kann. In dem oben beschriebenen Fall aber ist dies Verfahren für die Tiere sehr erleichtert dadurch, daß sie nachher nur eben einen oder zwei Schritte seitwärts zu machen brauchen und dabei an demselben Gitter bleiben, an dem sie zu Anfang mit dem Stock arbeiten; dies Gitter ist obendrein so gut bekannt, daß „nahe dem Gitter" (einerlei an welcher Stelle) und „erreichbar", „mir zugänglich" für die Tiere recht eng verbundene Momente sein dürften. Man kann die Versuchsbedingungen wesentlich verschärfen, indem man von dem Tiere verlangt, während des Werkzeuggebrauches eine bedeutendere Ortsbewegung des eigenen Körpers für später „in Rechnung zu ziehen", so daß es bei einer bestimmten Raumorientierung für eine ganz andere spätere arbeitet. Die Gesamtheit der „Verhaltenskurve" wird in einem solchen Fall aus zwei einander entgegenlaufenden Teilen gebildet, während die zuletzt betrachteten Versuche (z. B. mit dem Umwegbrett) dieselbe Gesamtkurve in einer einzigen, einsinnigen Bewegung bringen.

Ein großer hölzerner Tierkäfig ist auf einer Vertikalseite durch ein Gitter abgeschlossen, zwischen dessen Stäben die Tiere von außen hineingreifen können; der Kasten ist jedoch so groß, daß der Arm eines draußenstehenden jungen Schimpansen von diesem Gitter aus nicht das ganze Innere, sondern nur etwa die Hälfte beherrscht. Die dem Gitter gegenüberliegende Vertikalseite besteht aus horizontal aufgenagelten Brettern; von diesen wird eins entfernt, und zwar in solcher Höhe, daß die jungen Tiere zwar hineinsehen und hineinfassen, aber mit der Hand nicht den Boden des Käfigs erreichen können. Im übrigen ist der Kasten verschlossen; liegt eine Frucht nahe der Wand, aus der ein Brett entfernt wurde, auf dem Boden, so würde der Schimpanse vom Gitter (gegenüber) aus mit einem Stock hineinlangen, da die (mit Steinen beschwerte) Kiste sich nicht kippen läßt. Sorgt man dafür, daß Stockgebrauch nur von der Seite des Spaltes aus möglich ist, so bleibt als einzige Lösung die, daß das Ziel vom Spalt aus dem Gitter zugeschoben wird, bis es von dort mit der Hand erreicht werden kann. Also entfernt man alle Stäbe aus der Umgegend bis auf einen, der, in der Nähe des Spaltes durch ein Seil befestigt, zwar ganz bequemes Arbeiten vom Spalt aus zuläßt, aber

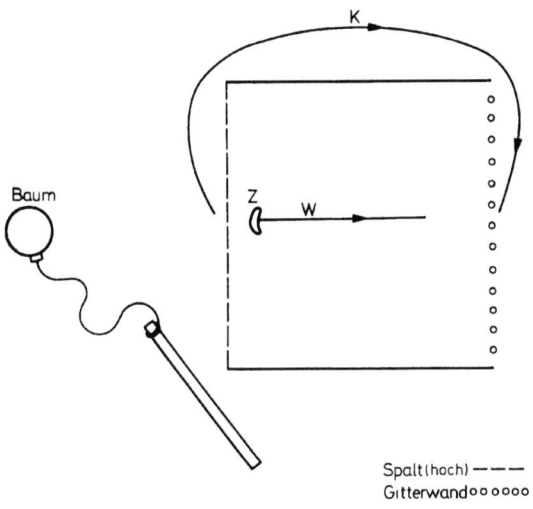

Skizze 19

des Seiles wegen, welches an einen Baum gebunden ist, nicht hinüber an die Gitterseite genommen werden kann. (Die Skizze 19 zeigt nur den Grundriß: B ist der Baum mit Seil und Stab daran; die unterbrochene Linie bedeutet die Spaltwand; gegenüber ist das Gitter angedeutet. Die Linien W und K geben die beiden einander entgegenlaufenden Teile der Gesamtkurve an, von denen der eine mit dem Werkzeug, der andere hinterdrein mit dem Körper zurückzulegen ist. Wie man sieht, müßte das Tier für eine spätere Körperstellung arbeiten, die der Stellung während des Werkzeuggebrauches gewissermaßen entgegengesetzt ist.)

(27. 3. 14.) Sultan ergreift den Stock, fährt damit in den Spalt hinein und versucht, das Ziel zu sich heranzuziehen, womöglich auch

an der vertikalen Wand bis in Greifhöhe hinaufzuheben. Hin und wieder läuft er fort, sucht sich einen Strohhalm oder Ähnliches und langt damit von der Gitterseite nach dem Ziel, kommt aber nicht an. Nach einer Weile — das Tier ist wieder beim Stockgebrauch vom Spalt aus — ändert sich plötzlich die Bewegungsrichtung; das Ziel wird vom Spalt fort, aber nicht auf das Gitter, sondern auf eine Stelle hingeschoben, wo in der einen Seitenwand unten, etwa halbwegs zwischen Spalt- und Gitterwand eine kleine Lücke im Holz ist. Sultan geht sehr sorgfältig zu Werke, bringt mit dem Stock das Ziel genau vor die kleine Öffnung, läßt das Werkzeug dann fallen, geht außen herum an die entsprechende Stelle und bemüht sich sehr, mit den Fingern die Frucht herauszuklauben; aber die Lücke ist zu eng. Er tritt bald von neuem an den Spalt, ergreift wieder den Stab und verschiebt nun das Ziel in einer Weise, die ich nicht klar verstanden habe, wahrscheinlich aber immer noch in Rücksicht auf jene kleine Lücke und jedenfalls in deren Nähe. Dabei kommt das Ziel über die Mitte des Käfigbodens hinaus der Gitterseite noch etwas näher; Sultan läßt mit einem Male den Stock fallen, kommt herum auf die Gitterseite, greift mit dem Arm hinein, soweit er kann, und erreicht wirklich das Ziel. — Der Eindruck, den der Beobachter von diesem Verhalten hat, ist nicht, daß Sultan unmittelbar vorher auf das Gitter zu gearbeitet hat und nun herumkommt, um den hierdurch ermöglichten Erfolg vollständig zu machen; es sieht vielmehr so aus, als stehe er nur wieder einmal von der Stockverwendung ab, um sein Heil vom Gitter aus zu versuchen, wie schon vorher mehrmals. Da der Lösungsversuch mit der Lücke in der Seitenwand im Grunde schon die verlangte Methode, wennschon in einer leichteren Modifikation, enthält, und der Mensch den eben beschriebenen, wahrscheinlich zufälligen Erfolg als eine starke Hilfe für das Tier empfindet, so kommt jetzt alles darauf an, was dieses bei einer Wiederholung des Versuches machen wird.

Ein neues Ziel kommt in die Anfangslage des ersten. Sultan ergreift den Stock und schiebt die Frucht sofort gerade auf das Gitter zu, ohne die Lücke an der Seite irgend mehr zu beachten. Unterwegs kommt es mehrmals zu Andeutungen des bei Chica und Nueva, aber bisher nicht bei Sultan beobachteten „Umschlagens" in die biologisch offenbar sehr starke 0°-Richtung[1]), insofern der Stock zwischendurch fälschlich hinter dem Ziel aufgesetzt und eben für einen Augenblick die Zugbewegung gemacht wird; träte nicht sofort

---

[1]) Daß es sich nur um Umschlagen in eine „gewohnte" Verwendungsart des Stockes handle, erscheint mir ausgeschlossen. Unter 90° schieben die Tiere das Ziel ohne jede Störung.

die Korrektur ein, so würde also das Ziel wieder auf Sultan zu zurückwandern; tatsächlich macht die Summierung der nacheinander auf diese Weise rückwärts gerichteten kleinen Verschiebungen nur wenige Zentimeter aus, da das Tier sich selbst sofort dabei ertappt. Den gesamten Weg macht sich Sultan unnütz weit, indem er die Länge seines Armes (nachher beim Hineingreifen) durchaus nicht „einrechnet"; er schiebt mit der größten Anstrengung das Ziel bis drüben an das Gitter, d. h. etwa einen Meter weit, und gibt sogar zuletzt noch mit dem hierfür etwas kurzen Stock der Frucht einen Stoß, so daß sie zwischen den Gitterstäben hinaus auf die Erde fällt. In demselben Augenblick springt er aber auch schon um den Käfig herum und holt das Ziel drüben ab. — Gerade die Abweichung von dem Verhalten beim vorausgehenden Zufallserfolg (wo er tief in die Kiste hineinlangte) erweist wohl, daß auf jene Hilfe hin eine echte Lösung der Aufgabe eingetreten ist.

Bei Wiederholung des Versuches langt Sultan doch noch einmal mit Stroh von der Gitterseite aus nach dem Ziel, ehe er an den Spalt tritt und die Lösung vorbringt; diese verläuft ohne „Umschlag", wieder aber wird die Armlänge nicht berücksichtigt, und das Tier strengt sich unnötig an, mit dem kurzen Stabe das Ziel bis ganz hinüber zu befördern. — Ein drittes Mal ist der Verlauf vollkommen klar; auch hört Sultan auf, zu schieben, als die Frucht noch ein gutes Stück vom Gitter entfernt ist, läßt den Stock fallen und läuft herum.

Auch Chica kommt (30. 3.) auf eine Zufallshilfe hin zur Lösung. Sie zieht zunächst unter 0° das Ziel auf sich zu, wie sie es aber an der Wand hinaufheben will, springt es hinunter und bis etwas über die Mitte des Käfigbodens von ihr fort. In demselben Augenblick läuft das Tier auch schon um den Kasten herum, langt in ihn durch das Gitter hinein und erreicht das Ziel.

Wie bei Sultan ist die Folge dieses Geschehens, daß im nächsten Versuch von Anfang an die Richtung auf das gegenüberliegende Gitter klar eingeschlagen wird: kein Zweifel, daß dies der Beginn der Lösung ist. Nun aber kommt es zu einem der merkwürdigsten Vorgänge, die ich jemals an den Tieren beobachtet habe. Schon beim Brettversuch war Chica häufig von der richtigen Bahn (180°) fort und für Momente in die primitive Richtung (0°) geraten. Wie sie nun ganz richtig und vollkommen klar auf das Gitter gegenüber hinarbeitet, wird sie durch ein Geräusch auf der nahen Straße erschreckt, sieht einen Augenblick nach der Stelle der Störung hin und setzt gleich danach ihre Tätigkeit fort, aber jetzt unter 0° ziehend; diesmal wird der Umschlag nicht korrigiert. Chica zieht weiter, bis das Ziel dicht vor ihr an der Spaltwand angekommen ist, und in diesem Moment läuft sie, wie einer, der nur noch den Erfolg seiner Bemühungen zu ernten hat, um den Käfig herum an das Gitter: man kann nicht verdutzter aussehen, als Chica, wie sie nun in den Kasten hineinschaut und das Ziel maximal entfernt an der Spaltwand erblickt. Es entsteht geradezu der Eindruck, als wache das Tier plötzlich wie aus einem Schlafe auf, und wie sich die Schimpansen sonst verhalten, ist die einzige Deutung, die man diesem Vorgang geben kann, daß die Störung noch lange nachwirkte und den unter solchen Umständen besonders begünstigten Umschlag nicht als solchen bemerken und korrigieren ließ wie sonst; so brachte Chica das Ziel bis an das natürliche Ende seiner Bahn und machte sich dann, immer noch „halb abwesend" an den zweiten Teil des Programmes, der nun allerdings nicht paßte und so zum „Erwachen" führen mußte. — Auf die Überraschung hin kehrt das Tier zur Spaltwand zurück, ergreift wieder den Stock und schiebt das Ziel mit besonderer Sorgfalt dem Gitter zu; aber auch jetzt noch kann sie die Umschläge nicht ganz vermeiden, wennschon sie stets sofort die Korrektur eintreten läßt. Die eigene Armlänge berücksichtigt Chica ebensowenig wie Sultan im Anfang und strengt sich an, das Ziel drüben ins Freie zu befördern, als sie es schon längst bequem erreichen könnte.

Beim nächsten Male ist die Lösung wiederum von vornherein klar, ja Chica gerät nicht einmal in die primitive Richtung und kommt herum ans Gitter, ohne das Ziel bis ganz hinübergeschoben zu haben; hier zeigt sich allerdings, daß sie „zu günstig gerechnet" hat; sie geht noch einmal an den Spalt zurück, gibt dem Ziel noch einige Stöße und vollendet dann die Lösung.

Zwei weitere Wiederholungen am folgenden Tage ergeben klare Verläufe, bis auf kurze Ansätze zum Umschlagen, die sofort korrigiert werden. —

Ich versuchte, auch Rana mit dieser Anordnung zu prüfen, mußte aber bald von einem so kühnen Unternehmen abstehen, da sie es als Ehrensache anzusehen schien, nur ja nicht von 0° abzuweichen, und durch keinerlei Hilfe, auch fortgesetztes Vormachen nicht, von dieser Arbeitsrichtung abzubringen war.

(Da der eben beschriebene Versuch einige Verwandtschaft mit dem auf dem Umwegbrett hat, so sei darauf hingewiesen, daß er etwa eine Woche nach diesem zuerst eingeführt wurde; Sultan hat bereits 18. und 19. 3. unter 180° Umwege gemacht; Chica hat bei Normalstellung des Brettes versagt; die nächstfolgenden Brettversuche liegen anderthalb Monate nach der eben beschriebenen Prüfung.)

Der in der Einleitung erwähnte Versuch mit Korb, Seilführung, Ring und Aststumpf oder Nagel gehört z. T. an diese Stelle, weil auch dort das Tier an einem Ort eine Lösung finden soll, die als solche nur für einen andern Ort (nach einem späteren Umweg) gelten kann. Über weitere Prüfungen mit jener Anordnung wird in einer Fortsetzung dieser Schrift berichtet.

Der Brettversuch und die nach ihm beschriebenen Prüfungen verlangen zwar eine Anpassung der Bewegungsrichtung an vorliegende Formen, aber weder die Dinge, mit denen entsprechende Umwege gemacht werden sollen, noch die Feldstruktur, auf die dabei Rücksicht zu nehmen ist, brauchen gestaltmäßig in großer Schärfe erfaßt zu werden, damit die Lösung gelingen kann. Diese selbst vollzieht sich noch auf einem recht weiten freien Grund[1]). Will man zu noch höheren Anforderungen fortschreiten, so bietet sich von selbst als Versuchsmotiv die genaue Anpassung einer Form, mit der das Tier umgeht, an eine andere ruhende dar. Untersuchungen in dieser Richtung, die intelligenztheoretisch von der größten Bedeutung sein könnten, führen beim Schimpansen im allgemeinen nicht zu sehr erfreulichen Ergebnissen, und Mißerfolge oder unklare Verhaltensweisen sind ja das einzige, was die bisherigen Erfahrungen uns in schwierigeren Fällen dieser Art können erwarten lassen.

(25. 3. 14.) Sultan sucht das hinter einem Gitter aus Vertikalstäben liegende Ziel mit einem Stock zu erreichen, dessen eines Ende in runder Krücke umgebogen ist. Er faßt sein Werkzeug an dieser Krücke an, will es schnell zwischen den Stäben hindurchführen und bleibt mit dem Halbkreis hinter einer der Gitterstangen hängen. Dies Mißgeschick führt zu hastigem Rammen gegen das Hindernis, die Formen, um die es sich handelt, werden nicht berücksichtigt, und wie der Stock schließlich freikommt, hat man den Eindruck ganz zufälligen Gelingens. Ähnlich verlaufen einige Wiederholungen.

Zwei Jahre später (Mai 1916) wird mit demselben Stock geprüft, ob das Tier nun einer größeren Klarheit fähig ist. In der Tat richtet Sultan zumeist in auffälliger Weise die Krückenebene senkrecht, der Gitterstruktur entsprechend, während die Krücke selbst noch weit von den Stäben entfernt ist, und kommt so ohne Schwierigkeiten hinaus; in einigen Fällen, wo er unvorsichtiger vorgeht und deshalb hinter einer Stange hängenbleibt, sieht er schnell nach dem Ort der Störung hin, und jedesmal erfolgt sofort kurzes Zurückziehen und der Gitterform entsprechendes Drehen des Stockes, so daß dieser dann ohne weiteres hindurchzuführen ist. Das Tier benimmt sich viel ruhiger im Versuch als früher.

---

[1]) Allein der Versuch mit Ring und Nagel kommt den folgenden Aufgaben in dieser Hinsicht nahe.

Sultan scheint nicht den Vorteil zu beachten (oder zu erkennen), den die Krücke beim Heranziehen etwa einer Banane gewährt; je nachdem wie er den Stock gerade aufgenommen hat, legt er einmal die Krücke hinter das Ziel oder benutzt, wie bei jedem andern Stab, die Spitze des Stockes. — Nueva, die von vornherein die Krücke ohne viel Mühe durch das Gitter brachte, erkannte vielleicht auch den Vorteil der Biegung.

Auf einen Stock von 80 cm Länge wird am einen Ende ein zweiter von 30 cm quer und symmetrisch aufgenagelt, so daß eine T-Form entsteht. Die Aufgabe ist im übrigen dieselbe wie beim vorigen Versuch. (2. und 3. 4. 14.) Sultan bemüht sich, das Querholz abzubrechen; als das nicht gelingt, stößt er den langen Teil des Holzes zwischen den Gitterstäben hindurch; der Querbalken bleibt hängen, das Tier aber rammt heftig und aufs Geratewohl fortwährend gegen das Gitter, bis schließlich und ganz offenbar zufällig der Querbalken einmal in eine Lage kommt, bei der er nicht mehr aufgehalten wird. In einigen zwanzig Wiederholung entritt keine merkliche Besserung ein; anscheinend wird aber auf die kritischen Formen auch kaum geachtet.

Chica verfährt etwas ruhiger, aber sonst nicht besser; nach einer Reihe von Beobachtungen muß festgestellt werden, daß sie nicht einmal versucht, sich in einer solchen Situation Klarheit zu verschaffen.

Auch mit diesem Stock wird Sultan 1916 wieder geprüft. Wie beim Krückstock ist eine wesentliche Besserung eingetreten insofern, als zumeist das Querholz von vornherein, noch weit von dem Gitter entfernt, in vertikale und zum Gitter passende Stellung gebracht wird. **Man hat den Eindruck, daß Sultan von den gesehenen Formen belehrt wird, was zu tun ist, solange Stock und Gitter einander gegenüber sind, aber noch nicht optisch ineinanderkommen.** Ist durch Unvorsichtigkeit und Hast erst ein enges optisches Ineinander von Stock und Gitter (ohne vorherige Lösung, d. h. Vertikaldrehung) entstanden, so hängt das weitere Vorgehen Sultans von der speziellen Konfiguration im Einzelfall ab: Steht das Langholz senkrecht zur Gitterebene, während sich das Querholz hinter einer Gitterstange sperrt, so wird dieses meistens in sicherer Bewegung vertikal gedreht und so hindurchgeführt; insbesondere gilt das von den Fällen, wo die erforderliche Drehung einen kleineren Winkel ausmacht (so ja zu erwarten nach früheren Versuchen). **Wenn dagegen das Langholz selbst schräg liegt, und nun die Gegend um den Vereinigungspunkt der Hölzer mit den Gitterstangen zusammen eine relativ wirre Liniengesamtheit abgibt, dann zerrt Sultan offenbar blindlings an seinem Werkzeug herum.** Ebenso ist er ratlos, wenn er das ganze Holz von außen zu sich hereinnehmen will und dieses dabei „übereck" zwischen die Stäbe des Gitters gerät; er reißt dann einfach ohne jede Anleitung von den Formen her. — Nicht jeder Komplex hat eben die Eigenschaften einer straff gebauten Gestalt, und selbst für den zuschauenden Menschen stellen die für Sultan unklaren Fälle „schlechtere Gestalten" dar, geben sie weniger unmittelbar die erforderlichen Bewegungen an.

Die Formen, welche anderen gemäß geführt werden sollen, sind optisch noch schwieriger: Die früher erwähnte Leiter liegt außen quer vor dem Gitter und muß eines hoch angebrachten Zieles wegen hereingezogen werden.
(12. 5. 14.) Grande und Chica scheinen die Aufgabe für unlösbar zu halten; kaum daß sie die Leiter einmal mutlos anfassen.
Auch Sultan geht es zunächst so. Nach längerer Zeit indessen packt er doch zu, zieht ein Ende der Leiter übereck zwischen die Stäbe und reißt wild nach innen, obwohl eine Lösung so vollkommen unmöglich ist. Die Leiter gerät im unklaren Zerren und Drehen schließlich zwischen den Stäben hindurch. — In einigen Wiederholungen werden für den Zuschauer Unterschiede sichtbar. Nicht jedes Zueinander von Leiter und Gitter wird gleich uneinsichtig behandelt; vielmehr kehren ähnliche Momente wieder, wie sie in dem vorigen Versuch bereits erwähnt sind. Sultan weiß sich gar nicht zu helfen bei jenen Übereckstellungen, in die schon das T-Holz nicht geraten durfte; dagegen kommen zweifellos echte Drehungen vor, wenn die Leiter nur um geringere Beträge von der passenden Stellung abweicht, und allgemein sind auch diesmal die Bewegungen des Tieres um so klarer, je schlichter jeweils infolge des Vorhergehenden das Linienzueinander von Leiter und Gitter ist.
Dieser Versuch wird ebenfalls später wiederholt (Mai 1916). Der Gesamteindruck von Sultans Verhalten ist ungünstig wie früher; daß je nach dem augenblicklichen Formenzueinander von Leitergefüge und Gitter einsichtiges Verfahren mit ganz uneinsichtigem Reißen und Ziehen wechselt, ist nicht zu verkennen. Doch auch für den erwachsenen Menschen ergeben sich in manchen Fällen und für Augenblicke Ansätze von optischem „Durcheinander", wennschon der Zuschauer mit ein wenig Anspannung stets die erforderliche Klarheit wird herstellen können.

Während der Leiterprüfung drängt sich die Vorstellung auf, als würde der Versuch stark erleichtert sein, wenn man eine geschlossene, feste Form anstatt des bisher verwandten Liniengefüges (von Leiter und T-Holz) einführte. Deshalb wird die folgende Situation hergestellt: In einem großen Kasten liegt das Ziel und kann nur von einer Öffnung aus erreicht werden, die in Rechteckform (etwa 10 × 3 cm) in eine der Wände geschnitten ist; auch von dieser Öffnung ist das Ziel jedoch so weit entfernt, daß ein festes Holzbrett — der einzige vorhandene Stock — zu Hilfe genommen werden muß. Dessen Querschnitt gibt das Öffnungsrechteck in etwas verkleinertem Maßstab wieder, und bei richtiger Drehung ist es mühelos durch den Spalt ins Innere des Kastens einzuführen. (Die Tiere haben durch andere Ritzen in den Wänden Einblick in den Kasten, und der Brettquerschnitt ist soviel kleiner als die Öffnung, daß das Werkzeug praktisch verwendet werden kann.)

(6. 4. 14.) Sowohl Sultan wie Chica verfahren in diesem Fall recht „unordentlich"; beide zeigen, daß sie gegen die vorliegenden Formen keineswegs ganz gleichgültig sind; denn sie drehen das Brett schnell in ungefähr der Öffnung entsprechende Lage, schon indem sie es annähern, aber eben: nur ungefähr, und wenn nun an einer kleinen Ecke eine Hemmung entsteht, so hat der damit gegebene Mißerfolg nicht etwa die Wirkung, daß sie weiterhin genauer und vorsichtiger verfahren, sondern im Gegenteil die, daß sie wilder und blinder drauflosstoßen, bis schließlich keine Spur von Formrücksicht mehr zu erkennen ist. [Es gibt erwachsene Menschen, die in derartigen Situationen (Kampf mit Kragenknöpfen u. dgl.) ein ähnliches Verhalten zeigen; der Fehler liegt hier vielleicht mehr auf emotionalem, auf Charakter- und „Erziehungs"-Gebiet als auf dem intellektuellen an und für sich; aber praktisch kommt doch dabei heraus, daß für einsichtiges Verhalten maßgebende Prozesse wirklich nicht mehr im sonst möglichen Maße stattfinden, sobald intensive Erregungen den Organismus beherrschen.]

Über weitere Variationen des Versuchsprinzips berichte ich hier nicht, da das Ergebnis stets dasselbe war: Bei den klügsten Tieren klare Formentsprechung, solange die Anforderungen selbst klar und einfach blieben, auch bei den begabtesten Individuen dagegen vollkommen einsichtsloses Reißen und Stoßen von gewissen Graden der Formkomplizierung an. Nach vielen Erfahrungen in dieser Hinsicht wird nur immer sicherer, daß hieran durchaus nicht Ungeduld und Heftigkeit allein schuld sind: derselbe Unterschied macht sich auch geltend, wenn die Tiere ihre guten Tage haben und recht gelassen zu Werke gehen. Die begabteren Schimpansen zeigen eine gewisse Besserung beim Altern von etwa 5 bis zu etwa 7 Jahren, aber die beiden ältesten Tiere, Tschego und Grande, sind nicht etwa ihrem Alter entsprechend vor Sultan, geschweige Nueva, voraus. Über das letztgenannte Tier ist einiges an Formenbeherrschung in anderm Zusammenhang zu berichten.

Wenn die minderbegabten Tiere in diesem Abschnitt wenig Erwähnung finden, so liegt das einfach daran, daß an der ganz uneinsichtigen Behandlung auch relativ einfacher Formen nicht viel zu beschreiben ist; der Versuch mit dem Umwegbrett mag zur Kennzeichnung jener Individuen dienen.

SCHLUSS

Die Schimpansen zeigen einsichtiges Verhalten von der Art des beim Menschen bekannten. Nicht immer ist, was sie Einsichtiges vornehmen, äußerlich Menschenhandlungen ähnlich, aber unter geeignet gewählten Prüfungsumständen ist der Typus einsichtigen Gebarens mit Sicherheit nachzuweisen. Das gilt, trotz der sehr bedeutenden Unterschiede von Tier zu Tier, selbst für die unbegabtesten Individuen der Art, die hier beobachtet wurden, und wird sich danach an jedem Exemplar der Art bestätigen lassen, sofern es nicht gerade schwachsinnig in pathologischer Wortbedeutung ist. Von einem solchen, vermutlich seltenen Zufall abgesehen, wird das Gelingen von Intelligenzprüfungen im allgemeinen durch den Experimentator leichter gefährdet werden als durch das Tier: Man muß wissen und, falls erforderlich, durch vorbereitende Beobachtungen feststellen, in welcher Schwierigkeitszone und bei welchen Funktionen der Schimpanse möglicherweise Einsicht zeigen könnte; negative oder wirre Ergebnisse an beliebig kompliziertem und zufällig gewähltem Prüfungsmaterial sind offenbar ohne jede Bedeutung für die prinzipielle Frage, und allgemein sollte der Prüfende erkennen, daß jede Intelligenzprüfung außer dem untersuchten Wesen notwendig auch den Experimentator selbst prüft. Ich habe mir das oft genug gesagt und bin doch unsicher geblieben, ob die angestellten Versuche in dieser Hinsicht „befriedigend" genannt werden dürfen; ohne theoretische Grundlagen und im unbekannten Gebiet werden vielmehr methodische Fehler vorgekommen sein, die jeder, der die Arbeit fortsetzt, schon etwas leichter vermeiden kann.

Auf jeden Fall bleibt es dabei: Dieser Anthropoide tritt nicht allein mit allerhand morphologischen und im engeren Sinn physiologischen Momenten aus dem übrigen Tiersystem heraus und in die Nähe der Menschenrassen, er weist auch jene Verhaltensform auf, die als spezifisch menschlich gilt. Wir kennen die Systemnachbarn nach der andern Seite bisher nur wenig, aber nach dem Wenigen und nach den Ergebnissen dieser Schrift ist es nicht ganz unmöglich, daß auf dem Prüfungsgebiet der Anthropoide auch an Einsicht dem Menschen nähersteht als vielen niederen Affenarten[1]). Soweit stimmen die Beobachtungen gut zu den Erfordernissen entwicklungsgeschichtlicher Theorien; insbesondere bestätigt sich die Korrelation von Intelligenz und Großhirnentwicklung.

---

[1]) Aus weiter unten zu erörternden Gründen natürlich nicht an Intelligenzbereich. In dieser Hinsicht ist der Schimpanse einer sicherlich generellen Organisationsschwäche wegen dem niederen Affen verwandter als dem Menschen.

Das positive Ergebnis der Untersuchung bedarf im übrigen einer Art Grenzbestimmung. Zwar wird es durch Versuche etwas anderer Art, welche später mitzuteilen sind, durchaus bestätigt; aber immerhin muß ein vollständigeres Bild entstehen, wenn sie hinzukommen, und insofern bleibt der Beurteilung der Schimpansenintelligenz noch ein gewisser Spielraum. — Sehr viel wichtiger ist der Umstand, daß die Versuche, in denen wir die Tiere prüfen, diese fast durchweg in eine ganz aktuell gegebene Situation bringen, in welcher sofort auch die Lösung aktuell ausgeführt werden kann. Für die prinzipielle Einsichtsfrage ist diese Versuchsart so gut geeignet wie jede, bei der die Entscheidungen Ja und Nein fallen können, ja vorläufig handelt es sich vielleicht um die bestmögliche Methode, da sie unmittelbar deutliche und zahlreiche Ergebnisse liefert. Aber wir dürfen nicht vergessen, daß in eben diesen Versuchsumständen gewisse Momente gar nicht oder nur eben angedeutet zur Wirkung kommen, denen mit Recht die größte Wichtigkeit für das menschliche Intelligenzleben zugeschrieben wird. Wir prüfen hier nicht oder nur einmal nebenbei, inwieweit den Schimpansen Nichtgegenwärtiges zu bestimmen vermag, ob ihn „Nur-Gedachtes" überhaupt in irgend merklicher Weise beschäftigt. Und damit im engsten Zusammenhang: Wir haben auf dem bisher eingeschlagenen Wege nicht ersehen können, wieweit nach rückwärts und vorwärts die Zeit reicht, „in welcher der Schimpanse lebt"; denn daß sich irgendwelche Wirkungen des Wiedererkennens und Reproduzierens gegenüber der Anschauung nach langen Zeiträumen feststellen lassen — wie das tatsächlich beim Anthropoiden der Fall ist —, kommt bekanntlich einem „Leben in größerer Zeitspanne" gar nicht ohne weiteres gleich.[1]) Reichliches Zusammensein mit den Schimpansen läßt mich vermuten, daß außer in dem Fehlen der Sprache in recht engen Grenzen nach dieser Richtung hin der gewaltige Unterschied begründet ist, der ja immer noch zwischen Anthropoiden und selbst den allerprimitivsten Menschen besteht. Das Fehlen eines unschätzbaren technischen Hilfsmittels und eine prinzipielle Einschränkung an wichtigstem Intelligenzmaterial, den sogenannten „Vorstellungen", wären danach die Ursachen, weshalb dem Schimpansen auch die geringsten Anfänge von Kulturentwicklung nicht gelingen. Was insbesondere das zweite Moment betrifft, so wird der Schimpanse, dem schon einfachere optisch gegenwärtige Komplexe leicht unklar bleiben, im „Vorstellungsleben" schlimm daran sein, wo selbst der Mensch fortwährend gegen das Ineinanderfließen und Verschwimmen gewisser Prozesse schwer genug zu kämpfen hat.

---
[1]) Vgl. zu dieser Frage „Psychologische Forschung" I, S. 1 ff. 1921.

Im Gebiet der hier verwandten Prüfungsart zeigt sich das intelligente Verhalten des Schimpansen vor allem nach dem optischen Aufbau der Situationen orientiert, bisweilen werden sogar Lösungen allzu einseitig optisch angelegt, und in vielen Fällen, in denen der Schimpanse aufhört, einsichtig vorzugehen, verlangt wohl einfach die Feldstruktur zuviel von seiner optischen Fassungskraft (relative „Gestaltschwäche"). Es ist danach schwer, eine taugliche Erklärung seiner Leistungen zu geben, solange nicht eine ausgeführte Theorie der Raumgestalten zugrunde gelegt werden kann. Das Bedürfnis nach einer solchen kann nur noch lebhafter gefühlt werden, wenn man bedenkt, daß die einsichtigen Lösungen auf diesem Intelligenzgebiet an dem Artcharakter der (optisch gegebenen) Feldstruktur insofern notwendig teilnehmen, als sie ja in Form dynamischer, gerichteter Prozesse dieser Struktur gemäß verlaufen sollen.

Weniger eine Grenzbestimmung als einen Maßstab würde man gern zu den beschriebenen Intelligenzleistungen dadurch gewinnen, daß man die Leistungen des (gesunden und kranken) Menschen und vor allem des menschlichen Kindes verschiedener Altersstufen zum Vergleich heranzöge. Da die Ergebnisse dieser Schrift sich auf eine bestimmte Prüfungsart und das spezielle Prüfungsmaterial optisch aktuell gegebener Situationen beziehen, so wären naturgemäß die psychologischen Feststellungen zu verwenden, welche am Menschen (zumal am Kind) unter ebensolchen Umständen gewonnen sind. Dieser Vergleich läßt sich nicht ausführen, da sehr zum Schaden der Psychologie auch nicht das Notwendigste an solchen Feststellungen bisher vorgenommen wurde. Vorläufige und gelegentliche Versuche — einige sind früher erwähnt worden — ergaben mir den Gesamteindruck, daß wir in dieser Hinsicht die Leistungsfähigkeit des Kindes bis zur Reife, ja noch die des Erwachsenen ohne spezielle (technische) Übung zu überschätzen geneigt sind. Es handelt sich eben um Terra incognita. — Mit den sogenannten „Tests" seit längerer Zeit beschäftigt, hat die pädagogische Psychologie noch nicht prüfen können, inwieweit sich normale und schwachsinnige Kinder in anschaulich gegebenen Situationen zu helfen wissen. Da Versuche dieser Art bis in die ersten Lebensjahre hinunter möglich sind und an eigentlich wissenschaftlichem Wert üblichen Intelligenzprüfungen durchaus gleichkommen dürften, so kann man vielleicht darüber hinwegsehen, wenn sie nicht sofort für Schule und Praxis überhaupt verwendbar werden. Wertheimer hat diese Anschauung seit mehreren Jahren in akademischen Vorlesungen vertreten; ich möchte hier, wo der Mangel empfindlich fühlbar wird, auf die Notwendigkeit und, wenn uns die Anthropoiden nicht täuschen, die Fruchtbarkeit einer solchen Arbeitsrichtung nachdrücklich hinweisen.

Nachtrag. Bei Abschluß dieser Schrift ging mir von Herrn R. M. Yerkes (Harvard University) die Arbeit zu: "The Mental Life of Monkeys and Apes. A Study of Ideational Behavior." (Behav. Monogr. III, 1. 1916.) In diesem Programm einer reich auszustattenden amerikanischen Anthropoidenstation sind u. a. einige vorläufige Versuche der auch von mir verwandten Art beschrieben. Der untersuchte Anthropoide ist ein Orang, kein Schimpanse; soweit aber das Mitgeteilte schon ein Urteil erlaubt, stimmen die Ergebnisse gut zu den hier berichteten. Herr Yerkes selbst glaubt ebenfalls, seinem Versuchstier Einsicht zuschreiben zu müssen.

ANHANG

ZUR PSYCHOLOGIE DES SCHIMPANSEN[1])

Der folgende Bericht gibt in der Hauptsache *qualitative* Beobachtungen am Schimpansen wieder. Das Verhalten des Menschenaffen ist in mancherlei wesentlicher Hinsicht dem Menschen so unmittelbar wichtig und verständlich, daß sich genaueres Experimentieren in solchen Richtungen zunächst erübrigt; es erhalten aber sogar die Ergebnisse von experimentellen Einzeluntersuchungen ihre rechte lebendige Färbung erst, wenn die Art des untersuchten Tieres in ihren natürlichen Äußerungen hinreichend bekannt geworden ist.

In Reaktion auf die wunderlichen Behauptungen begeisterter Dilettanten hat sich unter den Tierpsychologen eine entschieden negativistische Tendenz ausgebildet, nach welcher es als besonders exakt gilt, *Nicht*leistungen, *Nicht*menschliches, Mechanisch-Beschränktes, Torheiten an Tieren festzustellen. Wird nicht durch diese negative Orientierung den bekämpften Irrungen noch zu viel Ehre angetan? Lassen wir uns nicht durch die Scheu vor *einem* Fehler in den entgegengesetzten drängen! Noch immer gibt es zum Unglück Parteien, welche um sehr verschiedener Gefühlsrichtungen willen die höheren Tiere gern in bestimmter Art zu finden *wünschen*. Ich habe mich bemüht, unbefangen zu sehen, und glaube, daß meine Beschreibung von keinem Gefühlsfaktor mitbedingt ist außer einem starken Interesse an diesen merkwürdigen Formen der Natur.

I.

Früher habe ich die Vermutung ausgesprochen[2]), daß ,,die Zeit, in welcher der Schimpanse lebt", nach rückwärts und vorwärts eng bemessen sei. Vor allem ist die Zahl derjenigen Beobachtungen gering, welche eine Berücksichtigung in *Zukunft* zu erwartender Situationen erkennen lassen, und es erscheint mir theoretisch wichtig, daß noch die deutlichste Rücksichtnahme auf Zukünftiges dann auftritt, wenn auch dieses Zukünftige eine ,,geplante" Handlung *des Tieres selbst ist*. In diesem Falle kann es wirklich zu länger dauernder Vorarbeit in eindeutigem Sinn kommen, so wenn Sultan geraume Zeit damit verbringt, ein Holzbrett an einem Ende so weit zuzuspitzen, daß es nachher in ein Rohr hineinpaßt und die geplante Doppelstocktechnik ausführbar wird[3]). Wo eine solche Vorbereitung längere Zeit dauert, sicherlich

---
[1]) Aus der Anthropoidenstation auf Teneriffa.
[2]) Intelligenzprüfungen an Menschenaffen. (Vgl. oben, S. 192.)
[3]) A. a. O. S. 90ff.

um des Endzieles willen vorgenommen wird, aber selbst und für sich genommen keine anschauliche Annäherung an dieses Ziel bedeutet, sind Ansätze zu einem Leben mit wenigstens einiger Zukunft vorhanden. Freilich wirkt in dem angeführten Beispiel[1]) die aktuell wahrnehmbare und im Arbeiten von Zeit zu Zeit immer wieder wahrgenommene Frucht als Wunschobjekt fördernd; wenn man den Anthropoiden einmal Vorbereitungen für einen zukünftigen und erwarteten Versuch machen sähe, von dessen objektiven Bedingungen zur Zeit nichts für ihn sichtbar wäre, so würde das unstreitig eine noch höhere Leistung in der eben betrachteten Richtung bedeuten. Jetzt müßte vor allem auch die Vorstellung gewisser *äußerer* Umstände in naher oder ferner Zukunft, nicht nur eigener geplanter Handlungen als Bedingung gegenwärtigen Tuns wirksam werden, und reine Beobachtungen *dieser* Art habe ich bisher nicht gemacht, freilich auch bisher nie absichtlich günstige Verhältnisse für dergleichen hergestellt[2]).

Zweimal im Zeitabstand weniger Tage waren mit den Tieren Versuche gemacht worden, in denen sie sich mit ihrem Turnseil einem seitab hochaufgehängten Ziel zuschwangen, und wie ich bald darauf mit stark geblähten Rocktaschen in die Nähe jenes Versuchsortes komme, macht sich eines der Tiere schon mit allen Bewegungen des Schwungnehmens am Seil für den Versuch fertig, noch ehe ein Ziel aus der Tasche heraus oder eine Vorbereitung zum Aufhängen getroffen ist. — Als viele Versuche mit Kisten (als Schemel) gemacht wurden, zerrten die Schimpansen ihr Werkzeug schon eifrig auf den gewöhnlichen Versuchsort zu, wenn ich nur zur üblichen Versuchsstunde in die Tür trat. — Das sind noch keine reinen Fälle: In dem Erscheinen des Versuchsleiters, welches kürzlich an jenen Orten von ganz bestimmten Vorgängen mehrfach gefolgt war, könnte nach herkömmlichen Anschauungen eine unmittelbar und direkt reproduzierende Kraft für gewisse Verhaltensweisen liegen, — wenn schon die Affen ja keineswegs mechanisch alte Bewegungen wiederholen, sondern in ihrem Gebaren gespannteste Erwartung und schließlich Ungeduld verraten, kurz ohne Zweifel auf etwas gerichtet sind, was jetzt kommen soll.

Reiner wäre ein anderer Versuch: Ein Anthropoide, welcher Kisten oft zum Erreichen von Zielen gebraucht hat, wird in einem Raum gehalten, wo ihm Kisten zur Verfügung stehen, aber kein Ziel Gelegenheit gibt, sie zu verwenden. Seine Nahrung ist knapp bemessen, jedoch nach einer Weile wird er in einen anderen Raum gebracht, wo Futter genug zu erreichen wäre, wenn

---
[1]) Mehrere andere findet man in der gleichen Schrift.
[2]) Die Entscheidung darüber, ob der Schimpanse derartiges leistet oder nicht, ist mir aus folgendem Grunde wichtig: Eine Reihe der verschiedensten Beobachtungen am Anthropoiden weisen bei ihm Erscheinungen auf, denen man sonst nur inmitten eines wenn auch noch so primitiven Kulturbesitzes zu begegnen pflegt. Da der Schimpanse aber eigentliche Kultur zu Nennendes nicht ausbildet, so fragt es sich, welche Grenzen seiner Fähigkeiten hieran schuld sind. — Auch der primitivste Mensch unserer Tage macht sich einmal seinen Grabstock zurecht, wenn er nicht eben graben will, auch wenn nicht eben die objektiven Bedingungen zur Anwendung des Werkzeuges anschaulich vorliegen. Und daß er so vorsorgt, hängt unzweifelhaft eng mit der Entstehung von Kultur zusammen. Deshalb stelle ich jene Frage mit einigem Nachdruck.

sich dort nur Kisten fänden. Der Rückweg in Raum 1 ist versperrt (sonst läge ja der Fall aus Intelligenzprüfungen usw. S. 37 ff. vor). Hungrig muß das Tier nach einer Weile in den ersten Raum zurückkehren, später wird es abermals in den zweiten gelassen usw., bis möglicherweise eine Kiste im ersten Raum schon als Werkzeug für die Situation im zweiten angesehen, vor allem also mit hinübergeschleppt wird. (Es kommt jedoch nicht nur auf das grobe Faktum des Hinübernehmens an, sondern auf alles Verhalten Affe → Kiste in Raum 1, insbesondere darauf, wie das Hinübernehmen *einsetzt*.) So das Grundschema, dessen Ausgestaltung und Variation in der Praxis sich von selbst ergibt.

Im Grunde freilich hätten die Schimpansen schon häufig genug Gelegenheit gehabt, ihr Verhalten einer sicher bevorstehenden Zukunft gemäß einzurichten, nämlich wenn sie die Aufgabe hatten, zwischen mehreren zur Wahl gestellten, in einer Hinsicht charakteristisch verschiedenen Objekten (Wahlkästen) entscheiden zu lernen. Die Hauptschwierigkeit für sie liegt dann darin, daß sie zunächst noch nicht die charakteristischen Merkmale, die auszeichnende Verschiedenheit herausheben oder als wesentlich sehen[1]). So gibt es also anfangs viele falsche Wahlen mit der entsprechenden Enttäuschung, und wenn nun doch eine Entscheidung richtig ausfällt, so würden die Tiere sehr gut tun, im Hinblick auf die Zukunft das betreffende Objekt (unter Vergleich mit dem andern) sofort einer genaueren Musterung zu unterwerfen. In Wirklichkeit beobachtet man nie eine solche absichtliche Festlegung der erfolgreichen Wahlart um der Zukunft willen, die Tiere werden vielmehr ganz von dem unmittelbaren beschränkten Gegenwartsinteresse an der Belohnung in Anspruch genommen, und wenn doch einmal der Blick an den Wahlobjekten haften bleibt oder zu ihnen zurückkehrt, so scheint das nur zu geschehen, weil zufällig irgend etwas daran aufgefallen ist, nicht absichtlich, damit diese glückliche Wahlerfahrung für die Zukunft verwertet werde.

Unzweifelhaft wäre auch („willkürliche") Abwendung der Aufmerksamkeit von einem so starken Augenblicksinteresse wegen der bloßen Erwartung größerer Vorteile im ganzen und für später eine sehr hochstehende Leistung. Wird soviel nicht verlangt, und bringt in einem Falle etwas umfassender orientiertes Verhalten *sogleich* anschauliche Förderung, dann kommt es immerhin zu deutlicher Hemmung der allernächstliegenden Antriebe. Die meisten Tierarten können dem Anreiz zum Fressen auch dann nicht widerstehen, wenn vorerst eine Sicherung möglichst großer Nahrungsmengen bei weitem ratsamer wäre[2]). Nicht so die Schimpansen: Als ich begann, die Affen zusammen in einem Raum aus einem Behälter zu füttern, gingen mehrere Tiere alsbald und ohne jede Beeinflussung dazu über, das Fressen so lange ganz aufzuschieben oder nur schnell dazwischen einen Bissen in den

---

[1]) Nachweis einfacher Strukturfunktionen usw. Abhandl. d. Kgl. preuß. Akad. d. Wissensch. 1918, Phys.-math. Kl. Nr. 2, S. 50 ff.

[2]) Hier wird natürlich abgesehen von denjenigen Sammlern im Tierreich, welche aus merkwürdigen *Instinkten* heraus das Anhäufen von Nährstoffen ebenso lebhaft betreiben wie das Fressen selbst.

Mund zu stecken, wie überhaupt noch etwas im Behälter war, oder bis sie eine befriedigende Menge in Händen, Füßen und im aufgeblähten Mund in Sicherheit gebracht hatten. Inzwischen erbaten oder forderten sie dringend Vermehrung ihres Vorrates, und ans eigentliche Verzehren gingen sie erst hinterdrein in einer ruhigen Ecke. Hier ist es wahrscheinlich vor allem Besorgnis vor der Konkurrenz der andern, was Futter als genügende „Besitzmenge" vorübergehend für die Tiere wichtiger macht als Befriedigung des Appetites im Augenblick; wenn sich ein einzeln abgesperrtes Tier bei der Fütterung oft genug ähnlich verhält, so veranlaßt wohl die Gefahr, der Fütternde könnte sich mitsamt dem Futter entfernen, die gleiche Wertverschiebung.

Ich bin nicht der Meinung, daß dieses Verhalten auf eigentliche Vorstellung von Zukünftigem zurückgeht, als sage sich der Schimpanse gewissermaßen: wenn ich jetzt nicht reichlich zugreife, anstatt gleich zu fressen, dann werde ich nachher ohne genügende Nahrung bleiben und hungern. Selbst gegenüber dem folgenden, an sich bemerkenswerten Beispiel dürfte die Annahme eines solchen Voraussehens allzu intellektualistisch sein: Von dem gewöhnlichen Aufenthaltsort gelangen die Tiere abends in ihre Schlafzimmer über einen Platz, der ihnen tagsüber nicht zugänglich ist und sich deshalb bei Regenzeit mit dichtem Kraut bedecken kann. Alle stürzen sich jetzt auf die beliebte Grünnahrung, und läßt man sie eine Weile gewähren, so hält es schwer, die Fressenden zum Einhalten und in ihre Zimmer zu bringen. Dabei wurde, insbesondere an zwei Tieren, immer wieder beobachtet, daß sie auf ein erstes Anrufen überhaupt nicht, auf ein zweites mit einem flüchtigen Umsehen, auf ein drittes mit stark beschleunigtem Fressen reagierten, daß aber, wenn die Mahnung energischer wurde und man wohl gar drohend auf einen Widerspenstigen zuging, dieser plötzlich zu fressen aufhörte, in aller Geschwindigkeit Ranken loszureißen begann, sich aufrichtete, um hier und da an den schönsten Stellen immer weiter zu sammeln, und auf Umwegen aufraffend, soviel er nur fassen konnte, schließlich mit einem mächtigen Krautbündel in sein Zimmer schlüpfte. Es würde mir gar nicht zur Erklärung erforderlich, im Gegenteil eine ganz unglückliche Hypothesenbildung scheinen, wenn man den Affen in diesem Fall von besorgten Phantasievorstellungen über seine Lage nachher im Zimmer geleitet glaubte. Im Grunde liegt ein durch die Sachlage veranlaßtes „Umwegverhalten" ganz ähnlicher Art vor wie in zahlreichen früher beschriebenen Beispielen; das Ziel „möglichst viel von der schönen Nahrung" wird plötzlich auf einem indirekten anstatt auf dem behinderten biologisch primären Weg erreicht, und auch in jenen Versuchen dürften die Tiere selten nach Vorstellungen von späteren Sachlagen gehandelt haben. Das Lösungsverhalten kann viel unmittelbarer, ganz in der Anschauung von Gegenwärtigem entspringen.

Das Wort „Zukunft" ist hier in seinem natürlichen Sinne gebraucht, so daß sich „Vorstellungen von Zukünftigem" auf Sachlagen richten, welche außerhalb eines fest in sich zusammenhängenden „Gegenwarts*verlaufes*" liegen. Erst wenn man gegen alle Natur des Psychischen und des Physisch-Dynamischen einen statischen Gegenwarts*punkt* konzipiert hat, müßte man freilich sagen, daß Hinstreben nach einem anschaulichen Ziel und Flüchten vor einer aktuell drohenden

Gefahr implicite über „die Gegenwart" hinaus und in die „Zukunft" hineingreifen. Aber diese verkehrte Redeweise wäre dann auf jeden Fall gefühlsbedingter Zu- oder Abwendung zu übertragen, weil einfach in dem unwirklichen Gegenwartspunkt das dynamisch ausgedehnte Wesen keines triebhaften Verhaltens Platz findet.

Nach rückwärts, nach der *Vergangenheit* wäre die Zeit, in welcher ein Schimpanse lebt, äußert weit erstreckt, wenn man als Kennzeichen für dergleichen nur einfach deutliche Nachwirkung früherer Erfahrungen in gegenwärtigem Tun wollte gelten lassen. Es wird vielleicht niemanden wundern, daß die Tiere mich nach einer Trennungszeit von 6 Monaten ohne weiteres wiedererkannten (auch als Sultan einmal vier Monate hindurch von den anderen Tieren weit entfernt und unsichtbar gewesen war, wurde er bei der Rückkehr sofort als guter Freund aufgenommen); denn man sieht ja Hunde, die von ihrem Herrn noch länger getrennt waren, beim ersten Zusammentreffen stürmisch ihre Freude äußern. Daß man die Nachwirkung früher gelernten Wahlverhaltens gegenüber Prüfungsobjekten nach noch längeren Zwischenzeiten so stark findet, als seien kaum ein paar Tage seither vergangen, ist schon auffälliger; denn die Gegenstände, um welches es sich hier handelt, haben ja bei weitem nicht den unmittelbaren Affektwert von wohlbekannten Personen (oder Artgenossen).

13 Monate nach ihren letzten Versuchen über Sehgröße machte in einer ersten Reihe von 10 Prüfungen Grande *einen* Fehler (beim 7. Versuch), Chica alle Wahlen richtig.

Ebenfalls 13 Monate nach der früheren Lernperiode wählte Tercera zwischen zwei verschiedenen rotblauen Farben bis auf *einen* Fall von zehn sofort wieder wie zuvor.

Rund anderthalb Jahre nach seinen Versuchen über Farbenkonstanz wählte Sultan *einmal* unter den ersten zehn Prüfungen falsch, Grande fehlerfrei.

Dem Zahlenergebnis nach war also kaum eine Einbuße festzustellen, die Wahlen erfolgten nur anfangs mit etwas unsicherer Bewegung und verlangsamt. Ohne Zweifel könnte man beim Schimpansen die Zwischenzeiten auf ein Mehrfaches erhöhen, und würde noch immer eine starke Nachwirkung finden[1]).

Für solche Leistungen bedarf es einer Vorstellung von Früherem gewiß nicht. Die bekannte Situation tritt gleich wieder anschaulich in der damals erworbenen Betonungsstruktur und dieser gegenüber tritt von neuem dieselbe Richtung des Wahlverhaltens auf. Nicht viel anders wird es liegen, wenn die Tiere die einmal gefundene Lösung einer Intelligenzprüfung fortan zumeist viel schneller vorbringen als das erste Mal, und diesen Besitz auch nach Jahren noch deutlich verraten. Solange Gedächtnis nur auf diese Weise wirkt, *kann* es eine vorteilhafte Gabe, es kann aber, wie ich schon früher gegenüber krassen Schimpansenbeispielen betonte, ein wahres Hindernis für hochstehende Neubildungen sein[2]). Dagegen wo eigentliche Erinnerung den

---

[1]) Vgl. Nachweis einfacher Strukturfunktionen usw. S. 78.
[2]) Vgl. Intelligenzprüfungen usw. S. 140 ff.

Umkreis derjenigen Bedingungen erweitert, welche für das Tier in einer Lebenslage überhaupt vorhanden sind und berücksichtigt werden, da wirkt so wahre Ausdehnung des überschauten Lebens allemal mit größter Eindringlichkeit auf den Beobachter: ,,frei", ,,aufgehellt" sieht der Anthropoide dann aus, verglichen mit der Zeitenge niederer Wesen.

Ob Tiere ,,*Vorstellungen* haben" (im Gegensatz zu allen, auch den vom früheren Leben her veränderten *Wahrnehmungen*), ist eine Frage, welche die amerikanische Tierpsychologie seit *Thorndike* stark beschäftigt. *Hunter* hat zuerst Versuche angestellt, welche schon mehr auf eigentliche *Erinnerung* gehen als auf Reproduktionen früheren Verhaltens gegenüber gleicher Situation. Seine Versuchstiere lernten zunächst, immer in denjenigen von drei offenen Gängen hineinzugehen, welcher jeweils erleuchtet war; als sie dieser Vorbedingung genügten, wurde ihnen weiterhin der Zutritt zu den Wahlgängen erst freigegeben, nachdem das Licht wieder verschwunden war und sie eine gewisse Zeit nach der Wahrnehmung dieses Zeichens den drei jetzt gleich aussehenden Türen gegenüber hatten warten müssen (delayed reaction). Das größte Intervall, nach welchem die Entscheidungen noch richtig erfolgten, wurde bei Ratten mit 10 Sekunden, bei Hunden mit 5 Minuten erreicht, und dann fiel die Wahl nur deshalb richtig aus, weil diese Tiere sich auf das Lichtzeichen zudrehten, in dieser Körperrichtung verharrten und nachher geradeaus liefen, so daß sie bei jeder stärkeren *Drehung* in der Zwischenzeit sofort den ihrem Winkel entsprechenden Fehler machten. Ein Waschbär wählte auch dann richtig, wenn er die Körperrichtung während des Wartens beliebig wechselte, aber über eine halbe Minute brachte er es auch nicht[1]). — Man sieht sofort, daß hier ein gewaltiger Unterschied gegenüber dem Menschen zum Ausdruck kommt; in der Tat hatten Kinder im Alter von 6—8 Jahren bei einer nahe verwandten Anordnung auch nach einer halben Stunde offenbar noch lange nicht ihre Grenze erreicht, und nur ein kleines Wesen von $2^{1}/_{2}$ Jahren konnte durchaus nicht auf eine volle Minute kommen. — *Buytendyk* macht mit Recht darauf aufmerksam, daß im *Hunter*schen Verfahren der Umweg über die ,,Lichtdressur" eine unnötige und unnatürliche Komplikation darstellt; in ganz einfacher qualitativer Prüfung stellt er fest, daß ein Affe (Cercopithecusart) die nachträgliche Reaktion nach 7 Minuten noch mit größter Sicherheit ausführt[2]).

An Schimpansen machte ich folgende Versuche: 1. Sultan sitzt allein in einem vergitterten Raum, welcher keine Stäbe enthält. Ich verscharre vor seinen Augen draußen auf homogener trockener Sandfläche und in 1,40 m Abstand vom Gitter eine Birne mehrere Zentimeter tief und tilge jede Spur des Grabens durch gleichmäßiges Verwischen des Sandes über der Grabstelle und weit ringsum, so daß der Ort der Birne durch keinerlei indirektes Nachzeichen mehr für mich kenntlich ist. Sultan, der erst einen Augenblick Enttäuschung verrät, fängt doch bald an, in einer Weise zu spielen, welche in nichts mehr auf den gesehenen Vorgang hinweist. — Als ich mich nach

---

[1]) The delayed reaction in animals and children. Behavior Monographs 2, 1. 1913.

[2]) Arch. néerland. de physiol. de l'homme et des animaux 5. 1920.

6 Minuten nähere, ergreift er schnell meine Hand, wie um mich zu führen und zu ziehen[1]), wird aber zurückgewiesen. Nach 9 Minuten, als ich wieder in seine Nähe komme, wiederholt sich sogleich dies Verhalten, und es wird nun deutlich, daß das Tier mich auf einen Stock hinzudrängen sucht, welcher weit seitlich von der Grabstelle und nicht vom Gitter aus greifbar draußen liegt. Da ich nicht nachgebe, läßt Sultan ab und verhält sich ruhig, bis ich (17 Minuten) abermals zu nahe komme und er wieder den gleichen Versuch machen kann. Genau nach einer halben Stunde seit Versuchsbeginn wird, während das Tier gerade anderweitig beschäftigt ist und nicht hinausblickt, der Stock soweit dem Gitter genähert, daß er mit Mühe von dort erreicht werden kann. Sultan bemerkt diese Änderung zunächst nicht. Als aber sein Blick zufällig wieder auf den Stab fällt, springt er sofort heran, zieht ihn zu sich hinein, läuft eilends mit ihm an die Gitterstelle, welche dem Grabort gegenüber liegt und scharrt den Sand ohne Zögern genau an der richtigen Stelle beiseite, bis die Birne zum Vorschein kommt. — Das Gitter, an welchem er überhaupt operieren konnte, hatte etwa 5 m Ausdehnung, bis zu 2 m Entfernung ungefähr wäre ein Hinauslangen mit dem Stab möglich gewesen. Daraus ergibt sich die *Schärfe* seines Erinnerns gegenüber der in sich ganz homogenen Fläche, und dessen *Lebhaftigkeit* kommt in der Promptheit des angemessenen Verhaltens zum Ausdruck, welches unverzüglich einsetzt, sobald nur die objektive Möglichkeit dafür gegeben ist. Daß der Versuchsleiter während der Zwischenzeit nicht auf die Grabstelle achtet, geschweige denn nach ihr hinsieht, versteht sich von selbst. — 2. Am folgenden Tage wird wieder Sultan geprüft. Ich scharre eine Birne im Abstand 1,30 m vom Gitter, aber 2 m seitlich von der alten Grabstelle ein und überstreue das ganze für den Versuch in Betracht kommende Gebiet gleichmäßig mit Sand. Es ist kein Stab erreichbar, auch keiner zu sehen. Sultan bleibt heute ganz ruhig und spielt zufrieden in seinem Raum. Genau nach einer Stunde, in welcher keinerlei sichtbares Geschehen mit der vergrabenen Birne irgend etwas zu tun hat, wirft der Wärter durch ein Fenster in der Hinterwand des Käfigs einen Stock hinein. Sultan nimmt ihn sogleich auf, eilt ans Gitter, wirklich der richtigen Stelle gegenüber und kratzt den Sand etwa 30 cm zu weit entfernt beiseite, schon nach einem Augenblick aber setzt er den Stab näher, diesmal genau richtig und holt schnell das Ziel hervor. Jetzt hat er mich übertroffen, denn die Stelle nach dem Wechsel hielt ich zuerst für etwas verfehlt und wurde erst durch das Erscheinen der Frucht aufgeklärt. Ausdrücklich hebe ich hervor, daß das Tier in der zwischenliegenden Stunde der Grabstelle keinerlei Beachtung zuwandte, es turnte munter in seinem Käfig herum und wandte dem Gitter wohl häufiger den Rücken als das Gesicht zu. — 3. In Gegenwart der aufmerksam zuschauenden Schimpansen wird 3 Tage später gegen Abend ein Haufen Früchte an ganz anderer Stelle des Tierplatzes eingegraben. Gleich danach gehen die Tiere in ihren Zimmern zur Ruhe, und als alles schläft, gleichen wir sorgfältig jede Spur der Grabstelle aus, graben auch obendrein in Abständen von einigen Metern noch mehrere Löcher, die leer bleiben, aber im übrigen behandelt (wieder verdeckt) werden

---

[1]) Über ähnliche Erfahrungen vgl. Intelligenzprüfungen usw., S. 101.

wie das richtige. Am andern Vormittag, nach 16½ Stunden im ganzen, werden die Affen wieder auf den Platz gelassen. Als ich Sultan die Tür öffne, würdigt er mich einer gegen sonst etwas skizzenhaften Morgenbegrüßung, eilt dann an mir vorbei in gerader Linie auf eine Stelle zu, die etwa 60 cm vom richtigen Ort entfernt ist, beginnt dort den Sand zu entfernen, hört aber bald damit auf, als er auf harten Grund kommt. Die andern versuchen es gleich danach an derselben Stelle, lassen ebenfalls bald wieder ab, und erst nach einer Pause wird plötzlich die richtige Stelle entdeckt. Von den Kontrollstellen wurde in diesem Versuch keine einzige berührt. Der für Fehler in Betracht kommende Raum war mindestens 400 qm groß, aber durch einige Pfosten, auch hier und da etwas Vegetation gegliederter als die Sandfläche der ersten Versuche. — 4. An abermals ganz neuer Stelle wurde Tags darauf im Beisein der Tiere die gleiche Versuchsvorbereitung angestellt. Wiederum nach einer Nacht (16½ Stunden im ganzen) erfolgte die Prüfung, an der jedoch Sultan nicht teilnahm. Das älteste Tier verließ seinen Käfig und hockte irgendwo nieder, ohne jedes Anzeichen einer Erinnerung. Grande dagegen, die zu zweit aus dem Schlafraum kam, lief unverzüglich und geradeswegs auf genau den richtigen Ort zu und grub die Früchte aus[1]).

Eine Ausdehnung dieser Versuche auf längere Zeiträume und vor allem eine nähere Analyse des Hergangs dabei wäre dringend zu wünschen. Wenn man auf verschieden stark und nach verschiedenen Prinzipien gegliederten Plätzen prüft, sind mit Sicherheit Aufschlüsse über die Wahrnehmung der Tiere sowohl wie über die Natur ihrer Erinnerungsleistung zu erwarten. Man sieht auch sofort, wie weiteres Eindringen durch verschiedene Beeinflussung der Schimpansen in der Zwischenzeit (Ablenkungs- und Beirrungsversuche), ferner vor allem durch heimliche Variation der sichtbaren Raumgliederung vor dem Prüfen gefördert werden könnte.

II.

Man übertreibt wohl kaum, wenn man sagt, daß ein einzeln gehaltener Schimpanse gar kein rechter Schimpanse sei. Daß sich besonders charakteristische Eigenschaften dieser Tierart der Beobachtung nur dann zeigen, wenn man eine *Gruppe* vor sich hat, rührt zunächst einfach daher, daß das Verhalten der Artgenossen für jedes Einzeltier den allein adäquaten Reiz zu einer großen Reihe von wesentlichen Betätigungen darstellt, und die Beobachtung mancher Schimpanseneigentümlichkeiten wird auch erst klar *verständlich* werden, wenn sich Verhalten und Gegenverhalten der Individuen in der Gruppe zu einem Gesamtvorgang schließt; in diesem kann die Rolle des einzelnen Tieres von fester Bedeutung sein, während sie es z. B. nicht so wäre, wenn ein Mensch den (notwendig minderwertigen) Gegenspieler

---

[1]) Daß der Ausfall dieser Prüfungen beim Schimpansen nicht auf Geruchswirkung zurückgeführt werden kann, bedarf kaum näherer Ausführungen. Der Anthropoide ist von ganz geringer Geruchsschärfe, eine versteckte Birne, Tomate od. dgl. (um solche Früchte handelte es sich) bemerkt er selbst auf ein paar Dezimeter sicher nicht durch Geruch. In den letzten Versuchen aber liefen die Tiere aus über 10 m Entfernung sofort und geradewegs auf die ungefähr richtige Stelle zu.

machte. — Außerdem aber ist der Gruppenzusammenhang von Schimpansen als eine ganz reale Kraft von bisweilen erstaunlichem Betrag einzuschätzen. Das sieht man deutlich bei jedem Versuch, ein einzelnes Tier aus einer stark ineinander gewöhnten Gruppe herauszunehmen. Ist dergleichen noch nie oder seit langem nicht mehr geschehen, so ist es zunächst das einzige Bestreben des Abgetrennten, sich wieder mit der Gruppe zu vereinigen. Sehr kleine Tiere haben dann natürlich Angst und diese bis zu Extremen der anschaulichen Äußerung, daß man es bisweilen einfach nicht über sich bringt, die Isolierung aufrechtzuerhalten; größere, bei denen kein Symptom gerade von Angst zu sehen ist, jammern, schreien und toben, wüten gegen die Wände des Aufenthaltsraumes und bringen sich, sieht etwas nur entfernt wie ein Weg zu den andern hin aus, ohne weiteres auf diesem in Lebensgefahr, nur um in den Schoß der Gruppe zurückzugelangen. Noch wenn sie von Verzweiflungsausbrüchen ganz erschöpft sind, hocken sie wimmernd in einer Ecke, bis die Kraft zu neuem Toben wiedergekehrt ist[1]). Da für das Experimentieren am Schimpansen Eßlust bei ihm Vorbedingung ist, so kann man bei ersten Isolierungen der Tiere für Tage unmöglich zu Versuchen kommen, weil anfangs einfach jede Nahrungsaufnahme abgelehnt und noch lange, wenn starker Hunger zu ein paar Bissen am Futter geführt hat, dieses doch gleich wieder achtlos fallen gelassen wird.

Im allgemeinen ist die übrigbleibende Gruppe, auch wenn die Klagen des Abgesperrten zu ihr dringen, doch recht weit davon entfernt, ein *ebenso* starkes Interesse an ihm zu nehmen und etwa über seine Entfernung ebenso traurig zu sein wie er. Die andern sind eben immer noch „in Gruppe". Man kann nicht sagen, daß sie stets ganz ohne Teilnahme sein Jammern anhörten. Es kommt oft genug vor, daß, wenn wenigstens eine Annäherung an das Käfiggitter des Abgesperrten möglich ist, eines oder das andere der übrigen Tiere schnell heranspringt und den Klagenden durch die Stäbe hindurch umarmt. Aber der muß eben schreien und heulen, damit ihm diese Freundlichkeit zuteil wird; sobald er sich ruhig verhält, pflegt die Restgruppe unbekümmert zu bleiben, keinen Drang nach ihm hin zu verraten, und auch eine solche Umarmung lösen selbst gute Freunde bald, um mit Ruhe zu der wichtigeren Gruppe zurückzukehren. Man darf nicht denken, jener *allein* sei so betrübt, weil er in einem Käfig ist, die anderen in relativ größerer Freiheit. Denn wenn einer draußen ist, die andern drin, dann strebt der einzelne zu den andern in den Käfig.

Genau die gleichen Verhältnisse beobachtet man auch wieder, wenn ein Tier, das etwa mehrere Wochen hindurch zu Versuchszwecken isoliert war, eben zur Gruppe zurückkehrt. Seine Freude erreicht so hohe Grade, daß leichte Glottiskrämpfe dabei auftreten können. Die anderen regen sich *so* sehr nicht auf; da aber das Wiederkehren ein unmittelbar sinnfälliger Vorgang ist, so gerät doch auch die Gruppe in lebhafte Bewegung, es gibt Umarmungen, auch wohl kleine

---

[1]) Ich habe früher beschrieben, wie der Drang nach den andern hin oft zu jenen seltsam anmutenden Tätigkeiten führt, welche, halb Ausdrucksbewegung, halb Werkzeuggebrauch, deutlich zeigen, daß der Abgesperrte schließlich durchaus irgend etwas in Richtung seiner Gefühle tun muß, auch wenn keinerlei praktische Abhilfe daraus folgen kann. Intelligenzprüfungen usw. S. 64f.

Prügeleien vor Vergnügen, und oft läuft die ganze Gesellschaft hinter dem Zurückkehrenden her, um vor allem zunächst, wie das so Schimpansenart ist, dessen Hinterteil und Sexualsphäre einer genauen Musterung zu unterziehen. Dabei macht es viel aus, wer der Wiederkehrende ist. Das älteste Tier, welchem stets eine besondere Rolle in der Gemeinschaft zukam, wurde bei solcher Gelegenheit mit allgemeinem Halloh begrüßt, wie es andere so nicht hervorriefen.

Mehrfach habe ich festgestellt, daß das vorläufige (oder endgültige) Ausscheiden eines Kranken (oder Sterbenden) an der zurückbleibenden Gruppe keine merklichen Folgen hervorbrachte, sofern das betreffende Tier unsichtbar gemacht wurde und sein Leiden so wenig durch stärkere Schmerzenslaute äußerte, wie dies eben beim Schimpansen der Fall zu sein pflegt[1]). Das entspricht nur der Gleichgültigkeit, welche die Gruppe gegen einen gesunden Abgesperrten zeigt, wenn er nicht allzu kläglich schreit, und falls ein krankes Tier abseits in seinem Zimmer stirbt, darf man ja, da für die übrigen jeder sinnfällige Anlaß zur Aufregung oder Trauer ausbleibt, jedes Tier der Restgruppe überdies diese Gruppe um sich spürt, von vornherein gar keine Zeichen des Vermissens oder der Trauer erwarten. Ohne Zweifel ist sogar heute das Interesse an Früchten, die der Schimpanse gestern eingraben sah, größer als das an einem einzelnen Gruppenglied, welches nur einfach, nachdem es gestern noch da war, heute nicht mehr aus seinem Zimmer hervorkommt.

Wie aber deutliche, wenn schon vorübergehende Teilnahme sichtbar wird, wenn ein abgesperrtes Tier seinen Jammer sinnfällig äußert, so beobachtete ich auch starke Wirkungen auf die andern, als sie einmal von Schwäche und Krankheit eines kleinen Schimpansen eindringliche Anschauung bekamen. Zu Anfang seiner tödlichen Erkrankung lag Konsul einmal kraftlos, mit geschlossenen Augen am Boden. Rana, die zufällig an ihm vorbei kam, forderte ihn in gewohnter Weise auf, sie so zu begleiten, wie ich das früher beschrieben habe[2]). Da er sich kaum regte und sofort ganz wieder niedersank, wurde sie aufmerksam, hob erst seinen Kopf und dann, den Kleinen umfassend, seinen ganzen schwachen Leib vorsichtig empor und gebärdete sich dabei in Haltung und Miene so tiefbesorgt, daß über ihre Gefühlslage in diesem Augenblick gar kein Zweifel war. Als sie den Kranken allerdings nach einigen Tagen während deren er isoliert war, in ganz verfallenem Zustand wiederfand, schien sie nur scheu-befremdet. Aber wieder: An einem Tag, wo es ihm etwas besser zu gehen schien, wurde der Kleine noch einmal ins Freie gelassen, wo die andern munter Kraut fraßen. Mit Mühe schleppte er sich auf sie zu, und nach wenigen Schritten stürzte er mit einem gellenden Angstruf jammervoll auf den Boden nieder. Abseits saß kauend Tercera. Sie fuhr in die Höhe, alle ihre Haare sträubten sich vor Erregung weit ab vom

---

[1]) Der kranke Schimpanse wird schnell ganz apathisch und klagt dann in seinem schlaffen Zustand ebensowenig über Isolierung mehr wie merkwürdigerweise über heftige Schmerzen, die man ihm deutlich ansieht. Muß es nicht überraschen, wenn gerade der Schimpanse, der auf den kleinsten Anlaß hin in ungezügelten Affekt gerät und sich in dessen oft wüsten Äußerungen geradezu ergeht, bei Qualen, unter denen er sich am Boden windet, kaum leise stöhnt?

[2]) Intelligenzprüfungen usw. S. 36.

Körper, mit ein paar großen Sätzen in aufrechter Haltung, das Gesicht reinste Besorgnis, den Mund kummervoll vorgeschoben und Trauerlaute ausstoßend, sprang sie herzu, griff den Daliegenden unter den Armen und bemühte sich angestrengt, ihn wieder aufzurichten. Man kann sich nicht mütterlicher benehmen als hierbei die Schimpansin, und ich gebe ausdrücklich diesen Worten ihre volle Bedeutung für das Verhalten, so wie es augenblicklich durch einen phänomenal aufs höchste eindringlichen Hergang bestimmt wurde. Daß Konsul, in sein Zimmer zurückgebracht, niemals wiederkehrte, hat bei Tercera ebensowenig ein Zeichen der Trauer hervorgebracht wie bei irgendeinem andern Gruppenglied. Wenn wir also jenes Gebaren mit triebhaft ethischen Handlungen von Menschen vergleichen, so dürfen wir nicht außer acht lassen, daß ein sinnfälliges und eindringliches Phänomen des Niederbruches, der Hilflosigkeit seine unbedingte Voraussetzung ist. Auf bloße Vorstellungen hin wird der Schimpanse nicht mitleidig sein, schon weil ihm die betreffenden Vorstellungen kaum kommen.

Übrigens sollte man sich auch vom Menschen (schlechthin) kein allzu ideales und unwahr-optimistisches Bild in diesen Dingen vortäuschen. Hier und da auf der Welt wird mitunter ein Kranker, dem es gar nicht besser gehen will, selbst von nahen Angehörigen sehr bald als belästigend empfunden und schließlich sogar mit deutlichem Ärger behandelt.

Wird ein einzelner Schimpanse vor den Augen der Gruppe und in eindringlicher Weise *angegriffen*, so pflegt stärkste Bewegung durch den ganzen Verband hin zu entstehen. Man straft wohl gelegentlich (unter der Einwirkung des Klimas) einen Übeltäter durch kräftigen Schlag, — im Augenblick, wo die Hand fällt, heult die Gruppe wie aus einem Munde auf. Die Erregung, die sich hierin äußert, hat meistens nichts von Angst, auch flüchtet die Gruppe nicht, sondern strebt, selbst wenn sie von dem Ort des Zwischenfalles durch Gitter abgetrennt ist, deutlich und so weit sie kann, auf diesen Ort zu. Selbst die schwächsten Strafen, ein leichtes Ziehen am großen Ohr eines Sünders oder auch spielend angedeuteter Angriff konnten jedoch einzelne Tiere der übrigen Gruppe zu einem viel ausgeprägteren Verhalten führen. Es war besonders der kleine schwache Konsul, der dann aufgeregt herbeieilte, in der Art, wie junge Schimpansen alle dringenden Wünsche äußern, mit bittender Miene einen Arm zum Angreifer emporreckte, wenn man den gestraften Schimpansen noch nicht freigab, einem mit aller Kraft den Arm festzuhalten suchte und schließlich seinerseits mit erbitterten Gebärden auf den großen Menschen losprügelte. Von solchen, die es für eine Herabwürdigung unseres Geschlechtes halten, wenn etwas Menschliches an Tieren wiedergefunden wird, stammt die sonderbare Behauptung: n i e m a l s verteidige ein Tier das andere, sondern Vorgänge, die diesen Anschein erwecken, beruhten nur darauf, daß so ein törichtes Wesen fälschlich sich selbst angegriffen glaube und in diesem Irrtum zur eigenen Verteidigung angreife. Der kleine Konsul aber kam noch, wenn er weitab still für sich dagehockt hatte, erst eigens angerannt, um in eine solche Szene einzugreifen, ja selbst, als er eines Tages in einem andern Raum war, von wo er den Vorgang nicht einmal sehen, sondern nur etwas von ihm hören konnte, eilte er sofort auf Umwegen herzu und fiel mir in den Arm. Ohne Zweifel „griff es dies Tier an", was da mit dem Artgenossen geschah, aber ein Irrtum, als sei es selbst in *Gefahr*, konnte unmöglich entstehen.

Muß man wirklich noch darauf hinweisen, daß ähnliches viel tiefer im Tierreich ganz gewöhnlicher Hergang ist? Jeder tüchtige Hahn kommt eilends herbeigelaufen, wenn eine Henne des Hofes eingefangen wird und ängstlich schreit; er greift nicht wirklich an, aber in der Entfernung, die ihm Scheu vor dem Menschen vorzeichnet, benimmt er sich so aufgeregt und gefährlich, daß seine *Neigung* zum Angriff wohl jedem deutlich werden muß.

Nachdem die Schimpansen viel älter geworden sind und die Achtung vor dem großen Menschen gesunken ist, besonders aber nachdem sie die Geschlechtsreife erreicht haben, finde ich den Trieb der Gruppe, als ganze den Angriff auf ein einzelnes Tier abzuwehren, außerordentlich verstärkt. Am Ende muß man es aufgeben, selbst arge Vergehen zu bestrafen, wenn die Gruppe mit dem betreffenden Tier im selben Raum zusammen ist. Bisweilen genügt schon der unbedeutendste Zwischenfall zwischen dem Menschen und einem Schimpansen, welcher diesen zum empörten Schrei gegen den Feind und zum Anspringen veranlaßt, — gleich geht es wie eine Welle von Wut durch die Gruppe, und von allen Seiten eilen die andern zum gemeinsamen Angriff. In dem momentanen Übergreifen des Empörungsschreis auf alle Tiere, wobei sie einander zu immer wilderem Rasen zu steigern scheinen, liegt eine dämonische Kraft sicher aus den tiefsten Gründen der Organismen. Sonderbar, wie tief überzeugt, man möchte sagen moralisch-empört dieses Aufheulen der angreifenden Gruppe für Menschenohren klingt; schlimm nur, daß jedes beliebige zufällige Mißverständnis es ebensogut hervorruft wie ein wirklicher Angriff, und daß die ganze Gruppe in blinden Zorn gerät, auch wenn die meisten der Glieder gar nicht gesehen haben, was den ersten Anlaß zum Aufschrei eines der Tiere gab, um was es sich denn eigentlich handelt. Der Aufruhr hängt nur davon ab, daß jener Schrei in der geeigneten, aufpeitschenden Art laut wird. Ich habe es erlebt, daß die gutmütige Rana mir bei einem solchen Anlaß plötzlich sinnlos-wütend in den Nacken sprang, obwohl sie im Augenblick zuvor fröhlich mit mir gespielt hatte.

Es gehört zu den erstaunlichen Charakterunterschieden, die zwischen Schimpansen vorkommen, daß viele von ihnen gewiß nicht absichtlich den Massenangriff heraufbeschwören werden, während einzelne es bei schlechter Laune geradezu darauf anlegen und sich in Empörungen über ein Nichts und im Aufhetzen der Schar sehr häßlich ergehen. Dies ist leider zeitweise die Art des begabten Sultan, dessen Neigung, ohne Grund in die Rolle des Gefolterten und Bemitleidenswerten zu verfallen, schon früher erwähnt werden mußte[1]. So sieht man ihn gar in einem Ärger, mit dem der abseits stehende Mensch gar nichts zu tun hat, zu wüster Empörung gegen diesen übergehen. Er hopst, würgend vor Glottiskrämpfen und dazwischen aufheulend vor Wut, zu einem älteren Tier, das ihm häufig geholfen hat, jammert hier, springt wieder kreischend zurück, gegen den Menschen an, und so fort in einer

---

[1] Optische Untersuchungen usw. Abhandl. d. Kgl. preuß. Akad. d. Wissensch. 1915, Phys.-Math. Kl. Nr. 3, S. 13.

Weise, die sprechend *Hetzen* ist, wenn Anschauung überhaupt sprechen kann. Man pflegt zu sagen, daß jedes gefühlsmäßige Verhalten „auf einen Gegenstand" gerichtet sei, und meint wohl, dies sei eben der Tatbestand, welcher jene Gefühlsart hervorruft. Es gibt jedoch — auch beim Menschen — emotionale Zustände, welche zunächst keinen solchen Gegenstand haben, schon weil sie gänzlich unbekannten innerorganischen Veränderungen entspringen (üble Laune des Nervösen am Morgen z. B.), wohl aber schleunigst *irgend*einen passenden Gegenstand überhaupt suchen und finden — in tropischem Klima kann man sonderbarste Erscheinungen dieser Art beobachten und an sich selbst erleben (Koller) —, und andererseits tendiert ein starkes Gefühl etwa des Ärgers mit erst ganz klarer Richtung auf den Tatbestand, der es wirklich erzeugte, bekanntlich zur Entladung gegenüber einem ganz andern Gegenstand, wenn der Ausbruch in der eigentlichen Richtung einer Hemmung unterliegt. Als Sultan noch sehr jung war, wagte er eine Strafe, die er von mir erhielt, noch nicht an mir zu rächen, doch rannte er alsbald wütend auf Chica los, die er dauernd nicht recht leiden mochte, und verfolgte sie, obwohl sie mit dem Grund seines Ärgers nicht das mindeste zu tun hatte.

Die Grenze des „Außerhalb", gegen welches die Gruppe bei phänomenal ausgeprägtem Anlaß zum Affekt so sehr als ganze reagiert, ist keineswegs zoologisch bestimmt: die Gruppe ist ein unscharf organisierter Verband *ineinandergewöhnter* Schimpansen. Eines Tages kam ein neugekaufter Schimpanse an und wurde der Sanitätskontrolle wegen zunächst ein paar Meter abseits vom Raum der andern in einem Sonderkäfig untergebracht[1]). Schon hier erregte er starkes Interesse der älteren Tiere, durchs Gitter hindurch wurde mit Stäben und Halmen alles getan, um eine nicht gerade freundliche Verbindung nach ihm hin wenigstens anzudeuten, es flog auch einmal ein Stein gegen das Drahtnetz auf das neue Tier zu, und jeder lebhafte Vorgang zwischen uns Menschen und dem Neuling war von erregten Lauten der andern begleitet. Als jener nach einigen Wochen im Innern des großen Tierplatzes und in Anwesenheit der älteren freigelassen wurde, standen diese einen Augenblick wie versteinert und stumm da. Kaum aber hatten sie einige seiner unsicheren Schritte mit starrem Blick verfolgt, so stieß Rana, also ein törichtes aber sonst harmloses Tier, den schon erwähnten wütend-empörten Schrei aus, der sofort von allen und in furchtbarer Erregung aufgenommen wurde: im nächsten Augenblick war der neue Schimpanse

---

[1]) Die Ankunft dieses Neulings gab Anlaß zu einem Versuch. Ich wußte nicht, ob es sich um ein Männchen oder ein Weibchen handle, und zufällig kam das Tier in einer engen Kiste an, durch deren Fenster nichts außer dem Kopf zu erkennen war. Nach irgendeinem phänomenalen Gesamtcharakter des Gesichts hatte ich sofort den Eindruck eines *weiblichen* Schimpansen. Nacheinander ließ ich nun 5 Personen (von denen 3 ganz oder nahezu Analphabeten waren, die aber alle den Schimpansenstamm der Station gut kannten) an die Kiste herantreten, und jede, von den übrigen unabhängig, nur nach dem Gesicht über das Geschlecht des Tieres urteilen. Sämtliche Urteile lauteten: Weibchen, und das war richtig. Noch jetzt, nach vielen Jahren des Umganges mit Schimpansen, könnte ich kein morphologisches „Merkmal" von Kopf und Gesicht (im Sinne einer bestimmten *Einzelheit*) angeben, durch das die beiden Geschlechter sich beim jungen Schimpansen unterschieden.

unter einem Knäuel wüster Angreifer verschwunden, die ihm überall ihre Zähne ins Fell schlugen und nur durch schärfstes Eingreifen des Menschen wenigstens so lange beiseite zu halten waren, als dieser zugegen blieb. Noch nach mehreren Tagen versuchte das älteste und gefährlichste Tier immer wieder, selbst in unserer Gegenwart an den Fremden heranzuschleichen, und mißhandelte ihn grausam, wenn wir nicht rechtzeitig aufmerksam wurden. Es war ein armes, schwaches Geschöpf, dessen Verhalten in keinem Augenblick die mindeste Angriffslust von seiner Seite zeigte, und es konnte wirklich nichts an ihm empörend wirken, als daß es eben fremd war[1]). Auf nächste Analoga vom Hühnerhof und andererseits im Verhalten mancher primitiver Menschenverbände brauche ich wohl nicht besonders hinzuweisen. — Beim Übergang zu allmählicher Duldung lockerte sich die Gruppe ein wenig. Sultan, der sich schon an dem beschriebenen Angriff weniger beteiligt hatte, wurde zuerst mit dem neuen Weibchen allein gelassen und begann sofort, sich in höchst beflissener Art um dieses zu bemühen, welches freilich nach der schlimmen Erfahrung vorerst sehr zurückhaltend war. Er aber ließ nicht ab, mit merkwürdig glänzenden Augen und betonter Freundlichkeit um sie herumzumachen, bis sie am Ende seinen Aufforderungen zum Spiel, seinen Umarmungen und — etwas befremdet — seinen kindlich-sexuellen Annäherungen allmählich nachgab. Kamen nun die andern hinzu, so rief sie ihn doch schon ängstlich heran, sobald er sich entfernte, und wirklich verteidigte er sie recht entschieden, wenn sich ein anderes Gruppenglied in feindlicher Haltung näherte; sobald sie in Angst geriet, gab es eine Umarmung zwischen den beiden. Zwei andere Weibchen schieden jedoch bald ebenfalls aus der grollenden Gruppe aus, spielten mit dem Neuling und umarmten ihn fortwährend, bis nur noch Chica und Grande, denen bis dahin keine Sonderfreundschaft zueinander anzumerken war, von der gleichen Abneigung zusammengeführt, sich abseits in konservativem Bündnis aneinanderschlossen und eine Weile wenigstens ein Leben für sich, geschieden von dem neuen Tier und den Abtrünnigen, in entfernten Bereichen des Platzes führten. — Es ist verständlich genug, wenn das neue Weibchen, solange es die Gruppe noch fürchten mußte, uns Menschen, von denen es gut behandelt war, allen Schimpansen vorzog, auch denen, die sich um seine Freundschaft bewarben. Als nach jenem ersten Überfall die von uns verjagten älteren Tiere zu erneutem Angriff bereit standen, raffte sich die Verwundete auf, taumelte hastig vorwärts auf den Nächststehenden von uns zu und kletterte an ihm in die Höhe. Sie auf der Erde zu halten war zunächst ganz unmöglich; eben hinuntergezwungen, kletterte sie auf einen andern Menschen, umarmte ihn klagend und streichelte dabei mit einer Hand aufgeregt seinen Rücken. Auch später noch hielt es schwer, sie auf dem Platz allein zu lassen, da sie, kaum daß man dem Ausgang zuschritt, jammernd nachgelaufen kam, an einem hinaufkletterte und, mit einer Hand erregt streichelnd, sich mit den drei andern Extremitäten festklammerte.

---

[1]) Der kleine Koko wurde als Neuling schon durch das Gitter hindurch mit so tollem Empörungsgeschrei empfangen, daß ich nie wagte, ihn überhaupt zu den anderen hineinzubringen.

Da die Abgrenzung der Gruppe nicht einfach zoologisch bestimmt ist, kann auch das Verhalten der ineinandergewöhnten Tiere gegen befreundete Menschen sich dem gegen ein Gruppenglied beträchtlich nähern. Das geht schon aus einigen früheren Bemerkungen hervor. Am auffälligsten in dieser Hinsicht war es mir, daß die Tiere mitunter für mich Partei nahmen: Trieben sich da Leute neugierig auf dem Stationsbezirk herum, um die sich die Tiere bis dahin nicht gekümmert hatten; ich erklärte jenen bestimmt aber vergeblich, daß sie sich entfernen müßten, die Tiere wurden aufmerksam; ich rief in scharfem Ton hinüber, die ganze Schimpansengruppe schrie vor Empörung auf; ich fuhr die noch zögernden Eindringlinge an, und alle Schimpansen sprangen heulend gegen das Gitter auf jene zu. Ja in recht seltenen Fällen, hauptsächlich aus der Jugendzeit der Tiere, kam es (im Gegensatz zu dem oben beschriebenen Verhalten) sogar vor, daß eines sich mit mir gegen einen Gruppengenossen wandte: Sultan, der seiner Begabung und seines besseren Verstehens wegen zuerst in näheren Konnex mit den Menschen gekommen war, lief mehrmals, wenn ich auf ein Tier schalt, böse auf dieses los; war es ihm nicht erreichbar, solange wir unsere Auseinandersetzung miteinander hatten, so überfiel er es gelegentlich sogar noch hinterdrein. Freilich muß dahingestellt bleiben, ob Neigung zu mir das veranlaßte oder jene häßliche und verbreitete Lust Unbeteiligter, wenn sie es gerade selbst nicht gewesen sind, sich in Empörung gegen erwischte Übeltäter zu ergehen. Denn gerade solche Erscheinungen sollte man ja auch beim Menschen nicht so auffassen, als kämen sie auf sehr komplexe und intellektuell vermittelte Art zustande; sie sind wohl primäre Äußerungen einer sehr einfachen Dynamik des gefühlsmäßigen Stellungnehmens, und so kann man sie eher als manches andere bei einem hochstehenden Tier anerkennen, zumal es in diesem Falle paßt, daß Sultan ein wenig „der Charakter danach" ist.

Wieder anders ist folgender Vorfall zu verstehen: Ich verfolge ein Tier, das sich vergangen hat, und es flüchtet schreiend zwischen den anderen hindurch, auch mehrmals an der älteren Tschego vorbei, die mit verdrießlichem Gesicht vor sich hinstarrt. Als sich der aufgeregte Vorgang länger hinzieht, springt Tschego, wie eben das verfolgte Tier wieder an ihr vorbei rennt, unwirsch auf, packt es an einer Hand und beißt kräftig hinein. *Ruhe* war, solange sie lebte, Tschegos wesentliches Bedürfnis. Wenn ein geräuschvoller Zwist zwischen anderen Tieren entstand und sich in ihre Nähe zog, wurde sie stets ärgerlich, sprang auch auf, stampfte mit dem Fuß und fuchtelte mit den Armen nach den Störenfrieden hin; kam einer von ihnen ihr zu nahe, so ging es ihm wie im eben beschriebenen Falle[1]).

Auch ganz überraschendes Verhalten gegen den Menschen kann doch vollkommen eindeutig sein. Als ich erst wenige Wochen in Teneriffa war, bemerkte ich eines Morgens beim Füttern der gedrängt vor mir hockenden

---

[1]) Die naiv-kollegiale Art der Tiere gegenüber uns kam bisweilen gerade bei Tschego überraschend zum Ausdruck: Sie war zu gefährlich, um anders gestraft zu werden als durch einen vorsichtigen Steinwurf aus der Ferne. Nachdem das verschiedentlich geschehen war, lief Tschego, sobald einer von uns sie schalt und dabei einen Stein aufhob, auf den Betreffenden zu, ergriff seine Hand und hielt sie ohne besondere Aufregung fest. Später nahm sie auch mit Entschiedenheit den Stein aus den Fingern, warf ihn zu Boden und zog dann beruhigt ab.

Tiere, daß ein sonst sehr artiges Weibchen einem andern schwächeren Tier mehrfach das Futter aus der Hand riß, und als sich das wiederholte, hielt ich einen leichten Schlag für angebracht. Das (zum ersten Male) von mir gestrafte Tier fuhr zusammen, stieß, mich entsetzt anstarrend, langsam ein paar tiefbetrübte weinerliche Töne aus, wobei seine Lippen sich weiter vorschoben denn je; im nächsten Augenblick fiel es mir ganz außer sich um den Hals und beruhigte sich dort erst allmählich auf vieles Streicheln. Das hierin sich äußernde Bedürfnis nach Versöhnung ist eine recht häufig zu beobachtende Wendung im Gefühlsleben des Schimpansen. Selbst Tiere, die nach einer Strafe zuerst vor Wut kochen, Blicke voller Haß auf einen werfen und nicht einen Bissen vom Menschen annehmen, pflegen sich, wenn man ihnen nach längerer Zwischenzeit wieder nahekommt, mit einem bestimmten, eifrigen Gebaren, zu dem ein rhythmisches schnelles Keuchen und erregtes Aufreißen der Augen gehört, zuweilen aber auch mit einer Art befreiten Aufschluchzens an einen heranzudrängen, einem liebkosend die Finger im Munde zu pressen, und was es so bei Schimpansen an Freundschaftsbeteuerungen mehr gibt.

In solchen Szenen beobachtet man einmal über das andere, daß unmittelbar impulsiv entstehende Verhaltensrichtungen durchaus nicht der Regel nach auf einen direkten und faßbaren *Vorteil* gehen. Weshalb wird man überhaupt und oft stürmischer, als man wünschen möchte, von den Tieren *begrüßt*, wenn man morgens zuerst bei ihnen eintritt? Nur etwa weil es bald nach dem Erscheinen des Menschen Futter gibt? Wäre es so, dann bedeuteten die Umarmungen usw. *Freude* über das Bevorstehende und Bedürfnis, diese *mitzuteilen*, nicht aber dürften sie allgemein als Versuch gedeutet werden, eine schnellere Fütterung zu erzielen. Gerade wenn die Schimpansen mit Ungeduld auf das Essen gewartet haben, kommt es oft dazu, daß sie den Menschen, der mit dem Futterbehälter ihren Platz betritt, unter ungeheurem Freudengeschrei umständlich begrüßen, umarmen, vor Vergnügen ihn und einander prügeln, ihn mitsamt seinem Futterkasten hin- und herzerren, – bis endlich, nach solchem selbst verursachten Aufschub das Abklingen der Jubelerregung einen nach dem andern dazu kommen läßt, schnell ein paar gute Bissen beiseite zu bringen. Wenn die Tiere nur eilig ein Futter haben wollen und dies Streben im Augenblick wirklich die Hauptsache ist, dann verfahren sie ganz anders[1]). Übrigens sind, besonders beim Wiedersehen am Morgen, die herzlichen Begrüßungen bei weitem nicht allein aus der Freude am erwarteten Futter zu verstehen; die Tiere freuen sich am reinen Wiedersehen mit dem beliebten Menschen, ebenso wie am Wiedersehen untereinander; auch bei Hunden gibt es das ja. Freilich wird man leicht ein beliebter Mensch, wenn man die Tiere regelmäßig füttert; aber in Teneriffa wurde doch derjenige, welcher schließlich das Füttern fast ohne Ausnahme besorgte, niemals so ausgedehnten Begrüßungsherzlichkeiten unterworfen wie ein anderer, der die allgemeine Behandlung der Tiere im Spiel und im Ernst besser traf.

Ich führe noch ein auffallendes Beispiel an, um zu zeigen, wie der momentane praktische Vorteil an Bedeutung ganz zurücktreten kann, wenn sich

---
[1]) Vgl. die Beschreibung Intelligenzprüfungen usw. S. 102.

zunächst ein intensiver Gefühlszustand nach Kräften auswirken muß. Eines Nachts, als ein ungewöhnlich heftiger und anhaltender Regenguß eingetreten war, wurde ich auf klägliches Geschrei von zwei Tieren aufmerksam, welche damals auf einem besonderen Platz für sich gehalten wurden. Hinauseilend fand ich, daß der Wärter die beiden im Freien gelassen hatte, weil ihm der Schlüssel ihres Käfigtores abgebrochen war, und machte mich daran, das Schloß aufzustemmen. Als dieses nachgab, trat ich zur Seite, um die beiden Schimpansen möglichst schnell in ihren trockenen Schlafraum hinüberlaufen zu lassen. Aber obwohl das kalte Wasser auf allen Seiten an ihren zitternden Körpern herabrann, obwohl sie eben noch größten Jammer und äußerste Ungeduld verraten hatten, und obwohl ich selbst mitten in dem niederstürzenden Wasserstrom stand, wandten sie sich beim Herausschlüpfen aus der nachgebenden Tür sofort mir zu und umarmten mich, der eine oben, der andere an den Knien, in stürmischer Freude. Erst als sie sich hieran genug getan hatten, warfen sie sich ins warme Stroh des Schlafraumes.

Die eben beschriebenen Vorfälle kennzeichnen das Verhalten der Schimpansen gegen ihnen gut bekannte *erwachsene* Menschen. Es bedarf dagegen für viele von diesen Anthropoiden überhaupt keiner Bekanntschaft, um sie für kleine Kinder, insbesondere auch Säuglinge einzunehmen. Wenn so ein junges Wesen in die Nähe des Platzgitters gebracht wurde, rückte regelmäßig eins oder das andere von den Tieren interessiert heran, betrachtete die Erscheinung genau und mit einem gutmütig-wohlgefälligen Gesichtsausdruck lange Zeit, versuchte auch wohl einen Blick unter die umhüllende Wäsche zu tun und nickte zuweilen behaglich in Richtung nach dem Kinde vor sich hin. Bei dem ältesten Weibchen war dieses freundliche Interesse am stärksten ausgeprägt. Da sie in erwachsenem Zustand für die Station eingefangen war, so mag es sein, daß sie sich zuvor schon mit Schimpansensäuglingen abgegeben hatte. Der Art nach gleiches Verhalten zeigten aber weit jüngere Tiere jedenfalls auch, und ebenso fand ich es sehr deutlich an einem weiblichen Orang längst vor der Geschlechtsreife.

Erkrankt ein Tier, so erwächst mit der Apathie und Impulsschwäche, die schon leichtere Leiden herbeiführen, schnell eine ungewöhnliche Lenkbarkeit und ein Anlehnungsbedürfnis an den pflegenden Menschen. Kaum ist der Gesamttonus des Organismus wieder ungefähr normal und mit ihm die Eigenwilligkeit wiedergekehrt, so lockert sich auch das herzlicher gewordene Einvernehmen.

Von charakteristischem Gebaren gegen den Menschen sei noch einiges in aller Kürze angeführt: Gibt man sich mit einem der Tiere freundlich und spielend besonders ab, so kann man nicht selten andere dadurch in Eifersucht versetzen. Tercera z. B. begann, wenn sie so etwas sah, unruhig herumzugehen und vorwurfsvoll-traurige Blicke und Laute nach mir zu versenden; dann kam sie auch heran und stieß mich entweder wiederholt an, um mich von dem anderen Tiere auf sich abzulenken, oder sie suchte auch, immerfort schmollend, das andere Tier fort- und sich davorzudrängen. Eben von Tercera muß ich behaupten, daß ihre Bewegungen mitunter der Koketterie recht nahe kamen. — Wenn man einen Schimpansen zu einer Tätigkeit zu zwingen sucht, zu der er nicht recht aufgelegt ist, so bewirkt der Druck des Menschen fast mit Regelmäßigkeit, daß nun gerade gegen das Verlangte der entschiedenste Widerstand geleistet wird, ganz ähnlich wie ein Schimpansenarm, an dem man im Spiel ruhig ziehen kann, sofort aufs heftigste in der Gegenrichtung innerviert wird, sobald der Zug das mindeste einer

Freiheitsbeschränkung annimmt. Kein Tier war so trotzig wie Sultan, und sein Verhalten, wenn ich ihn zu Versuchen zwingen wollte, genau das eines widerspenstigen Kindes. Als er das Wählen zwischen zwei Objekten eines Tages träge vornahm, und ich Zwangsmittel anwendete, war er alsbald nicht mehr dazu zu bewegen, auch nur den zum Wählen verwendeten Stab in die Hand zu nehmen. Die anderen Tiere wurden gefüttert, Sultan nicht, aber er rührte den Stock nicht an, obwohl er sich sofort mit ihm hätte Futter verschaffen können; ich brachte die übrigen in ihre Schlafräume, doch Sultan blieb hartnäckig. Aus einem Versteck beobachtete ich weiter: Wie der Abend kam, und es immer kühler und ungemütlicher wurde, nahm er schließlich den Stock auf, scharrte damit in seinem Raum auf der Erde, aber gerade in der Richtung, die den Versuchsobjekten entgegengesetzt war; nach einer Weile führte er den Stab doch durchs Gitter hinaus und kratzte, als ob er spiele, ganz seitwärts im Sande; er ließ den Stock wieder fallen, nahm ihn nach einer Weile abermals auf, und so ging es weiter, bis er am Ende doch die einfache Wahl und zwar richtig vornahm, die ich von ihm verlangt hatte. Als ich ihn jetzt in sein Schlafzimmer brachte, gab es stürmische Versöhnung in der oben beschriebenen Art. — Dasselbe Tier gerät in ganz sonderbare Zustände, wenn man ihm etwas beizubringen sucht, woran es kein Interesse nimmt. Er sollte abends nach der Fütterung die herumliegenden Fruchtschalen in einen Korb sammeln, verstand auch schnell, um was es sich handelte, und tat, was man wünschte, — aber nur zwei Tage lang. Am dritten mußte man ihn alle Augenblicke zum Fortfahren ermahnen, am vierten schon von einer Bananenschale zur nächsten kommandieren und am fünften und den folgenden für jede einzelne Bewegung, Greifen, Aufheben, Gehen, Schalen-über-den-Korb-halten, Loslassen usw. seine Glieder führen, weil diese in jeder Stellung, die sie einmal angenommen hatten oder in die man sie brachte, regungslos verharrten. Das Tier benahm sich wie ein stockendes Uhrwerk oder wie gewisse Typen von Geisteskranken, bei denen ja ähnliches vorkommt. Es war unmöglich, die selbstverständliche Leichtigkeit, mit der der Vorgang zu Anfang verlaufen war, je wieder herzustellen. — Ich habe auch nicht erreicht, daß beliebig oft wiederholte und durch Strafen unterstützte *Verbote* eine bessernde Wirkung wesentlich über die Zeit meiner Anwesenheit hinaus gehabt hätten. Sind die Schimpansen eben energisch von einer beliebten, aber untersagten Tätigkeit abgebracht worden, und versteckt man sich nun, um ungesehen zu beobachten, was geschieht, so ist es sehr ergötzlich wahrzunehmen, wie die Tiere sich zunächst nach allen verdächtigen Richtungen sorgfältig umschauen und dann, wenn sie nichts von aktueller Gefahr bemerken, allmählich dem Orte des verbotenen Tuns wieder näher rücken, um nach kurzer Zeit, vom Eifer übermannt, so frisch drauflos zu sündigen, als gäbe es keine Menschen und keine Möglichkeit zukünftiger Vergeltung. Indessen ist es nicht erst die wirkliche Strafe selbst, die sie nachher in Angst versetzt: Für die Angewohnheit des Kotfressens waren sie häufig und schließlich sehr hart gestraft worden, ohne daß es etwas nützte; aber häufig vermißte ich beim Betreten des Platzes ein Tier und fand es dann nach einigem Suchen irgendwo in eine Kiste, hinter Kräuter auf den Boden gedrückt, das ganze Gesicht beschmiert mit den Spuren der häßlichen Mahlzeit. Meine Annäherung hatte genügt, um Angst wegen des eben begangenen Vergehens zu erzeugen. Bisweilen sind die Tiere auch naiv genug, sich erst durch Unruhe zu verraten, wenn man selbst ganz ahnungslos hinzukommt. So begann Chica, der ich im übrigen nichts ansehen konnte, als ich einmal unerwartet auf den Platz trat, in einer sonderbar aufgeregten Art von einem Bein aufs andere zu hüpfen. Wie ich mich nähere, wird ihr Springen immer unruhiger, und mit einem Male läßt sie eine Menge Kot aus dem Munde fallen. Schon auffallender war es, daß wieder Chica mich eines Tages mit demselben unruhigen Gebaren empfing und das rastlose Hüpfen auch nicht einstellte, obwohl ich sie als unschuldig erkennen mußte. Hierdurch aufmerksam gemacht, wurde ich gewahr, daß ihre Freundin Tercera fehlte oder vielmehr nur immer ein Stückchen schwarzes Fell von ihr gerade noch hinter einer Kiste verschwand, wenn ich auf der anderen Seite um diese herumkam. Nähere Prüfung ergab mit unschöner Deutlichkeit, daß diesmal sie die Sünderin war. Da ein Tier für das andere, das gestraft werden soll, oft dringend bittet, so ist das Verhalten von Chica auch in diesem Falle verständlich.

Der Gruppenzusammenhang ist in sich keineswegs homogen. In Teneriffa spielte jedes Tier, das sich irgendwie auszeichnete, für die übrigen dadurch eine besondere gesellschaftliche Rolle, so Tschego als ältestes und stärkstes Gruppenglied, das den meisten Respekt erheischte, auf das die übrigen bei Gefahr sich gern zurückzogen, dessen Unterstützung in Zwistigkeiten jede Partei zu gewinnen bemüht war, und das in Beschäftigungsart und Ortswechsel leicht die ganze Gruppe mit sich zog, — aber auch Rana, insofern sie ihrer Torheit und ihres unselbständigen, unlebendigen Verhaltens wegen meistens sozusagen überzählig war und daran auch durch fortwährende Annäherungsversuche gewiß nichts besserte, sondern sich eher zum Ziel von allerlei Schabernack machte[1]). Zweitens gibt es in dem Verhältnis je zweier Tiere allerhand Abstufungen der Freundschaft, ja auch qualitative Färbungen bis zu einer kleinen Abneigung hin, die sich anscheinend mit dem durchgehenden sozialen Verband im großen gut verträgt. Manche von diesen besonderen Beziehungen haben bestanden, solange ich die Gruppe beobachtete, oder solange die betreffenden Tiere lebten: Rana, von den Größeren immer wieder abgewiesen, hatte sich des kleinen Konsul bemächtigt und wurde seiner bis zu seinem Tode nicht müde; Tschego und Grande waren eigentlich dauernd eine kleine Gruppe für sich in der großen; die Freundschaft von Chica und Tercera hielt sich durch allen sonstigen Wandel der Zeiten und zwar so, daß immer die zweite den starken, hilfsbereiten, gebenden Teil bildete. Im Lauf des alltäglichen Lebens konnten diese alten Neigungen bisweilen der Beobachtung fast entschwinden; aber sobald es einen Schreck, eine Gefahr gab, kamen sie sofort darin zum Ausdruck, wer wen ängstlich umarmte und mit ihm in einen Winkel abzog. Auch in der Verteilung beim Schlafen pflegten solche bewährte Freundschaften lange festgehalten zu werden; denn jüngere Schimpansen legen sich gern zu zweien in ein Nest und schlafen dann die Nacht durch einander umschlungen haltend. — Man kann in weniger wichtigen Situationen diese festen Beziehungen leicht übersehen, weil sich über sie vielfach wechselnde Freundschaftbildungen von schwächerem Bestand lagern. Rana mußte ihren Konsul der Reihe nach an alle anderen Tiere abtreten, weil jedes einmal eine besondere Vorliebe für ihn faßte. Die große Tschego begünstigte ganz zu Anfang das ältere Männchen Sultan sehr, und dieser hielt mißgünstig darauf, daß diese Auszeichnung von seiten des Gruppenmittelpunktes ihm allein zuteil ward, indem er auf andere

---

[1]) Eine entschiedene Führerschaft des Männchens Sultan, die *Rothmann* und *Teuber* (Abhandl. d. Kgl. preuß. Akad. d. Wissensch. 1915, Phys.-Math. Kl. Nr. 2) schon früh glaubten erkennen zu können, erwies sich als ein Kunstprodukt. Das Tier erfuhr seines besseren Verständnisses wegen eine sehr natürliche Bevorzugung, die es aus der Gruppe heraushob. Als ich bemerkte, daß ihm diese Auszeichnung schlecht bekam, und entsprechend verfuhr, war bald von einer leitenden Stellung in der Gruppe nichts mehr zu sehen. Erst im erwachsenen Alter wurde Sultan wirklich Herrscher.

Tiere losfuhr, sobald sie sich zu nähern suchten. Nachdem ihm aber sein Charakter ein paar Mal kräftige Züchtigungen von Tschegos Hand eingebracht hatte, ging er schließlich seiner Vertrautenrolle ganz verlustig, und es sah überaus komisch aus, wie er doch noch, mit vermehrter Ehrfurcht und ein wenig zurückgezogen, in ihrer Nähe hockte, aber nunmehr völlig unbeachtet blieb, wie er sich mit immer verdrossenerem Gesicht den Kopf kratzte und dazwischen noch wie vorher die anderen aus Tschegos Nähe zu vertreiben suchte, bis am Ende sie selbst ihn dafür ärgerlich davonjagte.

Der jeweilige Zuneigungsgrad wird von besonderer Bedeutung, wenn es sich darum handelt, ob ein Schimpanse, der darum bettelt, vom andern Nahrung erhält oder nicht. Auch dieses Verhalten soll nach geläufiger Meinung niemals vorkommen, da ja umgekehrt schlechterdings Futterneid zwischen einem Tier und seinen Artgenossen bestehe. In der Tat wird man vergeblich auf einen solchen Vorgang warten, wenn zwischen dem Bittenden und dem andern sonst etwas Kühle besteht, überdies immer, wenn der Angebettelte gerade schlechter Laune ist. Man kann nicht unbekümmerter, gleichgültiger, unbeteiligter aussehen als im allgemeinen ein fressender Schimpanse, den ein anderer mit ausgestreckter Hand, bittenden Tönen und dgl. um einen Teil seines Futterüberflusses angeht. Selbst wenn das zweite Tier vor Jammer mit den Armen in der Luft herumfuchtelt oder sich gar zeternd auf den Rücken wirft, scheint der Angeflehte das überhaupt nicht zu bemerken; er kaut und schaut mit betontem Gleichmut an dem andern vorbei in die Welt; daß er diesen sieht, gibt er am Ende nur zu erkennen, indem er ab und zu das Futter zwischen seinen Füßen zusammenkramt oder indem er seinen Arm darüberdeckt, wenn das bittende Tier zu dringlich die Hand nähert. — Die Szene kann aber auch ein ganz anderes Ende nehmen, wenn der Bettelnde zu den guten Freunden des gerade gut gestimmten Besitzers gehört. Dann läßt dieser es schließlich ruhig zu, daß der andere ihm vorsichtig ein paar Früchte vom Boden oder aus den Händen fortgreift. Ist das noch ein mehrdeutiger Vorgang, weil so passives Gewährenlassen ein wenig den Eindruck machen kann, als handle es sich darum, nur den aufdringlichen Bettler loszuwerden, so gibt es doch genug Fälle, wo das ganze Benehmen des Abgebenden ein Bild gemütlichen Freundlichseins ist. Dann rafft dieser, wie ich das zu Dutzenden von Malen beobachtete, plötzlich ein paar Früchte aus seinem Besitz zusammen und reicht sie dem andern mit eigener Hand zu, oder er bricht auch eine Banane, die er eben zum Munde führen wollte, mitten durch und gibt die eine Hälfte mit ausgestrecktem Arm dem Bittenden hinüber, während er den Rest selbst verzehrt. Als Sultan einmal zu Versuchszwecken in besonderem Raum und bei herabgesetzter Kost gehalten wurde, spielte sich bei der Fütterung der übrigen folgender Vorgang ab: Tschego hockte, sobald sie ihre große Bananenmenge erhalten hatte, mit ihr auf ihrem gewohnten Eßplatz, etwa 3 m von dem Gitter des Eingesperrten nieder und machte sich daran, diesem den Rücken kehrend, gewaltig zu kauen und vor Behagen zu schmatzen. Sultan, der leer ausgegangen war, begann erst leise und dann immer lauter zu klagen, er kratzte sich erregt Kopf und Rumpf, streckte die Arme auf das große Tier zu, nahm

Steinchen und Halme und warf sie, wie der Schimpanse zu tun pflegt, in Richtung seiner Wünsche[1]; am Ende hopste er schreiend wie ein Gemarterter in höchster Ungeduld hinter dem Gitter auf und nieder. Mit einem Male erhob sich die Schimpansin, raffte eine Handvoll Bananen zusammen, ging mit ein paar Schritten auf den andern zu, reichte ihm, was sie ergriffen hatte, durchs Gitter hinein und nahm dann wieder eifrig die unterbrochene Mahlzeit auf. Es versteht sich, daß daraufhin der Eingesperrte am folgenden Tage seine wilden Klagen nachdrücklich wiederholte, sobald Tschego zu fressen begann, und wirklich gelang es ihm, fünf Tage nacheinander auf die gleiche Weise und vom gleichen Tier gefüttert zu werden. Aber beim sechsten Mal blieb das große Weibchen ganz unbekümmert auch bei tollstem Toben des Männchens sitzen, und es fehlte wohl das Interesse an diesem, denn mit eben dem sechsten Tage begann (auch objektiv erkennbar) die kalte Phase von Tschegos Sexualperiode, und erst nach deren Beendigung sah ich den Vorgang abermals.

Vom sexuellen Verhalten des Schimpansen habe ich kein vollkommen zureichendes Bild gewinnen können. Wie in mancher Hinsicht die Gruppe überhaupt, so würde insbesondere auch ihr Sexualleben etwas anders ausgefallen sein, hätte von vornherein mindestens ein erwachsener Mann zu ihr gehört. — Von der zügellosen, alles andere beherrschenden Sexualität, die man manchen Affenarten zuspricht, scheint beim Schimpansen keine Rede zu sein. Allerdings gerieten beim Zusammentreffen mit der erwachsenen Tschego oder von ihr aufgefordert die jungen Männchen schon 6 bis 8 Jahre vor der Reife, also als kleine Kerle, in Erregung und vollzogen auch der Form nach den Koitus, aber daß sie dabei von einem unbändigen Trieb erfüllt gewesen wären, kann man wirklich nicht behaupten. Vor allem scheint es mir, als ob geschlechtliche Erregung bei diesen Wesen von Erregungen irgendwelcher Art weniger scharf zu unterscheiden ist als beim Menschen; man kann sagen, daß fast jeder stärkere Affekt und deshalb auch fast jeder stärkere Anlaß von außen eine gewisse Tendenz hat, wie auf den Verdauungstraktus so auf die Geschlechtsorgane unmittelbar einzuwirken, aber eben nicht so, als sei der Schimpanse von übermäßiger Sexualität, sondern wegen einer erstaunlichen Durchschlagskraft aller lebhaften inneren Vorgänge. Ja schließlich hat man sogar den Eindruck, daß dieses häufige Ansprechen des geschlechtlichen Bereiches anstatt eine Betonung eine Art Trivialisierung dieser Lebensseite bedeutet. Wenn man freilich (aus hygienischen Gründen) den Koitus der Tiere verhindert, die Geschlechter auseinandersperrt, sieht man schnell Erscheinungen aufwachsen, die es sonst unter Schimpansen wohl kaum gäbe, z. B. bei bedürftigen Weibchen. So war es auch allein Produkt von Verboten, wenn Sultan in unserer Gegenwart nicht zum Koitus überging, sondern, auf gewisse Blicke von Tschego und fortwährend mit ihr durch Blicke im Einverständnis, ihr voraus oder nach ihr davonzog in ein Versteck.

Die Sexualität des Schimpansen ist auch insofern recht diffus, als eine wirklich *scharfe* Orientierung nach dem Geschlecht weder ursprünglich besteht noch etwa nach der Pubertät vollkommen ausgebildet wird. Man sieht

---
[1] Intelligenzprüfungen usw. S. 64.

nicht selten, daß ein weibliches Tier einige Zeit vor der Reife an einem andern Koitusbewegungen in Art und Stellung der Männchen vollzieht; später drängen sie häufig zu zweit unter dem Reiz einer enormen Schwellung die Genitalsphären zusammen und reiben sie aneinander. Zu dergleichen wird wohl das Fehlen einer entsprechenden Zahl ausgewachsener Männchen beitragen, aber jedenfalls muß ich betonen, daß auch noch die kräftigsten Äußerungen des Sexuallebens bei diesen Tieren auf mich stets als extrem naiv gewirkt haben, und diesen glücklichen Charakter kann ihre Geschlechtserregbarkeit um so leichter behalten, als sie sich unter natürlichen Bedingungen kaum scharf als ganz Besonderes von den übrigen Gesellschaftsbeziehungen in der Gruppe abhebt. Die Sexualität des Schimpansen ist gleichsam nicht so spezifisch sexuell wie die des zivilisierten Menschen. Man sieht oft Bewegungen von Koituscharakter beim Zusammentreffen zweier Tiere angedeutet, von denen schwer zu sagen ist, ob sie noch sehr erfreute Begrüßung oder schon einen wesentlich sexuellen Vorgang bedeuten.

Der weibliche Schimpanse menstruiert in einer Periode von etwa 30 bis 31 Tagen, jedesmal 3—6 Tage hindurch. Während der Regel ist der Geschlechtstrieb so gut wie verschwunden, die Stimmung des Weibchens dagegen oft besonders gut. Nach der Regel, wenn die ganze Gegend um Scheide und Anus unförmlich anschwillt, steigert sich das Sexualbedürfnis stark; in dieser Zeit findet man die Tiere übellaunisch und unzuverlässig, auch werden sie von der sehr empfindlichen Schwellung selbst fortwährend sichtlich gestört.

Ich erwähne noch, daß Grande, ja auch sonst ein seltsames Wesen, sich von jeher recht gleichgültig gegen die Geschlechtsfunktion des Männchens verhalten hat, und daß sie ebenso von ihm in dieser Hinsicht wenig gewürdigt wird, obwohl beide sonst gute Kameraden sind.

Vorgänge von sexueller Färbung treten wirklich geradezu als lebhafte Begrüßungsform auf. Solcher Formen gibt es aber eine größere Anzahl. *Umarmung* in allen Graden der Dynamik sieht zumeist wie eine echte Begrüßung aus, obwohl auch dieses Geschehen bei allerhand Erregungen die soziale Zusammengehörigkeit überhaupt bekräftigt, also im Schreck, zum Trost häufig vorkommt, aber auch einfach, weil es gerade so schön ist. Bei großer Herzlichkeit fallen leicht beide Teile in der Umarmung übereinander zu Boden. — Einen sehr freundschaftlichen Gruß habe ich schon früher beschrieben: ein Tier legt dem anderen, das am Boden hockt, eine Hand in die Leistengegend, oder auch das andere ergreift die Hand, zieht sie sich in den Raum zwischen Oberschenkel und Bauchdecke und klopft behaglich mit seiner Hand darauf. Einem Tier, das steht, wird oft zum Gruße die Hand zwischen die Ansatzstellen der Oberschenkel gelegt; einen weiblichen Schimpansen, der gerade stark geschwollen ist, begrüßt ein zweiter bisweilen von rückwärts durch leises Umfassen der aufgetriebenen Region; jenes Tier drängt wohl auch zuerst die Hinterpartie dem andern zu; wiederum ist das Grenzgebiet von sozialer Behaglichkeit und gewissermaßen alltäglicher Geschlechtlichkeit erreicht. Händedruck sieht man kaum einmal als eigentlichen Gruß, dagegen mitunter als Ausdruck der sozialen Zusammengehörigkeit in erfreulichen Lebenslagen. So kommt es vor, daß zwei Tiere mächtig kauend, jedes vor seinem Futterhaufen, einander gegenübersitzen, und wenn es so prächtig schmeckt, einander begeistert die Hände reichen. —

Es bleibt noch eine Grußform zu erwähnen, welche vielleicht von besonderem Gefühlscharakter ist: das Zustrecken eines Armes mit eingebogener Hand, so daß sich der Handrücken dem zu Begrüßenden nähert. Daß in solcher Weise vorzüglich der befreundete *Mensch* empfangen wird, macht diese Grußform zu einer ausgezeichneten. Beobachtet man nun, daß sich so ein Schimpanse einem Artgenossen besonders dann nähert, wenn ihr augenblickliches Verhältnis nicht ganz sicher ist, wenn es z. B. kurz zuvor eine Schlägerei zwischen ihnen gab und statt freundlicher Aufnahme auch wohl ein Biß die Antwort sein könnte, dann liegt die Vermutung nahe, daß die Finger aus Vorsicht eingebogen werden. Ich bin dieser Annahme nicht sicher, da es immerhin vorkommt, daß die merkwürdige Bewegung auch in ruhigsten Lagen ausgeführt wird. Man könnte ja meinen, daß das Einbiegen der Finger nach innen und die Annäherung des Hand*rückens* die Harmlosigkeit der Geste betont, im Gegensatz zu der hackenden Angriffsbewegung; denn der Schimpanse sorgt auch sonst unwillkürlich dafür, daß beabsichtigte Freundlichkeiten wirklich solche *werden*, zieht z. B., wenn er in guter Laune und beim Spielen die Finger des Menschen in seinen Mund preßt, oft die Haut von Ober- und Unterkiefer über die Zähne.

Auf welche Art sich die Tiere, abgesehen von Begrüßungsvorgängen, verständigen, ist im einzelnen nicht leicht zu beschreiben. Daß ihre *phonetischen* Äußerungen ohne jede Ausnahme „subjektive" Zustände und Strebungen ausdrücken, also sogenannte Affektlaute sind und niemals Zeichnung oder Bezeichnung von Gegenständlichem anstreben, ist schlechthin gesichert. Dabei kommen in der Schimpansenphonetik so viel „phonetische Elemente" der Menschensprachen vor, daß sie gewiß nicht aus peripheren Gründen ohne Sprache in unserem Sinn geblieben sind. Mit Mienenspiel und Gesten der Tiere steht es ähnlich: nichts davon bezeichnet Objektives oder hat „Darstellungsfunktion" (*Bühler*). Was aber an Ausdrucksbewegungen vorhanden ist, stellt eine überaus große Mannigfaltigkeit dar, der gegenüber nicht allein die Ausdrucksmöglichkeiten niederer Affen, sondern sogar auch die des Orang als recht beschränkt wirken. Manches davon versteht der Mensch leicht, z. B. Wut, Schreck, verzweifelten Jammer, Trauer, bittendes Verlangen, wohl auch noch spielerische Stimmung, Sichfreuen. Dagegen wird Angst schwachen Grades (z. B. auf Photographien) leicht für Ausdruck der Heiterkeit gehalten, *große* Angst dagegen für Wut [während man wirkliche Wut, wie gesagt, richtig auffaßt[1])]. Der Ausdruck der übrigen Affekte und Stimmungen klärt sich für den fortgesetzt Beobachtenden schon innerhalb weniger Wochen auf nicht leicht zu deutende Weise, bis auf gewisse Zustände recht beträchtlicher „reiner Erregung" sozusagen, die ich selbst in über sechs Jahren nie vollständig verstehen gelernt habe[2]). Die Tiere unter sich aber

---
[1]) Menschen in extremstem Körperschmerz zerren den Mund ungefähr ebenso seitwärts auseinander, daß die Zähne vortreten, wie ein Schimpanse im Zustand größter Furcht.
[2]) Mein Vorgänger in Teneriffa, Herr E. *Teuber*, machte mich bereits darauf aufmerksam, daß solche Erregungszustände vorkämen, die wenigstens der Mensch ihrer qualitativen Färbung oder Richtung nach nicht näher klären könne. Sie sind sogar recht häufig.

verstehen offenbar fast jedesmal und augenblicklich, um was es sich handelt, das geht aus ihrem sozialen Verhalten klar hervor; und nur wir Psychologen, da wir doch derartiges Verstehen beim Menschen auf Analogieschlüsse oder reproduktive Ergänzung aus eigener Bewußtseinserfahrung zurückzuführen pflegen, kommen hier in eine theoretische Verlegenheit, die in sonderbarem Kontrast zu der Selbstverständlichkeit und Sicherheit des wirklichen Verstehens-*Vorganges* bei den Tieren steht. Auch wenn nicht gerade dieses merkwürdige theoretische Problem wäre, müßten wir eine genaue Phänomenologie des Schimpansenausdrucks für eine wesentliche Aufgabe der Zukunft halten, weil ja die noch näher liegende Frage nach dem sachlichen Zusammenhang zwischen dem Stimmungs- oder Affektzustand und seinem Ausdruck bei dieser extrem erregbaren Tierart besonders gut untersucht werden könnte. Der Orang z. B. ist entweder viel ärmer an Emotionen, oder aber es liegt nicht in seiner Natur, daß sein Körper die innere Erregung so kräftig äußert.

Der Reichtum vorhandener Ausdrucksformen ist insofern noch über gewöhnlich vorkommende emotionale Menschenäußerungen hinaus gesteigert, als beim erregten Schimpansen so häufig der ganze Körper in Bewegung gerät. Er hopst und springt und auf nieder in freudiger und in ungeduldiger Erwartung, aber auch im Zorn; und in größter Verzweiflung, zu der bei ihm ein kleiner Anlaß genügt, wirft er sich auf den Rücken, wälzt sich auch wohl stürmisch auf dem Boden. Ein ganz phantastisches Herumschlenkern der erhobenen Arme in der Luft, ebenfalls in Verzweiflung oder Enttäuschung dürfte bei nichteuropäischen Völkern ähnlich vorkommen. — Niemals habe ich einen Menschenaffen weinen sehen und ebensowenig ganz in menschlicher Weise lachen; unserm Lachen *nahe* kommt das rhythmische Keuchen gekitzelter Tiere, das jenem wohl auch physiologisch eng verwandt sein muß; beim behäbigen Betrachten erfreulicher Dinge (etwa kleiner Kinder) verzieht sich das Gesicht, besonders die Mundwinkel in einer Art, die an unser „Lächeln" erinnert[1]). — Kratzen des Kopfes als Anzeichen von Ratlosigkeit, Unsicherheit habe ich früher erwähnt[2]); das Kratzen der Körperoberfläche überhaupt, zumal der Arme, der Oberschenkel, der Brust und des Unterleibes, und˙zwar,, gegen den Strich" ist dagegen Ausdruck einer größeren Mannigfaltigkeit von Erregungen, und uns so, wenigstens beim Europäer, nicht bekannt. Wir haben ja auch kein Fell mehr, das wir bei allerhand Anlässen so wirkungsvoll sträuben könnten wie ein Schimpanse.

Wie die sinnfällige Erscheinungsweise von subjektiven *Zuständen* verstehen die Schimpansen untereinander im allgemeinen auch den Ausdruck der Wünsche und Triebe ohne weiteres, sowohl wenn diese dynamischen Ansätze oder Vorgänge sich vom Schimpansen auf seinesgleichen, wie wenn sie sich auf andere Wesen oder Dinge richten. Ich habe erwähnt, wie Tiere in geschlechtlicher Erregung sich schon durch Blicke ins Einvernehmen setzen.

---

[1]) Der Schimpanse, welcher schon die leichteste Änderung der Menschenmiene aufs Drohende oder Freundliche hin richtig auffaßt, scheint dem lustigen menschlichen Lachen gegenüber dauernd ohne Verständnis zu bleiben.

[2]) Optische Untersuchungen usw. S. 16.

— Ein großer Teil alles Verlangens drückt sich sehr natürlich durch Andeutung der Handlungen aus, die gewünscht werden: ein Schimpanse, der von einem anderen begleitet sein will, stößt diesen leicht an oder zieht ihn bei der Hand, indem er dabei, auf ihn hinsehend, in Richtung des geplanten Weges Schrittbewegungen macht; wer Bananen von einem andern zu erhalten wünscht, deutet die Greifbewegung an, geht freilich dabei auch zu dem überaus sprechenden Bittausdruck von Auge und Mund über. Das Herbeirufen eines anderen Tieres aus größerem Abstand wird oft durch ein Winken unterstützt, welches dem unsern sehr ähnlich ist[1]). — Auch den Menschen fordert der Schimpanse zuweilen dadurch auf, daß er das Gewünschte „vormacht"; so streckte Rana, wenn sie zärtlich behandelt sein wollte, die Hand nach uns aus, nahm aber täppisch genug, mit eifrigem Blick auf uns zu, zugleich oder unterbrechend dazwischen an sich selber die Freundschaftsbezeugungen vor (Umarmung, Tätscheln usw.), welche wir ausüben sollten. Wieder eine naheliegende Aufforderungsart ist es, wenn ein Tier die Haltung oder Bewegungsart annimmt oder andeutet, die ihm bei dem gewünschten Vorgang zukommen würde; auch der Hund ladet ja zum Spiel ein, indem er, sich umblickend nach dem andern, in munterer Form die Bewegungen etwa des Gejagten skizziert, und ganz ähnlich macht es der Anthropoide, außer bei der Aufforderung zum Spiel auch bei der zum Geschlechtsverkehr, und wenn es ihm um die soziale Hautpflege zu tun ist: die Haltungen sind jedesmal charakteristisch genug, um verstanden zu werden. War ich es müde geworden, Tschego auf dem Rücken oder an den Rippen zu kitzeln, was sie sehr liebte, so stellte sie sich in der zusammengekrümmten Haltung vor mich hin, in die sie (wie ein Mensch) während des Kitzelns geriet, und machte dazu die halb abwehrenden Bewegungen mit der Hand, die ebenfalls zu dem schönen Vorgang gehören. — Eine ganz überraschend enge Grenze ist dem gegenseitigen Verstehen erst gesetzt, wo ein Tier das andere sinnvolle, aber für die Rasse ganz ungewöhnliche Neuleistungen vollziehen sieht.

Daß zu den sozialen Gepflogenheiten von allerhand Affen eine eifrige gegenseitige Hautpflege gehört, weiß jeder Besucher zoologischer Gärten. Wir erkennen jedoch nicht, was das Herumsuchen, unter dem Fell, auf der Haut, am Anus usw. so ungemein wichtig und zu einer so beliebten Beschäftigung macht[2]); denn wirklich sieht man Schimpansen gar nicht sehr oft *derartig* gespannte, aufs höchste interessierte Bewegungen machen und Mienen annehmen, wie bei diesem Anlaß; auch scheinen der Gepflegte und der Kosmetiker in gleicher Weise davon erbaut zu sein. Ich bin geneigt, diese Erscheinung (wie den fortwährenden Trieb zum Nestbauen) zu jenen festen Rasseneigentümlichkeiten zu rechnen, welche man mit der Bezeichnung als „Instinkte" nicht in theoretischen Zusammenhang, sondern unter einen Komplex gleich merkwürdiger biologischer Rätsel einreiht. Die Hautpflege aber ist ein ausgesprochen *sozialer* Instinkt, da es kaum einmal vorkommt, daß ein Schimpanse am eigenen Leibe so interessierte Musterung hält. Daß ein ganz fest spezialisiertes Verhalten vorliegt, zeigt sich auch an dem wunderlichen Klappen des Mundes, das unter Schimpansen der eifrig aktive Teil bei diesem Geschehen, aber auch n u r bei diesem Anlaß betreibt, und welches für den menschlichen Beobachter keinerlei sinnvollen Zusammenhang mit der

---

[1]) Es gibt beim Schimpansen auch ein „Winken mit dem Fuß", bei welchem dieser etwas seitlich vorwärts mehrmals auf den Boden klopft.

[2]) Es handelt sich bekanntlich nicht um ein „Lausen".

Hautpflege verrät; denn es kommt nur gelegentlich einmal vor, daß ein gefundenes Hautstückchen zum Munde geführt wird. Das Mundklappen hat von einem solchen Sonderfall unabhängig begonnen, und überdies wird sonst ein winziger Gegenstand durchaus nicht mit dieser besonderen Bewegung verzerrt. Ob bei primitiven Völkern ein Analogon zu dem übrigen Hergang, also großes Behagen bei gegenseitigem Herummachen am Körper und Trieb dazu beobachtet wird, kann ich nicht sagen; sicher ist ja, daß sehr viele Primitive die Körperoberfläche, ganz einfach etwa durch Ausreißen der Behaarung, zu verändern lieben, aber ob dabei schon der Vorgang als solcher ursprünglich soziale Befriedigung schafft, oder ob es *von vornherein* nur auf die entstehende Wirkung abgesehen ist (wie jetzt unzweifelhaft bei den höheren Formen gegenseitiger Bearbeitung), dürfte noch unbekannt sein. Wunderlicherweise entstand einmal unter den Schimpansen auf Teneriffa die Mode, sich gegenseitig über ganze Felder auf Kopf, Schultern und Rücken die Haare auszureißen, nicht etwa im Kampf oder aus Bosheit, sondern im Zusammenhang jener allgemeinen Hautpflege; der jeweils Gerupfte hielt ganz still dabei.

In eben diesem Zusammenhang und kaum von einer besonderen Hilfsbereitschaft getrieben, beschäftigt sich der Schimpanse gern mit kleinen Wunden oder Schäden, die ein Gruppengenosse an seiner Körperoberfläche aufweist. Es macht ihm irgendwie Vergnügen, an solchen Stellen herumzuarbeiten, aber freilich kommt dabei mitunter etwas Nützliches heraus. Einem Tier hatte sich gelegentlich am Unterkiefer ein gewaltiger Furunkel gebildet. Um die Zeit, da er reif war und vielleicht durch Anfänge von Absonderung auffällig wurde, wich ein anderes Tier dem Betroffenen nicht von der Seite, und dieses ließ sich auch ruhig mit Drücken und Kneten an der schlechten Stelle solange behandeln, bis die gewaltigen Eitermassen entfernt waren und eine klaffende Wunde zurückblieb. Da ein Schimpanse in so eifriges Tun gern allerlei Dinge einbezieht, so operierte die eine Hand des Arztes auch in diesem Falle mit einem großen alten Lappen ausgerüstet. Ein Wunder, daß unter solchen Umständen die Wunde schnell und vorzüglich heilte! Der Furunkel war womöglich selbst ein Produkt früherer sozialer Hautpflege mit schmutzigen Fingern gewesen. — Mit besonderem Eifer entfernt ein Tier dem anderen Splitter, die dieses sich in Hand oder Fuß gestochen hat; das Verfahren dabei ist mit dem eines medizinisch ungeschulten Menschen im gleichen Falle identisch: zwei Fingernägel werden beiderseits des Splitterortes fest aufgesetzt und etwas abwärts zusammengepreßt, so daß der Fremdkörper sich heraushebt und etwa mit den Zähnen entfernt werden kann. Auf die Gefahr einer Infektion hin bin ich selbst, als mir ein Splitter in die Fingerhaut geraten war, zu einem der Schimpansen herangetreten und habe ihm den Schaden vorgewiesen. Sofort nahm seine Miene die gespannte Art der Hautpflege-Situation an, er sah scharf auf die Stelle, ergriff meine Hand und zwängte mit ein paar sehr geschickten, für Menschenbegriffe freilich etwas rücksichtslosen Nageldrucken den Splitter heraus; hinterdrein zog er die Hand noch einmal ganz nahe heran, sah scharf prüfend auf die Operationsstelle und ließ dann erst befriedigt los. Das Beispiel zeigt wieder, daß ein befreundeter Mensch in hohem Grade ähnlich wie ein Artgenosse behandelt werden kann; in der Tat geht auch ein Schimpanse, an dem man nach bestem Können und Mögen die Hautpflege nachgeahmt hat, gern zu der entsprechenden Gegenleistung über und behandelt menschliches Kopfhaar und Haut darunter, wie das Fell eines zweiten Schimpansen. Wieder andrerseits kann man ein verletztes, gebissenes Tier bei guter Bekanntschaft leicht dazu bringen, daß es einem auf bedauernde Laute (die ja im allgemeinsten Charakter bei Schimpanse und Mensch übereinstimmen) die beschädigte Körperstelle zur Musterung hinhält wie einem Gruppengenossen.

III.

Nach der Geschlechtsreife — es mochten auch die Bedingungen langer Gefangenschaft mitwirken — wurden die Schimpansen allmählich träger und träger; oft lagen sie fast den ganzen Tag in einer Art Halbschlaf umher, den nur ein besonderer Einfluß von außen, etwa die Fütterung, unterbrechen konnte. Anfangs dagegen, als sie jung und noch nicht so lange in der bequemen Haft waren, wurde ihr Leben allein schon durch fortwährendes *Spielen* reichlich ausgefüllt. Früher wurden mancherlei Betätigungen beschrieben, die diesen Namen verdienen[1]). Ich brauche das Bild nur noch zu ergänzen. Besonders gut wußte sich Nueva die Zeit zu vertreiben: Nachdem sie festgestellt hatte, daß sie mit einem kleinen Becher Wasser aus einem größeren Gefäß zu schöpfen vermochte, war sie unermüdlich darin, den Becher zu füllen und das Wasser sogleich zurückzugießen. Sie trank fast gar nicht, aber schon die Tropfen, die am Glase herunterliefen, waren ihr wichtig, und es machte ihr Freude, von der eingetauchten Hand eine Tropfenreihe wieder ins Wasser fallen zu lassen. Auch ihr Brot, das sie nicht sonderlich mochte, wurde alsbald zu einer Wasserspielerei verwendet: sie tauchte es ein, sog die Flüssigkeit heraus, tauchte wieder und so fort. Ebenso eifrig betrieb sie als Spiel das Sammeln: Steine, Drahtstückchen, Hölzer, Lappen, Bananenschalen kramte sie auf dem Boden, in ihrem Nest, auch in einer Blechschale zusammen und schien davon so befriedigt wie möglich. — Zusammenfügen von Dingen fand ich bei keinem anderen Tier so beliebt: Drei Tage nach der Ankunft in Teneriffa spaltete sie ein Holzbrett mit den Zähnen halb auseinander und trieb dann vorsichtig ein Stück Draht in den Riß, am folgenden Morgen war sie emsig bemüht, einen Tuchlappen an einem Stock zu befestigen, ließ es bei einfachem Umwickeln nicht bewenden, sondern brachte schließlich eine Art Knoten zustande, indem sie richtig ein freies Ende durch die Wicklungen durchschob und festzog. So bescheiden diese Tätigkeit dem Unkundigen vorkommen mag, so auffällig ist das Konstruktive der Spielerei für den, welcher die ewig zerreißenden, zertrümmernden, zersplitternden Artgenossen dieses Tieres kennt. Auch diese lieben es, mit Halmen in Fugen und Löchern herumzustochern wie Nueva, aber nie habe ich gesehen, daß sie, wie diese häufig, Strohhalme sorgfältig durch die Maschen des Drahtgitters geflochten hätten. Besonderen Wert legte sie dauernd auf Knotenbildung, steckte also z. B. einen Streifen Bananenblatt zu einer Drahtmasche hinaus, brachte mit Anstrengung das Ende zur Nachbarmasche wieder herein, zog jetzt beide Enden in einer Schleife zusammen und fuhr so fort, entweder indem sie ein Ende nochmals durch die gleiche Schleife führte, oder indem sie beide Zipfel zu einer weiteren Schleife vereinigte. Ich habe oft geglaubt, das Tier unmittelbar vor dem Anfang einer einfachen konstruktiven Technik (Handarbeit) zu sehen, da ja anscheinend kaum etwas zu einer Art von schlichtem Schnüreflechten fehlte, konnte Nueva aber doch nicht dazu bringen, in einheitlichem Plan fortzufahren; als ich ihr einen Flechtrahmen mit einseitig befestigten Blattstreifen daran zurechtmachte, war sie durchaus auf ihr Knoten versessen, beim mindesten Drängen in einer festen „produktiven" Richtung verlor sie jede Freude an der Tätigkeit überhaupt und ließ die Vorrichtung mißmutig fallen.

---

[1]) Intelligenzprüfungen usw. 3. Kap.

Nueva bildete solche kleinen Spiele während lange dauernden Alleinseins aus. Den ebenfalls begabten Sultan brachte die gleiche Lage zu seltsam anmutenden Spielen mit dem eigenen Körper. Oft nahm er, am Boden hockend, eines seiner Beine in die Arme und behandelte es wie einen nicht zu ihm gehörigen, aber netten Gegenstand, wie eine Puppe etwa, indem er es mit den Händen hin und her wiegte, streichelte und dgl. m. Oder er streckte eines, gelegentlich auch beide Beine der Länge nach auf den Boden und schob sich, während jene unbeweglich blieben, nur mit aufgestemmten Armen umher[1]).— Dies ist nur eine der vielen Formen von spielerischer Umbildung der Fortbewegung, die man am Schimpansen sieht. Bei der gewöhnlichen Gangart dieser Tiere wird bekanntlich die Hand nur mit den nach innen umgebogenen *Fingern* auf die Erde gesetzt. Zum Spaß beginnt eines aber plötzlich, stark gebückt, die ganze Handfläche im Gehen aufzusetzen und verharrt dabei eine Weile. Aufrechtgehen kommt vor, wenn die Hände zu tragen haben, wenn der Boden naß und kalt ist, oder in allerhand Erregungszuständen; bei denjenigen Tieren aber, die durch ihren individuellen Körperbau dazu gut befähigt sind, tritt der aufrechte Gang bisweilen als lustige Spielmode auf, so daß sie dann durch Tage fast nur aufrecht herumlaufen. Purzelbaumschlagen erinnere ich mich beim Schimpansen wie beim Orang gesehen zu haben; Schimpansen legen sich auch bisweilen der Länge nach auf die Erde und drehen sich nun mit erstaunlicher Geschwindigkeit seitwärts um ihre Längsachse viele Meter weit dahin. Wenn sie sich dabei noch in ein Tuch einwickeln oder in einen Sack hineinkriechen, so sieht der Vorgang sehr sonderbar aus, reizt auch die anderen Tiere zu besonderen Späßen an dem rollenden Bündel. Und zu mehreren werden auch diese Bewegungsspiele selbst noch mannigfaltig ausgestaltet: Der eine legt sich hin und verharrt unbewegt, ein andrer ergreift einen Fuß oder eine Hand von jenem und schleift ihn wie eine Leiche davon. Oder ein kleiner Affe springt einem größeren auf den Rücken, so daß ihn dieser wie ein Reitpferd trägt; schließlich rutscht der Reiter dem andern nach vorn bis an den Hals, läßt sich vornüber mit den Händen bis auf die Erde gleiten, und nun schreiten sie langsam voran wie ein seltsames Wesen mit sechs Beinen.

Als sexueller Tanz ist von *Rothmann* und *Teuber*[2]) ein gewisses Herumtoben, besonders im Schlafraum, bezeichnet worden, bei welchem das betreffende Tier wie toll an den Wänden entlangfährt und bisweilen gegen diese trampelt, bis es sich am Ende wieder beruhigt. Dieser häufige Vorgang ist mir nie als Tanz erschienen, sondern stets nur als Entladung einer jener seltsamen Erregungen, über deren Gefühlscharakter der Mensch schwer Bestimmtes vermuten kann. Und ich bin um so weniger geneigt, in diesem Fall von einem Tanzen zu sprechen, als die Tiere andere Bewegungsformen ausführen, welche sich ganz stark von jenem Toben unterscheiden, deren Stimmungscharakter klar erkennbar ist und die viel eher als primitive Vorstufen

---

[1]) Das ist nicht die ganz triviale Fortbewegungsart des „Durchhangelns", bei welcher die Hände aufgestemmt und die angezogenen Beine zwischen ihnen vorwärtsgeschwungen werden.
[2]) a. a. O.

des Tanzens angesprochen werden können[1]). — An einem schönen frischen Tag spielen Tschego und Grande auf einer Kiste miteinander. Nach einer Weile beginnt Grande, mit gesträubtem Fell und aufrecht, in ihrer Weise schrecklich tuend, von einem Fuß auf den anderen zu stampfen, daß die Kiste wackelt. Währenddessen gleitet Tschego von der Kiste zu Boden, stellt sich ebenfalls aufrecht und dreht sich, täppisch und plump von einem Fuß auf den andern springend, fortwährend vor Grande um sich selbst. Beide scheinen sich gegenseitig zu dem merkwürdigen Tun anzuregen und sind sichtlich bei bester Laune. Solche Vorgänge habe ich sehr häufig notiert. Aus jedem Spielen von Zweien konnte der eine in die lustige Drehbewegung hineingeraten, und allemal hatte ich den Eindruck, daß eine Art harmlos gesteigerten Daseinsvergnügens zugrunde lag. Die Ähnlichkeit mit einem Tanz war besonders groß, wenn die Drehungen recht schnell erfolgten, oder wenn etwa Tschego dabei beide Arme weit horizontal von sich streckte. Sie und Chica (die das 1916 als Modespiel betrieb) vereinigten mit den Rotationen bisweilen noch eine Vorwärtsbewegung, so daß sie zugleich um sich selbst und dabei noch langsam über den Platz hinwirbelten.

Höhere Formen stilisierter Bewegung bildet die ganze Schimpansen*gruppe* aus. Da zerren sich zwei in spielendem Kampf auf dem Boden herum und kommen dabei in die Nähe eines Pfahles; schon sieht man, wie sich ihr Tollen ein wenig beruhigt, zu einem Kreisen um den Pfahl als Mittelpunkt formt. Eins und noch eins der übrigen Tiere kommt herbei, reiht sich ein und am Ende marschiert die ganze Gesellschaft, ein Affe hinter dem andern her, sehr ordentlich um das Zentrum herum. Jetzt sind ihre Bewegungen schnell verändert: sie *gehen* nicht mehr, sie *trotten* und zwar besonders gern so, daß der eine Fuß stampfend, der andere leicht aufgesetzt wird, daß ein angenähert scharfer Rhythmus entsteht und das Schreiten aller auf taktmäßige Angleichung hin tendiert. Die Rhythmik der Füße nehmen bisweilen die Köpfe auf, bis sie mit schlaffhängendem Unterkiefer im Takt der Füße auf- und niederwackeln, und alle Tiere geben ein Bild von Eifer und Vergnügen bei diesem primitiven Reigenspiel. Varianten entstanden alle Augenblicke: Einmal ging ein Tier, komisch nach dem Hintermann schnappend, rückwärts im Kreise, nicht selten sah ich eines zu dem Rundmarsch Drehungen um die eigene Achse fügen, und als eines Tages die ganze Gesellschaft immerfort höchst vergnügt um eine Kiste herumtrottete, trat der kleine Konsul aufrecht hinaus an die Peripherie, begleitete den Vorgang mit schlenkernden Gebärden seiner Arme, holte jedesmal weit aus, wenn die dicke Tschego an ihm vorbeikam und versetzte ihr einen schallenden Klaps auf das breite Hinterteil. — Der befreundete Mensch wird gern als Teilnehmer an diesem wie an anderen Spielen zugelassen, und ich brauchte zeitweise nur in der besonderen Schrittart, welche für die Tiere dazugehörte, um einen Pfahl herumzustampfen, so schlossen sich gleich ein paar schwarze Gesellen hinter mir an. Wurde es mir am Ende zuviel und ging ich davon, so pflegte der Reigen ein schnelles Ende zu nehmen; die Tiere hockten etwas verdrießlich

---

[1]) Auch derartige Vorgänge erwähnen schon *Rothmann* und *Teuber*.

nieder, so wie Kindern die Lust an einem Spiel verdorben wird, wenn der große Bruder nicht mehr mitmacht.

Ich habe erst an dem Spiel teilgenommen, nachdem es Hunderte von Malen ohne mich zustande gekommen war. Wunderbar genug freilich, daß hier eine stilisierte Spielform spontan bei Tieren auftritt, die auf das deutlichste an primitive Reigen einiger Naturvölker erinnert!

Sollte man es für möglich halten, daß schon bei so einfachen Betätigungen die Begabungsunterschiede von Schimpanse zu Schimpanse deutlich werden können? Schöner als um *ein* Zentrum im engen Kreis zu trotten ist es offenbar, wenn da zwei Pfähle oder Kisten einander nahestehen und das Ringspiel sich um beide herum zu einer Art Ellipse schließt. Aber nun wird die Bewegungsbahn ausgedehnter, sechs Schimpansen füllen sie im Herummarschieren nicht mehr angenähert aus, es entstehen größere Zwischenräume zwischen je zweien, und man muß die Reigenform gewissermaßen subjektiv zu vervollständigen wissen, wenn man ihr beim Mitspielen in eigener Bewegung gerecht werden will. Für Rana, eifrig aber töricht wie immer, war das schon zu viel; immer wieder, wenn das Spiel die schwierige Form annahm, sah ich dies Tier abirren, ins Innere der Bahn geraten und plötzlich mit Verblüffung auf einen Kameraden prallen, der mit den anderen den rechten Weg eingehalten hatte und erst nach dem zweiten Pfahl umgeschwenkt war.

Daß der Schimpanse sich gern mit allerhand Dingen und am liebsten mit baumelnden, schwingenden Fäden, Ranken, Lappen behängt, wurde früher unter seinen *Spielereien* aufgezählt. Dem entspricht es durchaus, wenn dieses primitive Sich-Ausstaffieren häufig beim ebenso primitiven Reigen auftritt und umgekehrt das Tragen des hängenden Schmuckes leicht zum „Stolzieren" wie zu allen geschilderten Anfängen stilisierter Bewegung führt. Wenn ich jedoch früher angab, bis auf ein einziges Beispiel seien nur Fälle zu beobachten gewesen, wo die Ansätze von Bekleidung als spielendes Schmücken zu verstehen waren, so muß ich auf vermehrte Erfahrung hin jetzt sagen, daß die Tendenz, den Körper zum Schutze zu bedecken, doch nicht allein deutlich wird, wenn der Schimpanse, welcher friert, sich in die von Menschen fertig gelieferte Decke einhüllt. Man sieht öfters, daß ein Tier bei den ersten Tropfen eines kalten Regens zum Himmel aufblickt, gleich darauf ein paar Ranken, Blätter usw. aufrafft, sich auf den Nacken legt und hier ein wenig mit der Hand gleichsam festklopft. Praktischer Schutzerfolg wird freilich so nicht erreicht, aber wie bei ähnlichen Handlungen mehr[1]) tut der Schimpanse hier etwas in derjenigen *Richtung*, in welcher ein stark gefühltes Bedürfnis ihn drängt und aus diesem Gefühlsdruck heraus, so daß fast eine Art Ausdrucksbewegung vorliegt.

IV.

Von manchen Affen, Hunden und Katzen, ja von Vögeln ist beschrieben worden, daß sie wenigstens vorübergehend gegenüber ihrem eigenen Bild im Spiegel Verhaltensweisen vorbringen, so als stände ihnen da ein wirklicher Artgenosse gegenüber. Als den Schimpansen zum erstenmal ein Handspiegel überlassen wurde, war ihr Interesse nach wenigen Blicken in die Fläche aufs äußerste gespannt. Jeder wollte hineinschauen, einer riß dem andern das

---

[1]) Intelligenzprüfungen usw. S. 64ff., S. 90f. — Die oben mitgeteilte Beobachtung finde ich auch bei *Reichenow*, Naturwissenschaften 9, S. 73ff. 1921.

Ding aus der Hand, und erst nach einer Weile, als Rana mit ihm an einen entlegenen Dachwinkel geflüchtet war, konnte ich mit ausreichender Klarheit beobachten, wie sie mit dem Spiegel und dem Bild dahinter umging. Sie schaute lange aufmerksam in den Spiegelraum, hob die Augen und senkte sie, näherte das Gesicht und wischte einmal mit der Zunge über die Fläche, starrte wieder hinein, mit einem Male hob sich ihre freie Hand und griff wie nach einem Körper hinter den Spiegel. Da sie ins Leere faßte, ließ sie den Spiegel erstaunt seitwärts sinken, hob ihn aber bald von neuem, betrachtete wieder den andern Affen genau und ließ sich noch mehrmals verleiten, unwillkürlich in den leeren Raum zu greifen. Nun wurde sie ungeduldig; das nächste Mal schlug sie schnell und heftig hinter den Spiegel, und als auch das nichts half, legte sie sich auf die Lauer, so wie die Schimpansen tun, wenn sie mit allerunschuldigster Miene abwarten, ob ein Mensch, der draußen am Käfig steht, vielleicht doch die Finger achtlos ans Gitter legt: sie hielt den Spiegel mit der einen Hand, zog den andern Arm möglichst zurück hinter den Rücken, schaute eine Weile wie gleichmütig auf das andere Tier, und fuhr dann plötzlich und überraschend mit der freien Hand nach ihm. Indessen legte sich bei ihr und bei den übrigen bald das Erstaunen über diese Seite der Erscheinung, und nur das Interesse an dem Spiegelbild selbst nahm nicht wie bei andern Tierformen ab, sondern blieb so rege, daß Beobachten von Gespiegeltem eine der beliebtesten und dauerhaftesten Moden überhaupt wurde. Und zwar bedurfte es bald des menschlichen Werkzeuges nicht mehr; einmal aufmerksam geworden, spiegelten sich die Schimpansen in allem, was im mindesten dazu tauglich war, in blanken Blechstückchen, in glatten Tonscherben, in kleinen Glassplittern, für die ihre Hand von selbst den Hintergrund abgab, und besonders auch in Pfützen von Regenwasser. Oft habe ich Tschego lange zugesehen, wenn sie ganz vertieft ihr eigenes Abbild in einer Wasserlache betrachtete. Sie spielte mit ihm: beugte den Oberkörper tief über die Pfütze und zog ihn langsam wieder zurück, schüttelte den Kopf auf und nieder und schnitt allerlei Grimassen, immer wieder und wieder; am Ende aber schöpfte sie vom Rande der Lache die gewaltige Hand voll und ließ, nickend und wackelnd mit dem Kopf, Tropfen und kleine Güsse auf das Bild im Wasser niederträufeln. — Da die Tiere unaufhörlich und auch noch mit winzigen Flächen spiegelten, deren Verwendbarkeit zu diesem Zweck dem Menschen gar nicht beigekommen wäre, so ergab sich mit der Zeit eine schöne Erweiterung des Spiels: sie drehten die Fläche langsam oder verschoben den Kopf seitwärts, so daß sie sich selbst gar nicht mehr sehen konnten, schauten aber mit unverminderter Aufmerksamkeit in den Spiegelraum, in welchem nun ein Gegenstand der Umgebung nach dem andern auftauchte, und immer wieder war zu beobachten, wie sie bei diesem ganz planmäßigen Tun schnell eine Blickdrehung nach denjenigen wirklichen und ihnen natürlich wohlbekannten Dingen vornahmen, die eben im Spiegel erschienen sein mußten. Daran ist gerade nichts Wunderbares, da ja die Bilder anderer Gegenstände ebensogut und ebenso kenntlich auftreten mußten, wie die ihrer selbst. Wie versessen die Affen aufs Spiegeln waren, mag das folgende Beispiel illustrieren: Ihre Schlafräume hatten ein Gitterfenster ohne Glas in einer Seitenwand, der Boden bestand aus glattem Zement. Wenn nun die Tiere abends zur Ruhe gingen, so floß häufig Urin über die ebene Fläche und blieb auch in dünner Schicht über dem Zement stehen. Sobald das geschah, sah man einen oder den andern der Anthropoiden den Kopf schräg dem Boden zuneigen und ihn, die Augen in die Flüssigkeitsschicht gerichtet, langsam ein wenig auf und nieder bewegen, wie es die wechselnde Betrachtung von draußen durchs Fenster her abgebildeter Dinge verlangte. — Andere Tiere verlieren schnell das Interesse an Spiegelbildern, wenn außeroptische Kontrolle deren „Unwirklichkeit" offenbart. Was sind die Schimpansen für merkwürdige Wesen, daß die Beobachtung von solchen Erscheinungen ohne den geringsten greifbaren Vorteil sie dauernd derart fesseln kann.

Gegen andere Tiere verhalten sich Schimpansen ganz verschieden, je nach deren Aussehen oder Gebaren. Hunde, die draußen vor dem Gitter aufgeregt herumsprangen und kläfften, wurden mit Trampeln, Anspringen gegen das Gitter, mit Steinwürfen oder Stechen durch die Maschen weidlich geärgert, ohne daß den Anthropoiden Besorgnis wäre anzumerken gewesen. Eine Katze, die eines Tages auf dem Platze der Tiere erschien, behandelten diese schon mit etwas mehr Vorsicht, wenngleich eines oder das andere sich auf ein paar Schritte heranwagte und, aufrecht von einem Bein auf das andere tretend, eine halb spielende Drohung vorbrachte; als es aber der Katze zuviel wurde, und sie, den Rücken aufkrümmend, gräßlich fauchte, da machten sich auch die mutigsten Schimpansen eilig davon. — Mit diesem Charakter des überraschend Furchtbaren kann sich noch ein praktisch wehrloses Tier gegen den Anthropoiden mit Erfolg verteidigen. Durch das Gitter hindurch behandelten diese jedes Huhn als Spielzeug und in recht roher Art, ebenso Hühner, die sich zu ihnen hineinverirrt hatten; als aber Sultan eines Tages in einen Hühnerstall geraten war, in welchem eine Henne kleine Küken spazieren führte, und als die Mutter, wie er sich näherte, plötzlich in der aufgeblähten Haltung der verteidigenden Mutterhenne auf ihn zufuhr, war er im Nu am Zaun und über ihn fort hinaus.

Recht allgemein kann man sagen, daß dem Schimpansen nicht allein Angst einflößt, was nach früherer Erfahrung oder Abschätzung seiner Kräfte dazu Grund gibt, sondern mindestens ebenso, was den phänomenalen Charakter des Furchtbaren, Aggressiven hat oder annimmt, vollends, wenn Überraschung und Unbekanntheit hinzukommt. Auch im Verhalten der Tiere unter sich gilt das: ein kleiner schwacher Schimpanse, wenn er nur erst vor Wut gegen Gefahr blind und rücksichtslos geworden ist, kann auch einen viel größeren und stärkeren Artgenossen in die Flucht jagen.

Große seltsame Tiere brauchen überhaupt nur in die Nähe der Schimpansen zu kommen, so gibt es eine wahre Panik. Wenn ausnahmsweise ein paar der ungeheuren Ochsen von Teneriffa jenseits des Gitters, aber nahe, den Hakenpflug hin- und herzogen, floh die ganze Gruppe wie gejagt hin und wieder, je an den Ort, der gerade von dem Schrecknis relativ am weitesten entfernt war, verbarg dort zitternd die blaßgewordenen Gesichter und fuhr wieder mit unglaublicher Geschwindigkeit davon, wenn die Ochsen sich näherten. Kein Abführmittel kann so verheerend wirken, wie es der Anblick dieser Wiederkäuer tat. — Als Kamele einmal nur draußen vorübergegangen waren, gelang es mir lange Zeit nicht, mit den Schimpansen Versuche zu machen; sie hatten nur für die Richtung ein ängstlich aufgeregtes Interesse, in der die fremden Wesen noch eine Weile durch ihre Halsschellen vernehmbar gewesen waren.

Nun gibt es einen Begriff des „Biologischen" und der „Wirklichkeitsnähe", nach welchem es für das Verhalten von Tieren einen gewaltigen Unterschied machen sollte, ob ein Umgebungsbestandteil wenigstens annähernd mit sonst und natürlich vorkommenden Umgebungsfaktoren übereinstimmt oder etwa ein Gebilde ist, mit welchem kein Vertreter der betreffenden Tierart je kann zu tun gehabt haben. In fast komischem Widerspruch dazu steht die Reaktion von Schimpansen auf die allerrohesten Nachbildungen irgend welcher andern Tiere. Ich prüfte sie mit ganz primitiven Puppen aus Holzgerüst, auf einem Brett angebracht, mit Stroh darum und in Zeug eingenäht, mit Augen aus schwarzen Knöpfen usw., Kinderspielzeug, im ganzen vielleicht 40 cm hoch und allenfalls, aber in sehr komischer Verzerrung, für Ochsen- und Eselphantome zu halten. Es war überhaupt unmöglich, Sultan, der damals an der Hand draußen herumgeführt werden konnte, auch nur in die Nähe dieser kleinen und ganz unnatürlichen Wesen zu bringen; auf viele Meter Entfernung geriet er in die äußerste Angst und drohte mich, ein Wesen von *bekannt*-gefährlichen Eigenschaften, rücksichtslos in die Finger zu beißen, wenn ich ihn gegen sein verzweifeltes Anstemmen auf das Spielzeug hinzuziehen versuchte. Eines Tages betrat ich mit solch einem ausgestopften Ding unter dem Arm unerwartet den Aufenthaltsraum der Tiere. Sie können sehr kurze Reaktionszeiten haben; in einem Augenblick hing im entferntesten Winkel am Drahtdach eine schwarze Traube, aus sämtlichen Schimpansen bestehend, die einander hastig fortzudrängen suchten, indem jeder seinen Kopf soweit wie möglich im Knäuel der übrigen verbergen wollte. Als ich ein andermal morgens einen Zeugesel auf den Platz der Tiere stellte und das Futter unter ihn auf das Brett legte, in welchem seine Holzbeine befestigt waren, wagten die Affen, wieder in einer Ecke zusammengekrochen, nur für Momente einen angsterfüllten Blick nach dem Furchtbaren hinzuwerfen. Eine halbe Stunde etwa verging, bis die große Tschego, nach vielen tapferen Entschlüssen der Annäherung und ebenso vielem plötzlichen Umkehren auf halbem Wege, einmal einen schnellen Griff unter dem Schwanz des Esels hindurch wagte, worauf sie doch noch mit einer einzigen Banane schleunigst davonrannte. — Wenn das künstliche Tier kleiner und behaglicher aussieht als diese, deren vordringende schwarze Knopfaugen besonders unheimlich wirken mochten, dann ist die Angst nicht so groß. Aber noch ein helles freundliches Spielpferdchen von ganz geringen Dimensionen sahen wir jüngst in Berlin mit großem Respekt behandelt; selbst als Grande es mit spitzem Finger und auch vorsichtig umgeworfen hatte, machten andere einen Bogen um die nicht recht geheure Erscheinung.

Man schafft sich doch eine zu bequeme Erklärung, wenn man meint, das Neue, Unbekannte schlechthin sei den Tieren so erschreckend. Eine beliebige geometrische Figur aus Holz, die eines Tages daliegt oder dasteht und den

Tieren noch nicht vorgekommen sein kann, bringt so überraschende Stürme äußerster Angst keinesfalls hervor, wennschon sie vielleicht zunächst mit etwas Zurückhaltung gemustert wird. Nicht jedes neue Ding dürfte dem Schimpansen unheimlich aussehen, wie es auch für das Kind dazu gewisser phänomenaler Charaktere bedarf. Wie die angeführten Beispiele zeigen, gehört aber irgend beträchtliche Ähnlichkeit mit belebten wirklichen Feinden des Tierstammes zu jenen Vorbedingungen nicht, und es sieht ganz so aus, als könnte man auch für den Schimpansen phänomenal Gräßliches fast noch besser *konstruieren*, als es sich aus der vorhandenen Tierwelt auswählen ließe (Schlangen vielleicht ausgenommen). Auch für den Menschen sind ja viele Spukgestalten, denen gar keine schreckliche *Erfahrung* entspricht, entschieden unheimlicher, als die Schrecknisse, denen er unter normalen Lebensumständen schon einmal begegnet sein kann. — Dies ist ein merkwürdiges Kapitel der Gefühlspsychologie; seine Bedeutung für unsere noch immer recht leichthin empirische Wahrnehmungslehre geht wohl weiter, als man zunächst glaubt, zumal eben auch der Rekurs auf die Stammesgeschichte nicht zulässig erscheint. Kann es nicht gewissen Gestaltungen, ganz abgesehen von Erfahrung, eigentümlich sein, daß sie an und für sich den Charakter des Schrecklichen, Unheimlichen tragen, nicht, weil ein angeborener Mechanismus ad hoc sie dazu fähig machte, sondern weil, bei einer sonst schon gegebenen Beschaffenheit der Psyche, gewisse Gestaltbedingungen notwendig und sachlich-gesetzmäßig den Charakter des Schrecklichen erzeugen, wie andere den des Anmutigen, andere den des Plumpen, wieder andere den des Energischen, Straffen usw.? Es sei nebenbei erwähnt, daß Sultan, vor einem Kasten sitzend, in den ich eben vor seinen Augen und den Deckel weit öffnend, ein paar Früchte hineingelegt hatte, zunächst durchaus nicht wagte, seine Hand in ein Loch der Seitenwand hineinzuführen, welches tiefdunkel im hellen Licht erschien, sondern, eben schon dabei, kurz vor dem Loch immer wieder ängstlich zurückfuhr. — Als ich eines Tages die Maske eines singhalesischen Krankheitsdämons, allerdings ein schauderhaftes Ding[1]), auf Pappe nachgemalt und ausgeschnitten, mir, während ich auf den Tierplatz zuging, plötzlich vor das Gesicht band, war im Nu außer Grande kein einziger Schimpanse mehr zu sehen. Sie rasten wie besessen in eine Kiste hinein, und als ich mich weiter näherte, war es auch mit der Haltung der unerschrockenen Grande schnell vorbei. Hätte ich ein schlichtes Pappstück vor das Gesicht genommen, so wäre das den Tieren vielleicht auch etwas unbehaglich gewesen, aber nach allen sonstigen Erfahrungen mit Kleiderwechsel usw. hätte es nie einen solchen Angstausbruch herbeigeführt.

Daß wir bei allen diesen Dingen gegenüber nicht ganz die richtige Einstellung mit unserem Begriff des „biologischen Adäquaten" haben oder daß wir jedenfalls diesen Begriff nicht richtig ansetzen, wenn wir die Empirie des Individuums oder der Art dabei als entscheidend ansehen, zeigt folgende Beobachtung, die ich zu meinem Erstaunen machte, als ein fremder Hund, der die Straße daher kam, jenen Esel aus Zeug auf seinem Wege stehend fand. Er stutzte auf einige Meter Abstand, sprang bellend vor und wieder unentschlossen zurück, begann den Esel in wechselnd weiteren und engeren Bogen zu umkreisen, indem er fortwährend

---

[1]) Vgl. *Schurtz*, Urgeschichte der Kultur, Tafel zu S. 117, Nr. 1.

kläffte, und trieb so ein argwöhnisches Wesen eine Weile, bis ihm der Mut hinreichend wuchs, mit seiner Schnauze unter dem Zeugschwanz des Esels zu prüfen. Das Ergebnis war vollkommene Gleichgültigkeit gegen die Figur. Dieses *letzte* Verhalten entspricht vielleicht unserm Begriff von der Bedeutung des „Lebenswirklichen" im Tierreich. Aber wie konnte der Hund anfänglich ein ganz unnatürliches Kunsttier als gefährlich behandeln? — Vielleicht ist es noch überraschender, daß ein wirklicher Esel, der oft in einiger Entfernung an dem kleinen nachgemachten vorbeikam, mit großer Regelmäßigkeit alle diejenigen Erregungsmerkmale (und zwar mit Raumrichtung auf das Phantom zu) äußerte, welche dieser Tierart bei Annäherung an Artgenossen eigentümlich sind.

Wie gut die Wahrnehmung der höheren Tiere bisweilen der des Menschen entsprechen kann, zeigt auch das folgende Beispiel, wo man zurzeit geneigt sein würde, die Wahrnehmung des Menschen für das Erzeugnis höchst komplexer und womöglich „höherer" Prozesse zu deuten. Ich ritt in einer kalten Winternacht bei Mondschein, der in leichtem Nebel alle Gegenstände bedeutend und phantastisch machte, einen Gebirgsweg hinab; hinter mir ging der Führer, etwa 100 Meter voraus trabte dessen sonst sehr lebhaftes Hündchen müde den Pfad entlang. An einer Stelle senkte sich dieser in eine dunkle Bergfalte, gegenüber im Licht waren auf dem anderen Abhang viele Stümpfe abgehauener Pinien sichtbar. Im Vorwärtsreiten wurde ich zu meiner Überraschung gewahr, daß auf einem der Stümpfe drüben ein alter Mann, in der jammervollsten Haltung zusammengekauert, reglos dahockte, in der kalten Nacht, hoch in den einsamen Bergen ein etwas unheimliches Bild. Da man den Weg nach der Senkung ziemlich dicht an dem Ort des Alten vorüberführen sah, wartete ich schweigend ab, bis wir ihn erreichen würden; der Führer schien nichts bemerkt zu haben, denn er schwieg ebenfalls. Überdem gelangt der Hund in die Nähe des Mannes drüben, springt erregt bellend vom Wege ab, auf den Einsamen zu, umkreist ihn heftig kläffend eine ganze Weile, beruhigt sich dann allmählich wieder und trabt endlich auf dem Wege weiter. Wir hatten uns inzwischen, immer noch schweigend, stark genähert, und in ein paar schnellen Vorgängen, die ich nicht beschreiben kann, zerfällt der alte Mann in eine Anzahl Seitentriebe des Pinienstumpfes. Jetzt — und das waren die ersten Worte, die gesprochen wurden — fragte ich den Führer, weshalb der Hund wohl so aufgeregt gebellt habe. „Er wird das da für einen alten Mann gehalten haben", war die Antwort; „ich habe das auch erst gedacht". Für zwei Menschen zugleich, aber für beide unabhängig voneinander war also der optische Bedingungskomplex auf einige Entfernung zwingend genug, dieselbe Illusion hervorzurufen, und den Hund, der an vielen Dutzenden von Pinienstümpfen (auch an manchen mit anders gewachsenen Bodentrieben) achtlos vorbeigetrabt war, hatten dieselben optischen Bedingungen in solche Erregung gebracht. Auch wenn man zugibt, daß der Hund nicht genau die gleiche Illusion gehabt haben wird wie wir, bleibt diese Erfahrung merkwürdig genug.

Spiegelbilder und Kinderspielzeug in Tierform haben mit den dargestellten Objekten durch Körperlichkeit und nach Färbung noch eine bedeutende Ähnlichkeit. Es lag nahe, die Schimpansen mit ebenen, zugleich nicht farbähnlichen Abbildungen zu prüfen und Photographien zu diesem Zweck zu verwenden.

Ich zeigte einzelnen Schimpansen Photographien ihrer selbst oder von Artgenossen, die mit einem guten Apparat im Format $8 \times 10^1/_2$ cm leidlich aufgenommen und auf denen die Tiere in Größen von 4 bis 8 cm (Höhe) zu sehen waren. Die Bilder wurden mit großer Aufmerksamkeit betrachtet, und die Blickweise der Affen war dabei nicht diejenige, mit der man auf ein beliebiges Stück Papier hinsieht, sondern der anderen ähnlich, die ein Mensch bei genauem Mustern von kleinen Bildern zeigt; denn die beiden Arten des

Sehens sind ja recht charakteristisch verschieden. Tschego nahm mir eine Photographie ihrer selbst sogleich ab, betrachtete sie eingehend, wischte mit ihrer Hand über die Bildfläche, drehte das Blatt einmal flüchtig um, so daß die weiße Rückfläche sichtbar wurde, steckte es dann in die Leistengegend und trug es so davon. Grande, der ich ein Bild nur von außen am Gitter hinhielt, musterte es mit ebenso großer Aufmerksamkeit und versuchte dann immer wieder, den Kopf zur Seite wendend, hinter die Fläche zu schauen. Ähnlich verhielten sich die übrigen; als ich aber zu Sultan kam und ihm sein eigenes Ebenbild vorzeigte, hob er, nachdem er eine Weile scharf auf die Fläche geblickt hatte, mit einem Male seinen Arm und streckte dem

Abb. 1

Abb. 2

Bild in der oben besprochenen Grußbewegung langsam die eingebogene Hand hin. Dieser Vorgang wiederholte sich mehrmals, wenn ich die Photographie von neuem zeigte, und zwar seinem Sinn nach ganz unverkennbar; sobald ich Sultan die weiße *Rück*seite des Bildes zukehrte, *griff* er einfach nach dem Blatt, das wieder umgewendete brachte sofort die Grußbewegung hervor. Dazu bemerke ich, daß das Tier diese Bewegung niemals sonst einem *Ding* (anstatt einem Menschen oder Tier) gegenüber ausgeführt hat, und daß ich selbst ihm das Bild ganz seitwärts stehend mit ausgestrecktem Arm hinhielt, so daß, hätte er *mich* begrüßen wollen (den er aber gar nicht ansah), die Bewegung um über 45° andere Richtung hätte haben müssen; sie war genau auf das Bild gerichtet.

Für eine nähere Prüfung stellte ich zwei Photographien des Behälters her, aus dem die Tiere täglich mit Bananen gefüttert wurden, und zwar die eine so, daß der Behälter mit Früchten überfüllt, die andere so, daß sein leeres Innere sichtbar war (vgl. die Abb. 1 und 2; wahres Format $8 \times 10^{1}/_{2}$ cm). Die Bilder wurden durch ein Versehen recht kontrastarm[1]). Ich benutzte sie trotzdem, und zwar auf folgende Weise: Sie wurden (so wie früher in Lernversuchen verschieden helle Frontpapiere und dergleichen)[2]) an der Vorder-

---

[1]) Die Wiedergabe läßt das nicht recht erkennen, weil wir hier den im Original dunklen Hintergrund entfernen mußten, um überhaupt eine deutliche Abbildung zu erhalten.

[2]) Vgl. die zweite und vierte Schrift der Anthropoidenstation.

seite von zwei kleinen Holzkästen angebracht, diese, mit Früchten gefüllt, Sultan gegenübergestellt und ihm die freie Wahl überlassen. In einer Reihe von 10 Versuchen, in welchen das Tier gänzlich unbeeinflußt blieb und die Raumlage wie üblich gewechselt wurde, wählte es jedesmal den Kasten, an dessen Front sich das Bild mit dem *gefüllten* Behälter befand, vermutlich, weil dies Bild die größere Anziehungskraft ausübte. Indessen machten die Entscheidungen keinen sehr sicheren Eindruck, und bei deutlich geringerer Aufmerksamkeit wählte Sultan denn auch zwei Tage später fast ebenso oft

Abb. 4

Abb. 3

„falsch" wie „richtig". Da er stets Futter erhielt, wie er auch wählte, so wirkten die ersten Fehler sehr ungünstig, und da auch das Bild des leeren Behälters, weil es doch immerhin den bedeutungsvollen *Futter*behälter darstellte, noch anziehend genug wirken konnte, so ist dieser Ausfall der Versuche, selbst wenn Sultan die kleinen Bilder zu erkennen vermochte, nicht gerade überraschend. Ich ging zu Lernversuchen über, bei denen das Bild des gefüllten Behälters als richtig galt. Das Tier brachte es schnell dahin, wenigstens bis zu etwa 90% der Fälle treffend zu wählen, wennschon sichtlich jede Minderung des Aufachtens in einem Fall so ähnlicher Wahlgegenstände Fehler recht wahrscheinlich machte. Wonach richtete sich das Tier bei den Entscheidungen? Entweder nach dem Unterschied der dargestellten und erkannten Gegenstände (Behälter mit und ohne Bananen), oder aber nach irgendwelchen Unterschieden, die die beiden Bildflächen, ganz abgesehen von den dargestellten Gegenständen, sozusagen rein optisch darboten[1]). Um hierüber Klarheit zu schaffen, stellte ich zwei weitere Photographien her, welche, der allgemeinen optischen Form nach von den beiden ersten stark verschieden, die eine wieder Bananen, die andere jetzt einen ganz indifferenten Gegenstand zeigten (vgl. die Abb. 3 und 4). Die Bananen

---

[1]) Sonstige Kriterien waren durch die erforderlichen Kontrollversuche natürlich ausgeschaltet.

wurden jetzt an einer ganzen Staude zusammenhängend gezeigt, der indifferente Gegenstand war ein großer Stein; Staude und Stein hatten einigermaßen übereinstimmende Gesamtform, die Umgebung war auf beiden Bildern die gleiche; die Photographien fielen viel besser aus als die der Lernversuche[1]). Bei der Prüfung ging ich jetzt so vor, daß zwischen Lernversuchen mit den alten Bildern einzelne Wahlen mit den neuen eingeschoben wurden, nach deren *jeder* Sultan aus dem betreffenden Kasten Futter erhielt (unbeeinflußte kritische Wahlen). Es zeigte sich, daß das Tier gegenüber dem neuen, photographisch besseren und überdies durch stärkeren Unterschied der dargestellten Gegenstände vorteilhafteren Bildpaar ganz unbeeinflußt *mehr* richtige Entscheidungen traf als zuvor gegenüber den schlechten Bildern der Lernversuche; es ist also äußerst wahrscheinlich, daß seine Wahlen auf einem Erkennen der Bananen als solcher beruhten. (Zugleich stellte sich heraus, daß von den Lernversuchen, in welche die kritischen eingeschoben waren, und die ganz ungefähr ebensoviel Treffer ergaben wie bisher, diejenigen, die unmittelbar auf kritische Versuche folgten, deutlich mehr Fehler ergaben als solche, denen schon mindestens ein Versuch an den alten Bildern vorausgegangen war. Dieser Befund erklärt sich wohl daraus, daß die neuen Bilder infolge ihrer größeren Klarheit und des größeren Unterschiedes der dargestellten Gegenstände dem Tier seine Aufgabe stark erleichterten, so daß es mit geringerer Aufmerksamkeit zu wählen vermochte, und daß jeder nächstfolgende Versuch mit den ungünstigen Bildern Sultan deshalb in schlechter Disposition zu scharfem Hinsehen traf.)

Mit Grande nahm ich von vornherein *Lern*versuche an den alten Bildern vor, erreichte auch bald, daß sie mit beträchtlicher Sicherheit das Bild mit dem gefüllten Behälter wählte, konnte es aber, obwohl zeitweise von 100 Versuchen nur fünf falsch ausfielen, doch nicht dahin bringen, daß ein so gutes Ergebnis dauernd erhalten blieb. Nachdem immer wieder Perioden mit sehr schlechten Leistungen aufgetreten waren, entstand der Verdacht, daß an den Versuchen etwas nicht in Ordnung sei, so daß sie am Ende abgebrochen wurden.

Chica lernte recht gut, die Photographie mit dem gefüllten Behälter zu wählen. Ganz sicher freilich wurden ihre Entscheidungen nicht. Bei günstigem Zustand des Tieres verliefen längere Versuchsreihen ohne jeden Fehler, jede kleine Störung und die daraus folgende Unaufmerksamkeit brachten dagegen gegenüber diesen undeutlichen Bildern eine beträchtliche Anzahl von falschen Wahlen hervor. Als nach längerer Übung in mehreren Reihen von im ganzen 100 Versuchen 15 Fehler vorgekommen waren, bestand keine Aussicht mehr, bei weiterer Fortsetzung noch günstigere Ergebnisse zu erzielen. Ich nahm deshalb folgende Prüfung von Chicas Wahlart vor: Sie mußte noch einmal 15 Versuche mit den alten Bildern über sich ergehen lassen und machte volle 6 bei großer Unlust falsch. In einer Pause wurden nun die Bilder der Lernversuche durch die sehr viel klareren und voneinander stark verschiedenen der Bananenstaude und des Steinblocks ersetzt, welche Chica

---

[1]) Das gilt von der hier vorliegenden Wiedergabe nicht, da eben hier aus dem angegebenen Grunde die ersten Bilder fast ebenso klar aussehen wie die von Staude und Stein. Die Photographie des Steines besaß im Original die gleiche Größe wie die der Staude.

noch nie gesehen hatte. Das Tier sah diesen Wechsel nicht, da er hinter einem Schirm geschah, und bemerkte die Veränderung auch nicht sofort, als der Schirm entfernt wurde. Als es aber einen Blick auf die Front der Kästen warf, fuhr es vor Erstaunen zusammen, blieb, wie gebannt auf die Photographie der Staude starrend, einige Sekunden reglos, griff, immer ohne die Augen von dem Bild zu wenden, nach dem seitwärts liegenden Stab, mit dem das Wählen vorgenommen wurde, kam mit dem gleichen, starr fixierenden Blick heran und schlug heftig den Stock auf den richtigen Kasten. Der nächste Versuch verlief ähnlich, so daß man sofort sah, das Wählen mache jetzt keinerlei Mühe, und da es so glatt vonstatten ging, so ließ ich Chica gleich 32 Versuche hintereinander machen. In diesen kam ein einziger Fehler vor, nämlich bei der zehnten Wahl, in der Chica zu hastig mit dem Stock hinauslangte und auch sofort wieder zurückfuhr, da sie jetzt erst genauer hinsah.

Nach dieser Erfahrung habe ich keine weiteren Prüfungen mehr vorgenommen, da es mir deutlich genug schien, daß das Ergebnis einfach von der technischen Vollkommenheit der Photographien und von dem Unterschied der zur Wahl gebotenen Bilder abhängt. Wer sich die Mühe nimmt, vielleicht mit *etwas* größeren guten Aufnahmen und auf ähnliche Weise andere Schimpansen zu untersuchen, wird sicherlich den Beweis, daß diese Tiere solche Abbildungen erkennen, zu jeder gewünschten Strenge verschärfen können. Als Variation zum Ausschluß etwa noch denkbarer Einwände käme in Betracht, daß die Bilder der *kritischen* Wahlen eine andere Futter*art* zeigen als die der vorbereitenden Versuche, also etwa die sehr beliebten Distelstauden oder Apfelsinen, wenn die Vorbereitung mit Bildern von Bananen geschah.

BEMERKUNGEN ZU DEM „NACHWEIS EINFACHER STRUKTURFUNKTIONEN BEIM SCHIMPANSEN UND BEIM HAUSHUHN".
(Abhandl. d. Preuß. Akad. d. Wissensch. 1918, Phys.-math. Kl. Nr. 2.)

I. Zwei Schimpansen (Chica und Grande), welche eben noch in Übungsversuchen an den formgleichen Rechtecken 12×16 cm und 9×12 cm so gut wie ohne Fehler *jenes* (das große) gewählt hatten, entschieden sich bei unbeeinflußten kritischen Wahlen an den Rechtecken 15×20 und 12×16 cm in der ganz überwiegenden Zahl der Fälle für das jetzt größere Rechteck, also nicht mehr für 12×16 cm. Diesen Versuchsausfall habe ich (a. a. O. S. 56) als entscheidend für die Annahme überwiegenden Struktureinflusses angesehen, indem ich ein formal mögliches Bedenken im größeren Zusammenhang vieler, immer im gleichen Sinn ausfallender Ergebnisse als eben nur *formal* möglich betrachtete und nicht glaubte, daß in der Sache noch ein Zweifel möglich sei. Es ist aber doch wohl besser, den Einwand ganz auszuschließen; er lautet: Bei gleicher Form sind Gegenstände verschiedener Größe in verschiedenem Maße auffällig, so daß ein Schimpanse, der durch die Versuche auf Größenbeachtung überhaupt gerichtet ist, allmählich von dem Betrage abhängig werden könnte, in welchem jede Größe ihrer Natur nach seine Aufmerksamkeit an sich reißt. Zu jeder Größe gehört ein solcher Betrag, mit steigender Größe wächst der Betrag, und da der Affe gelernt hat, eine Größe zu wählen, so wendet er sich dem Rechteck zu, das ihn an und für sich stärker anzieht. Ebenso könnte es auch in den kritischen Wahlen zugehen, und diese wären erklärt, ohne daß das anschauliche Größenzueinander dabei eine Rolle zu spielen brauchte. Einer Erörterung darüber, ob diese Hypothese am Ende nur den Strukturfaktor auf ein anderes Gebiet (das der Auffälligkeiten) verschiebt, habe ich die experimentelle Widerlegung des Einwandes vorgezogen. Rana, die noch keine Versuche dieser Art gemacht hatte, lernte innerhalb weniger Tage in dem Paar 18,9 × 26 und 14,5 × 20 cm dieses, also das *kleine* Rechteck zu wählen. Nachdem in den letzten 120 Versuchen nur noch drei Fehler vorgekommen waren, ging ich zu kritischen Prüfungen (ohne Beeinflussung) mit dem in der Richtung ,,kleiner'' verlagerten Paar 14,5 × 20 und 11,2 × 15,4 cm über, schob jedoch wie sonst Kontrollreihen am alten Paar ein. Das Ergebnis war, daß von 30 kritischen Versuchen im ganzen 6 im Sinne absoluter Wahl, 24 strukturgemäß ausfielen. Dabei bestand das Lernprodukt ungestört; denn in 26 Versuchen am alten Paar kam kein Fehler vor. Da für diese Wahlen des kleineren Rechtecks jener Einwand nicht paßt, so wird er hinfällig. Ich bemerke noch, daß Rana zu Anfang der kritischen Prüfungen höchst erstaunt über das veränderte Wahlmaterial war, zuerst nur ungern wählte und sich in einigen der ersten Versuche im absoluten Sinn entschied. (Vgl. Chica a. a. O. S. 43ff.) Da sie jedesmal sofort ihr Futter erhielt, konnten die Prüfungen ohne Beeinflussung fortgesetzt werden und ergaben, sobald sich die Verwunderung gelegt hatte, fast nur noch strukturgemäße Wahlen.

II. Ein ähnlicher Einwand läßt sich formal gegen diejenigen Versuche machen, bei welchen mehrere Schimpansen in den Qualitätenreihen Blau-Rot und Gelb-Rot (auch bei Transposition der Wahlfarben) die jeweils rötere Farbe wählten. Rot wird in der Psychologie mit Recht als besonders auffällige Farbe angesehen, mit den Tieren wurden nur Versuche gemacht, in denen sie ,,nach dem Rot hin'' wählten, also könnte das Ergebnis ebensogut auf Rechnung der jeweiligen absoluten Auffälligkeit wie auf die der Farbstruktur der Paare gesetzt werden. — Aber der Einwand paßt nicht auf das von mir verwendete Farbenmaterial: Rot ist auffälliger als Grün oder als Blau, aber in der Reihe blau-roter Farben (ebenso in der der gelb-roten) wurden die Versuche mit so kleinen Farbintervallen gemacht, daß für uns menschliche Beobachter von einem merklichen Auffälligkeitsunterschied der Nuancen eines Paares gar keine Rede sein konnte. Dshalb habe ich es auch nicht über mich vermocht, noch eigens festzustellen, daß Schimpansen auch nach dem Blau oder nach dem Grün geradeso strukturmäßig wählen, wie sie es auf das Rot zu taten.

Springer-Verlag Berlin · Heidelberg · New York
München · Johannesburg · London · New Delhi · Paris · Sydney
Tokyo · Wien

H. Stegat

Enuresis

Behandlung des Bettnässens
Mit einem Geleitwort von W. Metzger

25 Abbildungen. 23 Tabellen. XIV, 153 Seiten. 1973
(Heidelberger Taschenbücher BD. 124). DM 12,80; US $5.80
ISBN 3-540-06235-1

Dieses Taschenbuch bringt eine ausführliche Darstellung und eine kritische Besprechung von Ursachen, Bedingungszusammenhängen und Behandlung des Bettnässens. Eine neue apparative Behandlungsmethode wird eingehend beschrieben und eine praktische Anleitung für die Therapie durch die Eltern oder durch Therapeuten gegeben.

W. F. Angermeier, M. Peters

Bedingte Reaktionen

Grundlagen — Beziehungen zur Psychosomatik und Verhaltensmodifikation

44 Abbildungen. Etwa 220 Seiten. 1973
(Heidelberger Taschenbücher Bd. 138). DM 16,80; US $7.60
ISBN 3-540-06393-5

Das vorliegende Buch enthält die Grundlagen der bedingten Reflexe nach PAWLOW und darüber hinaus die modernen Anwendungsbereiche dieser Lehre in der Psychosomatik und Verhaltensmodifikation Ziel des Buches ist es, dem deutschsprachigen Studenten der Psychologie, Medizin, Soziologie und Pädagogik eine kritische Darstellung wichtiger physiologischer Grundlagen verschiedener normaler und abnormer Verhaltensweisen zugänglich zu machen. Die Bedeutung des Buches gewinnt dadurch, daß es (1) im gesamten deutschen Sprachbereich kein Buch dieser Art gibt und (2) die neueren Arbeiten der experimentellen Psychosomatik und Verhaltensmodifikation kritisch „unter die Lupe" nimmt.

Preisänderungen vorbehalten

Springer-Verlag Berlin · Heidelberg · New York
München · Johannesburg · London · New Delhi · Paris · Sydney
Tokyo · Wien

W. F. Angermeier

Kontrolle des Verhaltens
Das Lernen am Erfolg

51 Abb. XII, 205 Seiten. 1972 (Heidelberger Taschenbücher Bd. 100)
DM 14,80; US $6.70   ISBN 3-540-05689-0

Dieses Buch beschreibt die Grundbegriffe der Analyse des Lernens am Erfolg. Es ist die erste deutsche kritische Zusammenfassung einer Verhaltenskontrolle, deren theoretische Grundlagen und Methodik auf B. F. Skinner zurückzuführen sind. Übersichtlichkeit wird durch farbige Unterlegung des Basiswissens erreicht, seine Verwendbarkeit als Studienhilfe wird dadurch erweitert, daß sämtliche wichtigen Fachausdrücke sowohl in Deutsch als auch in Englisch aufgeführt sind. Studenten der Biologie, besonders Zoologie oder der Medizin eröffnet dieses Buch einen Weg zum Verständnis moderner Verhaltensanalysen.

H. H. Balmer

Die Archetypentheorie von C. G. Jung
Eine Kritik

1 Abb. X, 154 Seiten. 1972 (Heidelberger Taschenbücher Bd. 106).
DM 14,80; US $6,70   ISBN 3-540-05787-0

Balmer stellt die Archetypen-Theorie C. G. Jungs ausführlich und kritisch dar. Ausgehend von frühen Erlebnissen Jungs und seinen politischen Äußerungen, wird das Verhältnis von Empirie und Spekulation in seinen Theorien untersucht. Vor allem bemüht sich Balmer, die Zusammenhänge zwischen Theorie, metaphysischen Grundannahmen und Jungs Lebensweg herauszuarbeiten. Die Studie bringt bisher kaum bekannte Jung-Texte und einige hundert Zitate. Dadurch bekommt sie nicht nur einen beträchtlichen Quellenwert, sondern ermöglicht auch eine neue Interpretation Jungs. Obschon die Studie der Jung-Forschung neue Anregungen gibt, ist sie auch als Einführung für Studierende geeignet.

Preisänderungen vorbehalten.

MIX
Papier aus verantwortungsvollen Quellen
Paper from responsible sources
FSC® C105338

If you have any concerns about our products,
you can contact us on
ProductSafety@springernature.com

In case Publisher is established outside the EU,
the EU authorized representative is:
**Springer Nature Customer Service Center GmbH
Europaplatz 3, 69115 Heidelberg, Germany**

Printed by Libri Plureos GmbH
in Hamburg, Germany